Riemann

One Earth Spirit

RUEDIGER DAHLKE

Woran krankt die Welt?

Moderne Mythen gefährden unsere Zukunft

Riemann
One Earth Spirit

Umwelthinweis:
Dieses Buch wurde auf 100 % Recycling-Papier gedruckt, das mit dem blauen Engel ausgezeichnet ist.
Die Einschrumpffolie (zum Schutz vor Verschmutzung) ist aus umweltfreundlicher und recyclingfähiger PE-Folie.

Der Riemann Verlag
ist ein Unternehmen der Verlagsgruppe Random House

1. Auflage

Redaktion: Christine Stecher, München
Satz: Barbara Rabus, Sonthofen
Druck und Bindung: GGP Media, Pößneck
Printed in Germany
ISBN 3-570-50022-5
www.riemann-verlag.de

Inhalt

Fortschrittsmythen gefährden unsere Zukunft

Alles wird besser, wenn wir uns nur genügend anstrengen. So oder ähnlich lautet die Hoffnung vieler Menschen. Es ist auch das Credo, das uns die Verantwortlichen in Wirtschaft und Politik zu vermitteln versuchen: Wenn die Wirtschaft wächst, wird alles gut, und wir gehen einer rosigen Zukunft entgegen; mit einem steigenden Bruttosozialprodukt lassen sich alle notwendigen Verbesserungen finanzieren; der freie Markt wird alle Probleme gleichsam von allein lösen – wenn sich nur alle zusammenreißen und gemeinsam vorwärts streben.

Wohin aber führt dieser Fortschritt? Das fragen sich inzwischen immer mehr Menschen, die erkennen, dass die schneller werdenden Veränderungen nicht in Einklang mit den Interessen einer großen Mehrheit stehen. Der Mythos eines Fortschritts, der uns vor allem Gutes bringen soll, gerät zusehends ins Gerede, und ähnlich ergeht es dem Mythos von den Vorteilen des freien Marktes. Fortschritt und freier Markt schlagen offensichtlich mehr Wunden, als dabei zu helfen, Schwierigkeiten zu überwinden und neue Perspektiven zu öffnen.

Die fortschrittsgläubigen Hoffnungen auf Besserung in allen Bereichen bewahrheiten sich in der Regel nicht, auch wenn sie noch so intensiv beschworen werden. Man müsse sich eben noch mehr anstrengen, bekommen die Zweifler zu hören – nach dem bekannten, von Paul Watzlawick längst als falsch entlarvten Muster des »Immer mehr vom selben«. Die Bereinigung einer verfahrenen Situation lässt sich in der Regel eben nicht mit noch größeren Anstrengungen derselben Art erzwingen. Mit immer mehr vom selben ist bislang kein einziges grundsätzliches Problem gelöst worden. Diese »Strategie« führt höchstens über Eskalation und Zusammenbruch zu einem Neuanfang.

Um mit modernen Mythen aufzuräumen, ist es notwendig, einmal die verschiedenen gesellschaftlichen und wirtschaftlichen Phänomene in ihren Auswirkungen auf den Einzelnen und global auf die Menschheit in seelischer, psychosomatischer und auch in sozialer Hinsicht genauer zu betrachten. Für jeden Einzelnen sollten sich letztlich alle Phänomene des Alltagslebens an diesen Bezügen und vor allem an Antworten auf die wesentlichen menschlichen Sinnfragen messen lassen. Dieser Blickwinkel mag vielleicht ungewohnt erscheinen, denn wir leben inzwischen in einer weitgehend entfremdeten Welt, um einen Ausdruck von Karl Marx zu verwenden.

Industrie und Wirtschaft sind ihrer Natur gemäß wenig an den Zusammenhängen zwischen gesellschaftlichen Phänomenen und seelischer Befindlichkeit interessiert. Ihr Ziel sind Zuwachsraten und Gewinne, und da Industrie und Wirtschaft unsere Gesellschaft dominieren, spielen alle anderen Belange und Perspektiven in unserem Leben nur eine untergeordnete Rolle. Die Medien berichten zudem kaum darüber, und was die Medien ignorieren, findet scheinbar auch so gut wie nicht mehr für uns statt.

Dennoch hört man immer wieder vom Paradigmenwechsel. In der Physik und Mathematik hat er längst stattgefunden; in den anderen Disziplinen, vor allem in den Geistes- und Sozialwissenschaften, steht er jedoch noch aus. So bestimmt nach wie vor das alte Weltbild der Naturwissenschaften mit seinem Kausalitätsdenken unsere Welt. Diese alten Naturwissenschaften haben uns gelehrt, nach Ursachen immer nur in der Vergangenheit zu suchen. Auswirkungen auf die Zukunft werden in diesem antiquierten Weltbild meist ignoriert, vor allem wenn sie wenig erbaulich sind. Es ist jedoch dringend an der Zeit, die Causa finalis, die auf die Zukunft wirkende Ursache, von der Aristoteles noch spricht, wieder ins Blickfeld zu rücken – auf dem Weg zu jenem neuen Weltbild, das von der Einsicht in Synchronizität geprägt sein wird.

Hilfreich auf diesem Weg ist ein Grundverständnis der gesellschaftlichen und ökologischen Phänomene, wie sie uns heute in aller Deutlichkeit begegnen. Das griechische Wort *oikos* heißt Heimat. Ökologie wäre demnach eine auf unseren Planeten Erde bezogene Heimatkunde. Nur wenn wir anfangen, die Erde als unsere einzige Heimat zu verstehen und die auf ihr entstandenen Gesellschaften in ihren Regeln zu durchschauen, können wir erkennen, warum die uns ständig gemachten einseitigen Fortschrittshoffnungen gänzlich unrealistisch sind.

Eines meiner Anliegen ist es, in den folgenden Kapiteln zu zeigen, wo die grundsätzlichen Fehler in dem herkömmlichen (Denk-)System stecken und welche modernen Mythen uns immer tiefer in alte und neue Sackgassen manövrieren. So wird hoffentlich klar werden, warum wir die Weichen umstellen müssen, wenn wir uns und unseren Heimatplaneten noch retten wollen.

Gewinn- und Verluststrategien

Sein Glück finden

Viele der Konzepte, die unser Leben beherrschen, sind leicht durchschaubar und im wahrsten Sinn des Wortes hoffnungslos. Ein einfaches Beispiel: Die verbreitete Angst vor dem Tod lässt uns hoffen, gar nicht oder jedenfalls möglichst spät zu sterben. Deshalb wollen alle alt und am liebsten uralt werden. Der ebenfalls herrschende Jugendkult schätzt aber das Alter so gering, dass niemand alt sein möchte oder auch nur als alt gelten will. Das heißt aber nichts anderes, als dass alle etwas anstreben, das dann niemand haben will. So entsteht eine klassische Falle, in die wir blind tappen und die das Ende (unseres Lebens) ausgesprochen unglücklich erscheinen lässt. Für jene, deren Wunsch, uralt zu werden, in Erfüllung geht, ist das Ergebnis besonders frustrierend: Sie werden die meiste Zeit ihres Lebens zum *alten Eisen* gehören. Die steigende Lebenserwartung[1] wird so vor allem zur Alterserwartung.

Wir haben hier das Gegenteil dessen, was man neudeutsch als *Win-win*-Situation bezeichnet, das heißt eine Ausgangsposition, in der alle Beteiligten gewinnen (engl.: *to win*). Ohne es recht zu bemerken, schaffen wir Situationen, in denen alle nur verlieren können und die wir analog dazu als *Lose-lose*-Situationen bezeichnen könnten (engl.: *to lose* = verlieren). Solche Teufelskreise, bei denen alle Parteien zum Schluss unweigerlich verlieren, haben wir inzwischen in großer Zahl entstehen lassen. Bevor wir uns und die Erde daraus befreien können, müssen wir sie zuerst einmal gründlich durchschauen.

Eine ähnliche, nicht minder problematische *Lose-lose*-Situation ist durch unser (Miss-)Verständnis der Zeit entstanden. Frühzeitig bekommen wir beigebracht, wie wertvoll Zeit ist. In einer materialistischen Gesellschaft ist aber das Wertvollste das Geld, um das sich folglich auch alles dreht. So entsteht die Gleichung Zeit = Geld. Sie wird zumindest während der ersten Lebenshälfte ständig bestätigt. Wir verkaufen zum Beispiel unsere Arbeitszeit für Geld und kaufen uns für Geld die Zeit anderer, etwa im Dienstleistungsbereich. Alles, was gegen die Vorstellung von Zeit = Geld spricht, übersehen wir geflissentlich.

Besonders krass wird das am Lebensende reicher Leute deutlich, wenn diese versuchen, sich nach einer ungünstigen medizinischen Diagnose (Lebens-)Zeit zu kaufen.[2] Sie sind sich dieser Möglichkeit oft sehr sicher, denn alle Gleichungen kann man schließlich umdrehen: Wenn Zeit Geld ist, muss Geld auch Zeit sein. Das ist aber nicht der Fall, weil die Gleichung selbst falsch ist. Auch für Millionen Dollar kann man sich zum Schluss keine Zeit kaufen. Mit dem Tod lässt sich nicht handeln, wie der Volksmund weiß. An diesen Missverständnissen und falschen Vorstellungen scheitern aber nicht nur die auf den Tod erkrankten Reichen, sondern auch all jene, die ihr Leben auf *später* verschieben, also fast alle von uns.

Viele Menschen arbeiten ohne Unterlass für Geld, das sie am Ende nicht mehr ausgeben und auch nicht mitnehmen können, und machen sich das gar nicht oder zu spät bewusst. Fast alle Kulturen kannten und kennen das Problem dieser Überbetonung der materiellen Seite des Lebens. Doch sind es heute allein die Menschen aus dem christlichen Kulturkreis, die über ihr Wirtschaftssystem und dessen Macht das Schicksal der Welt bestimmen. Sie bringen – in letzter Zeit sogar vorsätzlich – zunehmend andere Gesellschaften in ihren Einflussbereich und die betroffenen Menschen wie auch sich selbst in entsprechende *Lose-lose*-Situationen.

Wer Geld zusammenrafft, kreiert eine *Lose-lose*-Situation. In einer ursprünglichen Gesellschaft würde ein Mensch, der Vorräte für hundert Winter sammelt, obwohl nur einer vor der Tür steht und seine Nachbarn in diesem Augenblick unter Hunger leiden, als schwer gestört dem Medizinmann übergeben werden. Moderne Mediziner haben ständig solche »Verrückten« vor sich, die in einem entscheidenden Punkt wirklich »irren«. Allerdings werden die Mediziner dort kaum eingreifen; die meisten dürften das Problem nicht einmal durchschauen.

Der Unterschied zwischen den archaischen Menschen und uns »zivilisierten« ist letztlich einfach. Bei archaischen Menschen geht es um konkrete Vorräte, bei uns um Geld, und plötzlich fällt uns der eigene Irrsinn nicht mehr auf. Geld ist überhaupt die treibende Kraft hinter vielen unserer neuzeitlichen Teufelskreise, weshalb wir noch öfter darauf zurückkommen werden.

Menschen möchten vor allem glücklich sein, und die meisten glauben, dass sie glücklich werden, wenn sie alles bekommen, was sie wollen. Wenn aber die Wünsche zahlreich und groß sind, kann man mit ihrer Verwirklichung sein ganzes Leben verbringen, ohne je glücklich zu werden. Man schafft es dann einfach nicht, alles Gewünschte zu erlangen. Sind die Wünsche bescheidener, kann man sie vielleicht im Lauf des Lebens verwirklichen, um dann allerdings meist zu dem Schluss zu kommen, dass dies allein doch nicht glücklich macht. Ob man es also schafft oder nicht, am Ende landet man immer auf der Verliererseite.

Diese *Lose-lose*-Situation lässt sich im Prinzip leicht in eine *Win-Win*-Situation wandeln. Man muss die Gleichung, dass man glücklich wird, wenn man alles Gewünschte bekommt, nur umkehren: Sobald man alles will, was man bekommt, ist man schon glücklich. In dieser einfachen Aussage liegt nach Ansicht fast aller spirituellen Traditionen das Geheimnis des eigenen und zugleich kollektiven Glücks verborgen. Die uns vertraute christliche Version lautet: »Dein Wille geschehe.« Das Himmelreich Gottes liegt nach der Bibel in uns selbst und nicht irgendwo außerhalb. Es hat mit innerem und keineswegs mit äußerem Reichtum zu tun.

Wenn wir aber immer nur außen suchen, können wir die innen liegende Lösung niemals finden. Wir gleichen dann dem durch Anekdoten lehrenden islamischen Weisen Mullah Nasruddin, der einmal seinen verlorenen Hausschlüssel bequemerweise nur dort suchte, wo es hell war, obwohl er ihn ganz woanders, nämlich im tiefsten Dunkel, verloren hatte. Es gibt sicher gute Argumente, lieber nur im Hellen zu suchen. Aber so vernünftig sie auch klingen mögen, bleiben sie doch Rationalisierungen und helfen nicht aus der *Lose-lose*-Situation heraus. Wir müssen uns also auf neue Wege besinnen, auch wenn es noch so viele Argumente für die alten Pfade geben mag. Wenn wir aus dem Teufelskreis aussteigen und unsere Chance auf Glück ergreifen wollen, haben wir uns auch der dunklen Seite zu stellen.

Um Glück zu verwirklichen, ist ein Wechsel von der reinen Quantitätsebene zur Qualitätsebene notwendig. Glück ist keine Frage der Quantität, sondern vor allem der Qualität. Millionen Menschen, die ihr Glück auf die erste Million, den großen Lottogewinn, die Abzahlung ihres Hauses oder ein beliebiges anderes materielles Ziel vertagen, erleben – allerdings meist (zu) spät –, dass das Glück sich auf diese Weise nicht einfangen lässt. Wollen wir ernst machen mit dem Glück, müssen wir uns also intensiver mit der Qualität beschäftigen – mit der Qualität der Zeit, des Geldes, des Raumes, letztlich aller Dinge und Erfahrungen.

Organisches und exponentiales Wachstum

Wie uns selbst haben wir auch die Erde in eine Reihe gefährlicher Situationen gebracht. Das ist wenig erstaunlich, wenn man die Parallelität des Mikrokosmos Mensch und des Makrokosmos Erde kennt. Vor allem Wachstumsprobleme und die Illusionen, die mit Wachstumsmodellen verknüpft sind, beschäftigen uns inzwischen auf allen Ebenen.

Das Beispiel Krebs

Wenn wir menschliches Wachstum oder das von Tieren und Pflanzen betrachten, offenbart sich eine gewisse Charakteristik. Zu Anfang ist dieses Wachstum eindrucksvoll schnell und erreicht dann – beim Menschen etwa mit zwanzig Jahren – ein bestimmtes Niveau, das von nun an nur noch aufrechterhalten wird. Es entsteht ein so genanntes Fließgleichgewicht: Statt immer weiter expansiv neue Zellen zu bilden, werden lediglich die ausgefallenen ersetzt. Natürliches organisches Wachstum folgt ausnahmslos diesem Muster.

Es gibt in der Biologie jedoch noch ein weiteres Wachstumsmodell. Hier beginnt alles ganz langsam, wird dann allmählich schneller und erreicht schließlich ein rasendes Tempo. Diese zweite Art des Wachstums verhält sich also völlig konträr zum organischen Wachstum und tritt meist dort auf, wo in der Natur etwas schief geht oder ein Ungleichgewicht zu beheben ist. Auf diese Weise entsteht zum Beispiel eine Lawine. Am Anfang rutscht nur ein wenig Schnee langsam ab, dann folgt immer mehr, und die Situation eskaliert. Riesige Schneemassen donnern schließlich zu Tal. Diese Eigendynamik kann etwas Gewaltsames bekommen und in die Katastrophe führen. Am Beginn stand ein Ungleichgewicht: Schneemassen, die in der gegebenen Lage *unhaltbar* geworden waren.

Im Körper entwickelt sich nach diesem Muster des so genannten exponentialen Wachstums zum Beispiel Krebs. Auch hier ist – jedenfalls aus Sicht der Archetypischen Medizin[3] – ein Ungleichgewicht entstanden, das eines Ausgleichs bedarf. Am Anfang ist es nur eine einzige Zelle, die aus der Art schlägt. Nach der ersten Teilung sind es erst 2 Zellen, dann 4, dann 8, 16, 32, 64, 128, 256, 512, 1024, 2048, 4096, 8192, 16 384, 32 768, 65 536, 131 072, 262 144, 524 288, 1 048 576, 2 097 152, 4 194 304, 8 388 608, 16 777 216, 33 554 432, 67 108 864, 134 217 728, 268 435 456, 536 870 912, 1 073 741 824 usw.

Nach fünf Schritten ist man also erst bei 32 erkrankten Zellen angelangt – alles beginnt sehr langsam. Nach zehn Schritten sind schon über 1000 Zellen betroffen. Aber auch dieser Zellhaufen wäre noch zu klein, um ihn zu sehen oder zu ertasten. Nach weiteren zehn Schritten handelt es sich allerdings schon um mehr als eine Million Zellen. Weitere zehn Schritte führen dann über die Milliardengrenze hinaus. In diesem Tempo geht es wie bei einer Lawine rasend schnell weiter. Hier liegt der Grund, warum Krebs am Anfang leicht übersehen wird, solange er langsam und im Verborgenen wächst. Ist das Wachstum aber bereits eskaliert, kann es oft nicht mehr aufgehalten werden. Nach diesem Konzept exponentialen Wachstums vermehren sich auch Bakterienkulturen, solange sie genug Nahrung finden.

Wie gegensätzlich organisches und exponentiales Wachstum sind, mögen die folgenden zwei Kurven belegen:

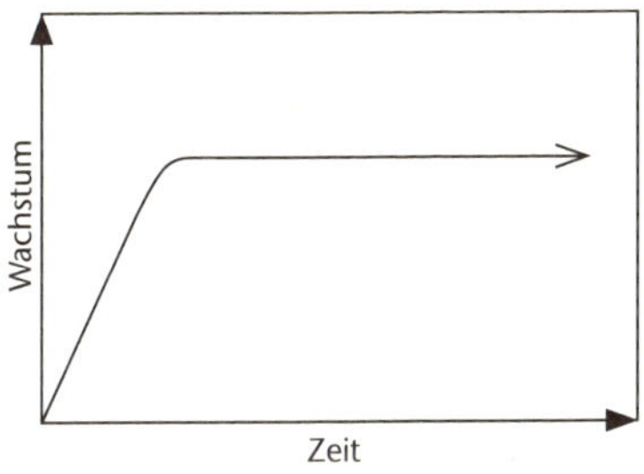

Organisches Wachstum
(Pflanzen, Tiere, Menschen)

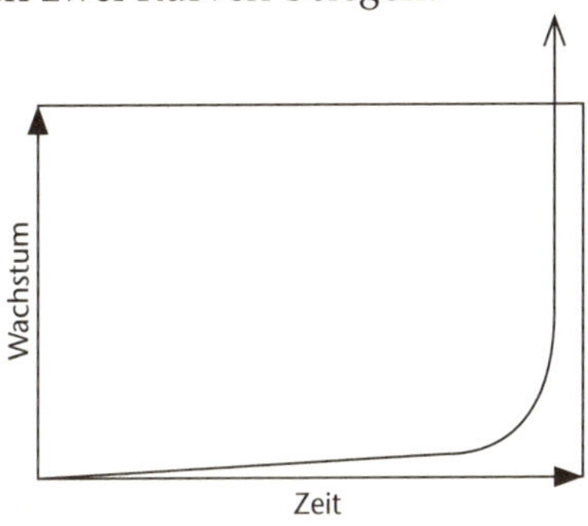

Exponentiales Wachstum
(Lawinen, Bakterien)

Das Beispiel Bevölkerungs- und Wirtschaftswachstum

Viele kennen das exponentiale Wachstum von seiner scheinbar faszinierenden Seite im Rahmen von Schneeballsystemen oder Kettenbriefen. Die besonders Cleveren nennen das heute Multilevel Marketing. Es hat unter seriösen Geschäftsleuten allerdings einen anrüchigen Beigeschmack, denn trotz aller hochtrabenden Namen ist es doch das Muster, nach dem die meisten Katastrophen ablaufen.

Seit wir in vielen unserer Daseinsbereiche die natürlichen Wachstumshemmungen aufgehoben haben, wächst nach diesem Muster leider auch die Erdbevölkerung. Menschen vermehren sich lawinenhaft, wenn ihr Lebensgefüge aus den Fugen geraten ist wie etwa in vielen so genannten Drittweltländern.

Die heute unternommenen Hemmversuche auf der makrokosmischen Ebene der Weltpolitik erinnern deprimierend an die entsprechenden Maßnahmen im Mikrokosmos unseres Körpers, wenn wir mit Zytostatika gegen den Krebs zu Felde ziehen. Oft sind die dabei angerichteten Schäden größer als der erhoffte Nutzen, und die Eskalation ist trotzdem nicht aufzuhalten.

So haben sich auch die meisten Bremsversuche bei der Bevölkerungsexplosion als Verschlimmerungen erwiesen. Die rigide durchgesetzte Einkindfamilie im kommunistischen China führt zu unbeschreiblichen Grausamkeiten vor allem gegenüber »überzähligen« Mädchen, die nicht selten einfach dem Hungertod in so genannten »Waisenhäusern« ausgeliefert werden. Bei weniger brutalen Versuchen werden oft die letzten funktionierenden Familienstrukturen zerstört.

Früher hatten soziale Gruppen oder Lebensgemeinschaften nur eine bestimmte Zahl von Mitgliedern, die relativ konstant blieb. Bis auf den heutigen Tag zeugen letzte ursprüngliche Gemeinschaften wie etwa die der Gurani-Indianer im Amazonas von dieser Möglichkeit natürlicher Selbstregulation. Heute werden solche kleinen Gesellschaften allerdings meist schon mit ihrer Entdeckung aus dem Gleichgewicht gerissen und gehen auf die eine oder andere Art zugrunde. Die reichen Industrienationen bekommen dagegen ihr Bevölkerungswachstum über neue Mechanismen in den Griff und halten es mit geringen Schwankungen relativ stabil, wobei zum Beispiel in Ländern wie Deutschland die Bevölkerungszahl sogar sinkt. Für Gesellschaften der Dritten Welt aber, die ihren Kulturstatus mit ihrem verbindlichen Kult verloren haben und Hals über Kopf in ihnen fremde, wirtschaftsorientierte Gesellschaftssysteme wechseln mussten, gab und gibt es bis heute keine funktionierenden Regelungsmöglichkeiten mehr.

Vor kurzem hat die Weltbevölkerung die 6-Milliarden-Grenze überschritten, und es ist kein Ende des Bevölkerungswachstums abzusehen. Wobei wir erkennen sollten, dass andere Katastrophen hier gegensteuern, wie etwa die Aids-Lawine in Afrika. Noch ist sie kein entscheidender Faktor der Bevölkerungsreduzierung, aber nach dem Lawinenschema könnte sich das schon bald ändern. Denn auch Aids breitet sich nach dem Modell exponentialen Wachstums aus. Doch gleichgültig, ob die Menschheit ihrem lawinenartigen Bevölkerungswachstum irgendwann zum Opfer fällt oder es durch lawinenartig sich ausbreitende Seuchen wie Aids oder durch Katastrophen wie radioaktive Verseuchung gebremst wird, es bleibt für alle eine schreckliche *Lose-lose*-Situation.

Beunruhigend ist, dass unser gesamtes Wirtschaftssystem letztlich auf dem Konzept exponentialen Wachstums beruht. Was wir bei einem einzelnen Organismus sofort als pervers erkennen würden, hat hier System und Methode. Die Wirtschaft muss immer weiter wachsen, sonst sprechen wir von Krise und Katastrophe. Dabei stellt gerade die ständige Wachstumsforderung langfristig die größte Gefahr und die eigentliche Katastrophe dar.

Bei genauer Betrachtung ist die Wachstumsideologie eine

Art Krebsstrategie für den Planeten. Sie unterliegt genau demselben Teufelskreis wie der Krebs, der in seinem ersten Stadium – rein biologisch gesehen – eine Art Erfolgskonzept verwirklicht, das dann allerdings zum Scheitern verurteilt ist. Der große Anfangserfolg der Krebszellen ist die Basis ihres späteren Scheiterns. Dass ungehemmtes Wachstum den betroffenen Organismus ins Verderben reißt, ist uns beim Krebs noch klar. Obwohl die Analogie zur modernen Wirtschaft unübersehbar ist, weigert sich jedoch eine Mehrheit noch immer standhaft, das (an-)zu erkennen. Auch hier sitzen wir in der Falle. Wenn unsere Wirtschaft nicht wächst, löst das sofort Krisenstimmung aus, und in verschiedenen Ländern drohen faschistoide Entwicklungen. Wächst sie aber weiter, rückt die große Katastrophe – entsprechend dem Krebstod – näher.

Am besser überschaubaren Einzelaspekt der Autoindustrie lässt sich das leicht darstellen. Logischerweise muss das Wachstum dieser Branche krisenhaft einbrechen, wenn jeder Mensch auf diesem Planeten sein eigenes Auto besitzt, denn es könnten dann nur noch die Autos ersetzt werden, die defekt sind. Leider wird der Planet jedoch schon vorher an den Nebenwirkungen der Autoproduktion zugrunde gehen. Die Situation entspricht der eines Rauchers: Bevor er an Lungenkrebs sterben wird, mag ihn der Herzinfarkt dahinraffen.

Unter dem Strich bleibt demnach auch der Autoindustrie wieder nur eine *Lose-lose*-Situation. Wenn sie einfach unbekümmert weiter produziert, wird sie entweder zwingend in eine Absatzkrise schlittern oder – leider der wahrscheinlichere Fall – schon vorher mit dem gesamten System an den eigenen Nebenwirkungen wie etwa der Umweltverschmutzung zugrunde gehen. Ihre große Chance wäre, vorher die Strategie zu ändern und auf umweltfreundliche Autos umzustellen. Dann hätte sie zumindest eine Verschnaufpause, könnte alle alten Modelle ersetzen und etwas zum Überleben unserer Art beitragen. Denn inzwischen ist das Auto zu dem Umweltrisiko schlechthin geworden. Im November 1993 erklärten die Gesundheitsminister der Länder erstmals: »Der motorisierte Straßenverkehr stellt heute das bedeutendste umwelthygienische Problem dar.«[4]

Nun ist jedes System, das auf exponentiales Wachstum setzt, wie jedes Kettenbriefsystem immer zu Anfang faszinierend und äußerst wirksam. Doch die Letzten beißen die Hunde, das weiß sogar der Volksmund. Jeder Anhänger von Kettenbriefen oder des Multilevel Marketing könnte es auch wissen, nur wird er es aus egoistischen Motiven verdrängen. Bei den für die Erde entscheidenden Themen werden aber nicht nur die Letzten, sondern alle von den Hunden gebissen. Am Krebs könnten wir sehen, wie gefährlich (zu) langes Warten ist. Irgendwann ist die Lawine so gewaltig, dass die Nebenwirkungen der Therapie bereits tödlich werden. So sterben heute viele Menschen gar nicht mehr am Krebs selbst, sondern an den Nebenwirkungen der (Chemo-)Therapie.

Politiker behaupten zwar manchmal, dass sie das Wachstum lenken und überwachen wollen, aber in der Praxis tun sie – egal welcher Couleur – fast alles, um (ungebremstem) Wachstum den Boden zu bereiten, denn nur noch dadurch erhalten sie sich wenigstens die Illusion von Handlungsfreiheit. Ihre Hoffnung ist dabei, dass sie innerhalb des Wachstumssystems etwas retten können, wenn sie nur dafür sorgen, dass die richtigen Dinge produziert werden. Hier läge wohl auch eine mittelfristige Chance; langfristig aber wird es uns nicht erspart bleiben, die Problematik von Grund auf zu durchschauen und anzugehen. Bisher wurden leider alle, die darauf hinwiesen, dass mit diesem System insgesamt etwas nicht stimmt, ignoriert, ausgemustert oder sogar mundtot gemacht.

Ein zusätzliches Problem liegt darin, dass wir in puncto Wachstum auf verschiedensten Ebenen ganz unterschiedliche Maßstäbe anlegen. Während wir das Wachstum in der Wirtschaft, wo es stetig und reibungslos fortschreiten soll, geradezu vergöttern, ignorieren wir konsequent alle Wachstumsherausforderungen des Schicksals auf seelischer Ebene. In der Wirtschaft ist man so wachstumsfixiert, dass man zur Not sogar von *Null-* oder *Minus*-Wachstum spricht, Hauptsache Wachstum. Wir wären auf dieser Ebene jedoch längst so weit, dass wir das anfänglich notwendige *Plus*-Wachstum in ein Null- oder Erhaltungswachstum übergehen lassen sollten, wie das jeder Organismus tut, wenn er erwachsen wird. So gesehen ist unser Wirtschaftssystem sicher noch nicht erwachsen. Es verhält sich wie ein Teenager in seiner Sturm-und-Drang-Zeit, und das nun schon lange über die Zeit hinaus. Die Gefahren für die Welt sind offensichtlich. Nicht mehr zum Stillstand kommendes Wirtschaftswachstum wird zum Krebs.

Ähnlich wird die Verkennung der ständigen Wachstumsaufforderung während des eigenen persönlichen Lebens zur Gefahr. Solange die Wachstumsreize sich wesentlich auf den Körper beziehen, wie es in Kindheit und Jugend der Fall ist, bleibt Krebs ein seltenes Geschehen. Wenn aber das Wachstum auf die Seelenebene wechseln müsste und dort verweigert wird, kommt es häufig dazu, dass der Körper nun wieder als Wachstumsbühne einspringt und Krebssymptome entwickelt.

In Mikrokosmos und Makrokosmos muss also gesundes

Wachstum die Ebene wechseln, wenn es sein Ziel erreicht hat. In einer gesunden Gesellschaft müsste ein Wechsel vom materiellen zum kulturellen Wachstum erfolgen, wie auf der persönlichen Ebene ein entsprechender Wechsel vom physischen zum geistig-seelischen Wachstum gefordert ist. Auf beiden Ebenen muss auf die Phase des Wachstums eine Phase der Reifung folgen. Diese Reifeprüfung steht uns – global gesehen – bevor.

Das Beispiel Geld und Zinsen

Ähnlich wie die Hoffnung auf unbegrenztes materielles Wachstum ist wohl jene andere Hoffnung zu bewerten, dass die Drittweltländer möglichst rasch ihren Entwicklungsrückstand aufholen. Doch das wäre nach dem bisher Gesagten ökologischer Selbstmord. Auch hier erkennen wir wieder eine *Lose-lose*-Situation.

Allerdings können die Aufholwünsche für die Dritte Welt nicht ernst gemeint sein, denn diese Länder sind nicht einmal imstande, auch nur die Zinsen ihrer Auslandsschulden zu zahlen. Es liegt daran, dass unser gesamtes Geldsystem ebenfalls auf dem Konzept exponentialen Wachstums beruht. Man weiß, dass auf einem Banksparbuch angelegtes Geld niemanden schnell reich werden lässt. Das Kapital wächst nur äußerst langsam. Allerdings kommt mit der Zeit der typische Effekt des Katastrophenwachstums zum Tragen. Man muss nur lange genug warten – allerdings länger, als der Normalbürger Zeit hat –, dann wird das Kapital ins schier Unermessliche wachsen.

Ein berühmtes Beispiel von Margrit Kennedy mag das veranschaulichen: Hätte man zur Zeit von Jesus Christus auch nur einen einzigen Pfennig mit vier Prozent Zinsen angelegt, hätte man sich zwar nach dem ersten Jahrhundert nach Christus dafür nicht viel kaufen können und selbst nach fünfhundert Jahren noch immer kaum etwas. Aber im Jahr 1750 würde man einen Goldklumpen vom Gewicht der ganzen Erde besitzen. Wenn man etwas härter verhandelt und fünf Prozent Zinsen ausgemacht hätte, wäre man »schon« im Jahr 1400 so weit gewesen. Im Jahr 1990 würde man dann bereits 2200 Goldkugeln vom Gewicht der Erde in Besitz haben. Der ungeheure Unterschied, den nur ein Prozentpunkt über längere Zeit ausmacht, wird hier anschaulich.

Das Zinssystem hat sich überhaupt nur bis heute halten können, weil es zwischendurch immer wieder zusammengebrochen ist und dabei viele um ihr Vermögen gebracht hat. Langfristig ist die Zahlung von Zins und Zinseszins einfach nicht möglich, wie unser Beispiel zeigt. Die dabei voraussehbaren Katastrophen führen zu großem Leid. Wir können sie uns ersparen, wenn wir diese Art des Wachstums in allen seinen Aspekten und auf all seinen Ebenen durchschauten.

Allzu weit sind wir zwar auch in Deutschland nicht von der Erkenntnis entfernt, dass Systeme mit exponentialem Wachstum gefährlich sind. Kettenbriefe zu kommerziellen Zwecken sind bei uns immerhin verboten und Schneeballsysteme generell als unseriös verschrien. Aber so genannte Strukturvertriebe oder gar die Zinsen abzuschaffen und die Geldwirtschaft grundlegend zu ändern, das erscheint den meisten völlig undenkbar.[5] Es wäre auch sicher nicht fair, einerseits restriktiv vorzugehen, wenn man andererseits bei der allgemeinen Geldwirtschaft das gleiche Prinzip so großzügig toleriert. Insofern werden Strukturvertriebe mit ihrer Hoffnung auf exponentiales Wachstum auch bei uns wohl immer mehr in den Vordergrund rücken, nachdem sie in Japan und in den USA schon großen Anteil am wirtschaftlichen Geschehen haben. Wie lange aber können wir die allgemeine weltweite Zinseszinskatastrophe noch übersehen?

Bevor wir jedoch dieses auf die sichere Katastrophe zielende Wachstum verteufeln, wie es viele Kritiker unseres Geldsystems tun, täten wir besser daran zuzugeben, dass beide Arten von Wachstum natürlich sind. Beide kommen in der Natur vor, und so werden sie auch ihren Sinn haben. Wenn wir uns aus dem Teufelskreis des Zinssystems befreien wollen, müssen wir versuchen, gerade mit Hilfe dieser Art von Wachstum aus dem Dilemma herauszuwachsen, und sozusagen homöopathisch den Teufel mit dem Belzebub austreiben.

Wenn wir heute von engagierten und anerkannten Ökologen wie James Lovelock, der die Gaia-Hypothese vom Lebewesen Erde mitbegründet hat, oder Peter Russell deprimierende Prognosen für unseren Planeten hören, hat das oft damit zu tun, dass sie für die notwendigen Bewusstseinsprozesse nur mit dem organischen Wachstum rechnen. Legten wir aber ein lawinenartiges Wachstumsprogramm zugrunde, hätten wir vielleicht doch noch eine Chance. Immerhin haben wir über ein katastrophales Ungleichgewicht eine Notsituation heraufbeschworen, die auch in der Natur mit solchen durchgreifenden Maßnahmen beantwortet würde. Selbst eine Explosion kann wie jene viel zitierte Lawine auf ihre Art Ausgleich schaffen.

Masse und Individuum

Der Massenmensch

Eine weitere *Lose-lose*-Situation kreieren wir derzeit im Bereich der Optimierung unserer eigenen Art. Fast jeder Mensch möchte etwas Besonderes aus sich machen und seine Einzigartigkeit hervorkehren, denn nur das befriedigt das immer anspruchsvoller und fordernder werdende Ego. So finden wir heute überall ehrgeizige Projekte, mit deren Hilfe Menschen versuchen, an sich zu arbeiten – in einer materiell orientierten Zeit vor allem körperlich verschönernd. Die Ziele sind dabei recht monoton. Die Mehrheit erträumt sich den Körper eines Models oder eines Athleten, der seinen geölten, zurechttrainierten und zurechtoperierten »Luxuskörper« den Kameras präsentiert.

In den USA haben beispielsweise schon bald alle Frauen die gleichen überdimensionierten Kunststoffbälle als Brüste. Oder statt die eigenen im Lauf des Lebens redlich erworbenen individuellen Spuren in Form von Falten und Grübchen stolz zu tragen, setzt *frau* auf ein pralles Babypopomuster auch im Gesicht. Die plastische Chirurgie arbeitet nach Katalogvorlagen, und so tragen viele das gleiche Modell von Brust oder Nase, scheinbar ohne sich daran zu stören. Das Dumme daran ist nur, dass die angestrebte Uniformität gar nicht befriedigen kann, da wir ja als unverwechselbare, einmalige Individuen anerkannt und geliebt werden wollen.

Mit den heutigen Methoden der Zucht, wie sie bereits in den USA angewandt wird, sollen Intelligenz und Aussehen ebenfalls planbar gemacht werden. Wo sich in Europa die IVF-Spezialisten (In-vitro-Fertilisation = künstliche Laborbefruchtung) noch bemühen (müssen), den Samen des eigenen Vaters so aufzubereiten, dass er vielleicht doch noch eine Befruchtungschance hat, sind die US-Amerikaner hier schon einen Schritt weiter gegangen. Sie suchen sich zunehmend den besten Samen aus dem Angebotskatalog heraus. Olympiasieger- oder Nobelpreisträger-Samen macht einfach mehr her. Da die Unfruchtbarkeitsrate der jungen US-Männer inzwischen die 50-Prozent-Marke überschritten hat, wird hier eine wirklich neue Generation ausgebrütet – zwar noch immer von der eigenen Mutter, aber längst nicht mehr überall aus deren eigenen Eiern. Vereinzelt werden bereits Eier, die mehr Erfolg versprechen, vorgezogen. Die Mutter wird sozusagen zu ihrer eigenen Leihmutter für den sorgfältig geplanten Hochleistungsembryo.

Langfristig betrachtet, wird das jedoch zu einer Vereinheitlichung führen, denn die wenigen Erfolgreichen werden enorm vervielfältigt, das heißt fortgepflanzt, vor allem wenn man erst an die Möglichkeiten des Klonens der »erfolgreicheren« Eier denkt. Das wird schon bald einen erheblichen Druck auch auf all jene ausüben, die solche Eingriffe heute noch von sich weisen. Denn wenn in einer Nachbarschaft die meisten Kinder von einer Generation auf die nächste plötzlich einen IQ von 150 haben, wie es in einigen Gegenden des Silicon-Valley bereits der Fall sein soll, wird die Frage auftauchen, ob *frau* sich den unterdurchschnittlich begabten Samen des eigenen Mannes oder das eigene vergleichsweise minderqualifizierte Ei überhaupt noch leisten kann.

Wenn darüber hinaus sicher bald begonnen wird, gentechnologisch viele Probleme im Voraus auszuschließen und positive Eigenschaften über Genmanipulation herauszuholen, wird dabei ein (heute noch) geradezu *fantastisches* Menschengeschlecht herauskommen. Es wird aber eine sehr einförmige Art von Modellathleten sein. Die Vorturner, die wir heute noch in den Medien als etwas Besonderes bestaunen, werden dann überall auf der Bildfläche erscheinen – und gar nicht mehr besonders auffallen. Das wird dann den »misslungenen« Exemplaren, die auf konventionellem Weg gezeugt wurden, vorbehalten sein. Diese (Horror-)Vision ist nicht mehr so weit entfernt und kann wohl nur noch durch eine Katastrophe auf anderer Ebene verhindert werden. Die Gedanken vom Übermenschen und der Herrenrasse sind alt und finden sich beispielsweise in Nietzsches *Zarathustra*.

Hinzu kommt problemverschärfend, dass unsere Wahrnehmung von Unterschieden lebt. Etwas Schönes lässt sich nur dort erkennen, wo wir es mit weniger Schönem vergleichen können. Um uns reich, groß oder schön zu fühlen, brauchen wir andere, die ärmer, kleiner oder hässlicher sind.[6] Wenn wir aber immer gleichförmiger, also alle gleich in Form sind und uns kaum noch unterscheiden, werden wir uns gerade nicht besser fühlen. Wir könnten unser In-Form-Sein gar nicht mehr wahrnehmen, und vor allem wären wir alles andere als einzigartig. Die Erde würde zu einer Art Menschenzoo mit superschönen Intelligenzbestien. Auch hier wird sich also eine *Lose-lose*-Situation ergeben. Vielerorts arbeiten Wissenschaftler bereits fieberhaft an der Verwirklichung dieser Zukunftsvision. Sie werden – wie immer – Enormes leisten, und wir werden das Ergebnis nicht zu schätzen wissen, denn es wird uns so oder so ärmer und unglücklicher machen, obwohl wir doch reicher und glücklicher werden wollten. In der Schulmedizin können die Forscher das jetzt schon erleben. Sie haben (sich) so viel geleistet; aber statt sich an dem Ergebnis zu freuen, sind die Patienten unzufrieden und stellen immer neue und höhere Ansprüche.

Im gesellschaftlichen Bereich wird die massenhafte Vereinheitlichung ebenfalls immer deutlicher. Das Beispiel der Mode, die ja vorgibt, für den Trend zur Individualität zu stehen, kann das besonders verdeutlichen. Letztlich wird Mode, die den angeblich persönlichen Stil so vieler moderner Menschen bestimmt, heute zum Vehikel der Vereinheitlichung. Es ist entgegen der Vorstellung einer breiten Masse keineswegs kreativ oder originell, sich mit der neuesten Mode zu schmücken. Diese Kreationen mögen jeweils für sich durchaus originell sein, die Käufer bleiben aber immer Kopierer und sind weder originell noch kreativ. Das ist nur einer der Irrtümer der Mode- und Markenfans. Verständlich wird er, wenn man den enormen Werbeaufwand betrachtet, den die Industrie betreibt, um Hinz und Kunz Massenwaren als Ausdruck von Exklusivität zu verkaufen. Wirklich große Geschäfte sind immer nur über die Massen(produktion) zu machen.

Der entscheidende Punkt der Vereinheitlichung über Vermasssung liegt aber im wirtschaftlichen Bereich, wo über Konzentrationsprozesse im Rahmen der wirtschaftlichen Globalisierung einzelne Ketten wie der US-Marktführer Wal-Mart mit allen Mitteln auf Marktbeherrschung zielen. Mit über zweitausend Geschäftsniederlassungen allein in den USA kann die Firma über Masseneinkäufe selbst geringste Gewinnspannen in Kauf nehmen, bis sie ihre Konkurrenten abgehängt hat. Dann aber kann sie ihre Produkte zu eigenen Fantasiekonditionen weltweit vermarkten. Tatsächlich erleben wir schon heute, wie man fast alles überall kaufen kann.

Massennahrung

In Hinsicht einer massenhaften Vereinheitlichung droht auch von der Gentechnologie eine große und bisher unterschätzte Gefahr. Ob es gesundheitsschädlich ist, wenn wir gentechnisch veränderten Mais oder entsprechendes Soja essen, lässt sich bis heute noch gar nicht sagen, sicher ist aber, dass wir für die sich schon jetzt abzeichnende Verarmung der Arten bitter bezahlen werden. Bald wird es nur noch wenige Arten von Mais geben. Zu der schon unglaublichen Unverfrorenheit, mit der wir bis heute Pflanzen- und Tierarten durch Raubbau an den letzten Urwäldern ausrotten, wird die indirekte Ausrottung durch die Bevorzugung einiger Hochleistungsarten kommen. Das aber macht diese dann massenhaft verbreiteten Arten und mit ihnen auch uns selbst viel empfänglicher für Seuchen und andere biologische Katastrophen.

Einen betrüblichen Anfang dieser Entwicklung haben wir bereits auf einer vergleichsweise noch harmlosen Ebene, indem wir Obst und Gemüse bestimmten Normen unterwerfen und diese dann überall auf der Welt durchsetzen. In Europa gibt es schon jetzt fast nur noch Äpfel, die den EU-Normen entsprechen. Solche Normen zielen jedoch nur auf Äußerlichkeiten wie Größe und keinesfalls auf Geschmack. Einen guten Apfel macht aber sein Geschmack aus. Auch die Normierungstendenz führt bereits zu einer Vereinheitlichung und Verarmung, die außer einigen großen, hoch industrialisierten landwirtschaftlichen Produktionsgesellschaften niemandem nutzen, aber vielen schaden wird.

Natürlich barg Zucht schon immer diese Gefahr in sich, aber aufgrund der überschaubaren Geschwindigkeit der Prozesse und der erzwungenen Anpassung an die Möglichkeiten der Natur muss sie rückwirkend als harmlos gelten, verglichen mit den Möglichkeiten, die uns durch die neuen Techniken wie Klonen und Gentechnologie ins Haus stehen.

Die Konkurrenz unter den Nahrungsmittelkonzernen – als wesentlicher Vorteil der Marktwirtschaft gepriesen – senkte im übrigen die Preise drastisch, aber leider auch die Qualität der Nahrung. Der Druck der weiterverarbeitenden Industrie auf die Bauern brachte ihnen Einkommensverluste, sodass sie alles daran setzen mussten, billiger zu produzieren. Der einzige Ausweg schien Massenproduktion zu sein.

Heute erschüttern uns die entsetzlichen Bilder aus riesigen Tierproduktionsfabriken. Ob man an Hühnerfarmen oder Schweinemästereien denkt, das Elend der leidenden Kreaturen ist kaum mehr zu überbieten. Sensiblere Menschen gehen davon aus, dass sie dieses Elend, das die Tiere während ihres erbärmlichen Daseins und dann besonders kurz vor ihrem Ende erleben müssen, zusammen mit deren Fleisch aufnehmen, und werden schon aus diesem Grund Vegetarier.

Durch Rinderwahnsinn und Schweinepest wissen wir heute, dass noch ganz andere Gefahren drohen. Das langsame Sterben an der Creutzfeldt-Jacob-Krankheit, die eine Folge von BSE sein soll, gehört jedenfalls zu den grauenhaftesten Siechtumsprozessen, die Menschen erleiden können, und stellt selbst die bisherigen Geißeln Krebs und Aids in den Schatten.

Letztlich geht auch diese Seuche auf die Vermassung zurück. Würden die Bauern noch wie in vergangenen Jahrhunderten ihre Futtermittel ausschließlich selbst produzieren, wäre das Problem nie aufgetaucht. Es war der Gedanke, für Tausende von Bauern zentral und billig in riesigen Mengen Futter herzustellen, der in die Sackgasse führte. Doch wenn der Hersteller die Abnehmer und erst recht die Konsumenten gar nicht mehr kennt, kann es eben leichter passieren, dass der so genannte Kostendruck zu unverantwortlichen Einsparungsmaßnahmen führt. So wurde das Tiermehl nicht mehr hoch genug erhitzt, tierisches Eiweiß gelangte ins Futter der Rinder und lieferte – soweit wir heute vermuten müssen – die Basis für BSE. Reine Pflanzenfresser wurden zu widernatürlichem Verzehr ihrer Artgenossen gezwungen, und nun scheint die Natur ihre Rechnung zu präsentieren. Rudolf Steiner, der Begründer der Anthroposophie, erklärte schon 1920, dass Tiere, die man mit ihrem eigenen Fleisch füttere, verrückt würden. Wir haben bei der Massentierhaltung ein Beispiel für die Perversion unseres Wirtschaftssystem, in dem es nur noch um Kostensenkung und letztlich Profit geht.

Die so genannten Ursachenketten bis zur Katastrophe faszinieren die Politiker, weil man – sobald man einen speziellen Schuldigen gefunden hat – das ganze System als unproblematisch einstufen und alles beim Alten belassen kann. Insofern lenken diese Schuldzuweisungen vom eigentlichen Problem ab, das aber ist das System der Massenproduktion im Allgemeinen und hier im Speziellen von Futtermitteln. Diese birgt auch in der Landwirtschaft neben dem Vorteil der Verbilligung der Produkte vor allem Gefahren. Beim Anbau riesiger Flächen mit Monokulturen werden die Schädlinge zu einer extremen Bedrohung. Deshalb müssen in Massen Schädlingsbekämpfungsmittel eingesetzt werden, die dann wieder in die Endprodukte eingehen und die Gesundheit der Verbraucher untergraben.

Im Tierreich lässt sich beobachten, wie Ansammlungen vieler Individuen den Ausbruch von Panik und Seuchen erleichtern. Das ist auch der Grund, warum Tierproduzenten, wie man die Bauern heute schon nennen muss, ihre Bestände mit Impfungen, prophylaktischen Gaben von Antibiotika und sogar von Tranquilizern und Hormonen traktieren. Dass das durch Verbote erschwert wird, stört in der Regel wenig, zumal sich viele Tierärzte und schließlich sogar Politiker in die Kette der Sachzwang-Verbrecher einfügen. Wenn so etwas dann auffliegt, wird zur Not und widerwillig einmal ein unhaltbar gewordener Politiker ausgetauscht, das System aber bleibt bestehen.

Da es aber das kranke System der Massentierhaltung ist, das seinerseits krank macht – zuerst die Tiere und in Folge die Menschen –, müsste sich hier etwas Grundsätzliches ändern. Die harte Bestrafung der Schuldigen, so sie überhaupt stattfindet, bringt dagegen wenig, wie wir wissen. Abschreckung ist kein besonders wirksames Konzept der Verbrechensverhinderung, nicht einmal die Todesstrafe zeigt diesbezüglich Wirkung. Aber man muss obendrein davon ausgehen, dass keiner der Tierärzte, die sich mit unverantwortlichen Antibiotika-Lieferungen an Schweinehalter strafbar machten, wirklich die Erlaubnis zur Berufsausübung verliert. Solche starken Worte benutzen Politiker nur in einer Krisensituation, um die Gemüter zu beruhigen und um dann umso sicherer alles beim Alten lassen zu können.

Und es hat wiederum auch keinen Sinn, auf Politiker zu projizieren, wir haben sie mehrheitlich gewählt und verdienen sie genau so. Erst wenn immer mehr Menschen die minderwertige Nahrung aus der Massenproduktion verweigern und bereit sind, deutlich mehr Geld für vertretbare Lebensmittel auszugeben, die diesen Namen wirklich verdienen, kann sich etwas grundsätzlich ändern. Mit der Abstimmung alle vier Jahre haben wir wenig Chancen, aber wir stimmen täglich mit unseren Füßen ab, ob wir in den Supermarkt oder zum Naturkostladen oder gleich direkt zum Biobauern gehen.

Gesundheit und Großkliniken

Wenn in einem kleinen Landkrankenhaus der Strom ausfällt und damit auch der Lift, müssen die Schwestern beim Essenausteilen einige Treppen steigen, und alles würde sich ein wenig verzögern. Aber es wird noch immer etwas zu essen geben. Passierte dasselbe in einem Großkrankenhaus, müssten die Patienten (ver-)hungern. Ein solches hypothetisches Szenario mag anschaulich machen, dass überdimensionierte Einrichtungen zwar von Rationalisierungsmöglichkeiten profitieren, aber auch verletzlich und anfällig sind.

Im Gesundheits- und Klinikbereich gibt es aber noch viel gewichtigere Argumente, die gegen eine übertriebene Konzentration und Technisierung sprechen. US-Forscher stellten in einschlägigen Untersuchungen fest, dass die Genesungszeit deutlich verkürzt wird, wenn die Rekonvaleszenten aus ihren Krankenzimmern auf natürliche, das Auge erfreuende Landschaften blicken. Schauen sie dagegen auf »blühende Industrielandschaften«, um ein gut gemeintes Wort des deutschen Exkanzlers Kohl zu benutzen, ist es viel schlechter um ihre Genesung bestellt – sie dauert messbar länger. Wir brauchen offenbar lebendige Naturbilder, die unsere Seele nähren, um heil zu werden. Das Aufhängen von Naturpostern dürfte hier durchaus nicht die Lösung sein, sonst wäre die Panoramatapete im deutschen Partykeller schon ein Heilfaktor. So gut die Fotografien von Wasserfällen und Almwiesen gemeint sein mögen, die Feng-Shui-Anhänger überall aufhängen, echte Natur ist für die Seele nicht zu ersetzen.

Gerade wenn ein Mensch krank ist, braucht er eine heimelige Atmosphäre, damit seine in Aufruhr geratene Seele sich beruhigen kann. Diese gewähren weder die mit Hightech verstopften modernen Intensivmedizinpaläste, noch können Großkliniken mit ihrer Großstadtatmosphäre hier hilfreich sein. Verirrte, in Tränen aufgelöste Patienten sind in modernen Großkliniken keine Seltenheit. Sie haben nicht nur für einen Moment die Orientierung verloren; sie fühlen sich oft grundsätzlich verloren. Gesundheitsfabriken erweisen sich immer mehr als Krankenstädte, die aus sich heraus nicht gesund, sondern eher krank machen.

Die Menschen auf dem Land waren seelisch viel besser dran, als sie noch in ihr Krankenhaus gehen konnten, das ihnen schon vorher von Besuchen kranker Angehöriger vertraut war. Es lag in ihrer Nähe, und sie kannten die Schwestern und Ärzte, weil sie aus ihrer Gegend waren. Heute müssen sie stattdessen in eine riesige anonyme Gesundheitsfabrik (ver-)reisen, was an sich schon beunruhigt. Die fremde Umgebung macht Angst. Angst aber ist einer der schädlichsten Faktoren in der Medizin und steht jeder Heilung im Weg.

Früher war außerdem der Übergang vom Krankenhaus im eigenen Umfeld zurück ins tägliche häusliche Leben viel leichter. Der Wechsel aus der Gesundheitsfabrik, wo man schnell zu einer Nummer oder der sprichwörtlichen »Niere von Zimmer 26« wird, misslingt oft. Ein schlechter Übergang ist aber schon die Quelle neuer Probleme.

Wieder war es der Kostendruck, der die Argumente lieferte,

die kleinen Krankenhäuser auf dem Land gegen den Widerstand der Bevölkerung zu schließen. In den medizinischen Großfabriken bleibt das menschliche Element genauso leicht auf der Strecke wie in Großkonzernen. Niemand dürfte Zweifel daran haben, dass in einem Familienbetrieb mit zwanzig Angestellten eine menschlichere und vertrautere Atmosphäre herrscht als in einer Konzerndependance mit mehreren hundert Angestellten. Warum sollte das in der Medizin anders sein? Sobald wir einmal anfangen, die Auswirkungen der Vermassung auf die menschliche Seele eingehender zu studieren, werden wir auch belegen können, was die meisten Betroffenen längst spüren, dass nämlich überdimensionale Gesundheitsfabriken ausgesprochen kontraproduktiv und der Gesundheit abträglich sind.

In der Zeit vor der Antibiotika-Ära war man dieser Einsicht schon recht nahe. Durch die Keimverseuchung waren die großen alten Kliniken zu Orten des Todes geworden. Sie schadeten mehr, als dass sie nutzten. Aus schierer Verzweiflung schloss man ganze Krankenhäuser auf der Flucht vor dem so genannten Genius epidemicus. In unserer Zeit ist es der Hospitalismus, jene Tendenz zur Resistenzentwicklung unter den Keimen, die durch kritiklose, übertriebene Antibiotikagaben heraufbeschworen wurde. Das Wort Hospitalismus verrät noch, dass es sich hier um eine Krankheit des Hospitals handelt. Und diese könnte sich zu einer der ganz großen Geißeln der Zukunft auswachsen.

Immer wieder berichten Entwicklungshelfer, wie sie unter hygienisch völlig unzureichenden Verhältnissen in Dschungel- oder Wüstengegenden operiert hätten, ohne Probleme mit Infektionen zu bekommen. Das liegt an der in diesem Fall extremen Dezentralisierung und dem dadurch verminderten Risiko der Ansteckung, von Resistenzentwicklungen ganz zu schweigen. Seuchen sind fast immer Massenphänomene. Pest, Cholera und Pocken leb(t)en davon, dass Menschen in Massen auf dichtem Raum in schlechten Verhältnissen zusammenleb(t)en. Natürlich gibt es spezielle Ursachenketten, und wir wissen heute, dass die Pest über die Rattenflöhe übertragen wird. Aber die Ratten haben wiederum nur eine Chance in Ballungsräumen, wo es an Hygiene mangelt. Ganz ähnlich ist es bei der Cholera. Wo wenige Menschen in einem weiten freien Land weit verstreut leben, brauchen sie nicht einmal Toiletten mit Wasserspülung. Wo aber große Massen von Menschen sich in Großstädten gegenseitig auf der Pelle sitzen, sind Kanalisation und äußerste Hygiene notwendig, oder es drohen Seuchen.

Schließlich ist auch noch eine beängstigende und in scharfem Gegensatz zu den kleinen Häusern stehende hohe Selbstmordrate unter dem Pflegepersonal in den Großkrankenhäusern zu erwähnen. Wer immer in diesen Gesundheitsfabriken arbeiten muss, hält das offenbar auf Dauer nicht gut aus. Was langfristig den Lebensmut unterminiert, kann aber auch auf kurze Zeit nicht heilsam sein.

Solche Erfahrungen könnten uns den positiven Reiz der Dezentralisierung und der individuellen Lösungen wieder vor Augen führen. Die Analogie zwischen Mikro- und Makrokosmos wäre hier wiederum eine gute Orientierungshilfe. Tatsächlich hat niemand Lust, zum Massenmenschen zu werden, und sehr viele bewusste Menschen träumen von der Individuation im Sinne C. G. Jungs. Eine Zeit, die über die Elektronik in der Lage ist, jeden Punkt der Erde mit jedem anderen zu verbinden, könnte sich auch in der Medizin wieder kleinere Einheiten leisten und müsste trotzdem nicht auf einen hohen Wissensstand verzichten.

Ballungsräume

In frühen Zeiten lebten die Menschen in kleinen Gruppen, meist Sippen zusammen und hatten im Überfluss Platz. Heute kommt es zu immer extremeren Zusammenballungen. Die Riesenstädte besonders der Dritten Welt wuchern wie Krebsgeschwüre in die Umgebung und saugen verzweifelte Menschen aus dem Land auf, nur um sie in das noch größere Elend der städtischen Slums zu verbannen. Aber auch in der modernen Ersten Welt konzentrieren sich immer mehr Menschen auf engstem Raum. Schon heute existieren weltweit etwa dreißig riesenhafte Stadtregionen mit zwischen 8 und 25 Millionen Menschen. Für sie ist der Ausdruck Ballungszentren mehr als angemessen. Allein in den beiden Türmen des World Trade Centers in New York leben und arbeiten mehr Menschen als in der ganzen Stadt Salzburg. Anlässlich des Attentats islamistischer Fanatiker auf dieses Mammutgebäude wurde die Zerbrechlichkeit und Gefährdung solcher Massenzusammenballungen offensichtlich.

Natürlich sind in den Türmen von Manhattan und ähnlichen Bauwerken der Moderne die Hygienemaßnahmen auf höchstem Stand und die Gefahren von Seuchen gebannt, aber an ihre Stelle ist die seelische Verelendung getreten. Immer wieder sterben alte Menschen in überdimensionierten Wohnanlagen, auf deren Spur erst viel zu spät der Verwesungsgeruch führt. Es gibt eine tragische seelische Vereinsamung inmitten der äußeren Vermassung. In ihren Appartements erleben die Menschen eine Form von seelischer Apartheid, die – von niemandem gewünscht – offenbar eine Folge der Massenwohnanlagen ist.

Noch immer gibt es zu wenige Untersuchungen, die das Wohl- und Wohngefühl der Menschen in Beziehung zu ihrer Gesundheit setzen. Offenbar kann sich der Mensch in riesigen Wohnsilos nicht wirklich wohl fühlen, und dennoch leben immer mehr Menschen in genau diesen Anlagen. Die Autoren Martin und Schumann[7] gehen davon aus, dass der größte Teil der Welt zu einem Lumpenplaneten verkommt, reich nur an Megastädten mit Megaslums, in denen sich Milliarden Menschen notdürftig durchschlagen.

Nun liegt die Lösung sicher nicht in der Umkehrung der Landflucht. Die Abermillionen Menschen aus den Ballungsräumen wären wohl der endgültige Ruin der umgebenden Landschaften. Trotzdem gibt es eine Menge Modelle, die zeigen, wie viel besser es sich in organisch abgestimmten, ökologisch bewusst ausgestatteten und sensibel in die Landschaft eingefügten Wohn- und Lebensräumen wohnen lässt. Bei der Schweine- und Rinderzucht stellt sich allmählich heraus, wie viel gesünder artgerecht gehaltene Tiere sind. Es ist an der Zeit zu entdecken, dass auch Menschen artgerecht besser leben. Dazu würde nicht nur gehören, dass sie sich ihrer Art entsprechend ernähren, also durchaus als Allesfresser, aber mit einer ausgeprägten Betonung von pflanzlicher Kost, wie es Gebiss und Verdauungstrakt fordern, sondern dass sie auch artentsprechend wohnen. Das gelingt in gewachsenen, überschaubaren Gemeinschaften besser als in Wohnsilos gigantischen Ausmaßes und ineinander fließenden Stadtlandschaften.

Auch wenn es den so genannten Kostenfaktor begünstigt,

macht es außerdem für niemanden Sinn, alte Menschen massenhaft in noch so modernen Altenburgen zu konzentrieren und aus dem gesellschaftlichen Leben auszuschließen. Sie fehlen den Kindern, die in entsprechenden Asylen, die wir so nett Kindergärten nennen, tagsüber beschäftigt werden, damit sie ihren berufstätigen Eltern nicht zur Last fallen. Für die Alten wären sie aber keine Last, sondern eine Freude, wie auch umgekehrt.

Spezialisierung und Vereinzelung

Eine Gegenbewegung zur Vermassung und Uniformierung der Menschen hinsichtlich ihres Aussehens sowie Konsum- und Freizeitverhaltens ist die zunehmend um sich greifende Spezialisierung des Einzelnen in intellektueller Hinsicht, die in ihrer langfristigen Konsequenz zur seelischen Vereinzelung führen muss. Das herrschende Ideal ist, sich in einem kleinen, begrenzten Bereich zu einem Fachmann, zu einer Fachfrau ausbilden zu lassen. Von seinem winzigen Spezialbereich versteht dann der Experte alles, sonst versteht er jedoch fast nichts mehr, was in vielen Bereichen in *Lose-lose*-Situationen führt.

Medizin und Wissenschaft

Ein Mensch zum Beispiel, der einen Arzt aufsucht, will in seiner ganzen Persönlichkeit ernst genommen und verstanden werden. Eigentlich müsste er zum althergebrachten Praktiker gehen, der in Deutschland allerdings von offizieller Seite schon längst abgeschafft wurde. Der Ersatz ist inzwischen auch eine Art Facharzt, nämlich der Arzt für Allgemeinmedizin – man musste den Praktiker aufwerten, weil er als Wald-und-Wiesen-Arzt zu wenig Anerkennung (und Honorierung) fand. Heute ist selbst ein Internist noch nicht spezialisiert genug. Er wird sich weiterbilden zum Kardiologen fürs Herz, zum Gastroenterologen für den Verdauungstrakt, zum Pulmologen für die Lunge, zum Nephrologen für die Nieren, zum Hepatologen für die Leber und was es an Fachleuten noch alles geben mag. In diesem Spezialistensystem werden alle immer besser (bezahlt und anerkannt), weil sie immer mehr von immer weniger wissen.

Da man inzwischen nur noch den *Fachidioten* schätzt, den *Universaldilettanten* aber geradezu verachtet, wird Letzterer es sich im Medizinbetrieb immer weniger leisten können, die wenigen Patienten, die noch zu ihm kommen, an den richtigen Spezialisten zu überweisen. Das aber war die Chance eines ursprünglich guten Systems. Auf der Strecke bleibt dabei der Mensch als ganzer. Dieser aber ist es ausnahmslos, der erkrankt und Hilfe sucht.

Die Entwicklung geht auch hier in eine Richtung, die zwar viele Vorteile verspricht, aber zum Schluss in die schon typische *Lose-lose*-Situation mündet. Wohin der Patient sich auch wendet, es wird ihm zum Nachteil gereichen. Geht er zum Praktiker, kann er dort hängen bleiben, obwohl es für ihn bessere Möglichkeiten gäbe. Geht er aber gleich zum Facharzt, wird er ziemlich einseitig und oft völlig an seinen Problemen vorbei behandelt. Der Patient müsste ja selbst Mediziner sein, um die richtige Arztwahl treffen zu können.

Die Situation ist für alle Beteiligten nicht nur unbefriedigend, sondern auch gefährlich. Der Universaldilettant ist in Gefahr, sich und seine Möglichkeiten zu überschätzen, während der Spezialist nur noch sein Fachgebiet sieht. Wer aber nur einen Hammer hat, wird zum Schluss (fast) alles für einen

Nagel halten. Und bereits jetzt werden viel zu viele Patienten mit seelischen Problemen, die *zu Herzen gehen,* an selbigem operiert und Hirntumorpatienten wegen chronischer Kopfschmerzen psychotherapiert.

Eine hochgradige Spezialisierung, die wir heute überall erleben, hat neben den Nachteilen natürlich auch Vorteile wie alles in dieser polaren Welt. Entwicklungen kommen schneller voran, wenn sich Einzelne auf kleine Bereiche konzentrieren und hier immer besser werden. Doch eigentlich sollte es das Ziel vor allem der Wissenschaftler und Forscher sein, das Eine (Uni) Verbindende in der Vielheit (-Versität) zu finden. Heute wird die Idee der Einheit, die sich nur noch in religiösen Traditionen findet, von der Mehrheit der Forscher sogar bekämpft, und sie sind geradezu stolz darauf, in ihren Einzelbereichen, die untereinander gar keine Verbindungen mehr suchen, zu herausragenden, aber von anderen Fakultäten isolierten Koryphäen zu werden.

Die Idee eines Studium generale, das auf einer breiten Allgemeinbildung eine Spezialisierung anbietet, ist an den meisten Universitäten Schnee von gestern, und ein Buch wie dieses dürfte es eigentlich gar nicht geben, denn immer wieder wurde mir von gut meinenden Freunden geraten, mich doch unbedingt auf einen Bereich wie die Krankheitsbilder-Deutung zu spezialisieren. Für den Zusammenhang, das Große und Ganze, interessiert sich angeblich niemand mehr. Ich kann es nicht glauben, denn bei einer Erkrankung ist nicht nur die Seele des Betroffenen immer daran beteiligt, sondern auch sein soziales Umfeld: die Familie, die Wohn- und Arbeitssituation, die Mitmenschen.

Die Tendenz zu immer ausgefalleneren Spezialisierungen ist

inzwischen eine große Gefahr nicht nur in der Medizin. Die Physiker, die die Atombombe in Los Alamos bauten und innerhalb des so genannten Manhattan-Projektes zu einer verschworenen Gemeinschaft wurden, merkten erst zu spät, was sie angerichtet hatten, als nämlich die fertige Bombe in den Händen eines Politikers lag. Angefangen hatten sie in einer extremen Bedrohungssituation unter Roosevelt, einem weitsichtigen, liberalen Präsidenten. Als sie fertig wurden, war die Bedrohung praktisch verschwunden und Roosevelt tot. Sein Nachfolger Truman baute mit der Bombe und der damit verbundenen Überlegenheit seine Machtposition im Kalten Krieg aus. Diese fand einer der führenden Köpfe des Manhattan-Projektes, Oppenheimer, so bedrohlich, dass er zum Verräter wurde und den Sowjets die Geheimnisse der Bombe verriet, um so wenigstens wieder einen Ausgleich herzustellen. Das Ergebnis war das Gleichgewicht des Schreckens, unter dem die Welt jahrzehntelang zu leiden hatte. Die Überlegenheit einer verantwortungslosen Seite wäre aber vielleicht noch schlimmer gewesen. Das werden wir jetzt ausprobieren müssen, da nur noch die USA das Sagen haben.

Heute dürften die meisten Forscher nicht einmal mehr hinterher bemerken, was sie anrichten. Die Pioniere des Klonens menschlicher Embryonen sind hier nur typische Beispiele für ein sich rasch verbreitendes Phänomen. Hochspezialisierte Wissenschaftler und Techniker sind gar nicht mehr in der Lage zu übersehen, was die Konsequenzen und Folgen ihrer Entdeckungen sein werden. Überall kümmern sich hochspezialisierte Physiker sowie Chemiker, Biologen, Systemanalytiker und Techniker um winzige Aspekte von Einzelbereichen. Was insgesamt dabei herauskommt, wenn ihre Einzelergebnisse einmal kombiniert werden, rückt immer weiter von ihnen weg und aus ihrer Verantwortung. Aber zu wessen Verantwortung gehört es dann?

Aufgrund der fortschreitenden Spezialisierung scheint es kaum noch Verantwortliche zu geben. Die vereinzelten und menschlich nicht selten einsamen Spezialisten sehen den Wald vor lauter Bäumen nicht mehr. »Fachidioten« bauen aus Einzelteilen und ohne das Ganze zu übersehen lebensbedrohliche Szenarien zusammen, deren Auslösung sich niemand mehr direkt zuzuschreiben braucht. So wird ein Sachzwangszenario immer wahrscheinlicher, wenn genug Einzelaspekte zusammenkommen. Die Verantwortung liegt dann beim »System«, bei der Gesellschaft, beim Staat.

Insgesamt erleben wir eine eigenartige Polarisierung: immer mehr Spezialisten und Egomanen einerseits und eine erschreckende Vermassung andererseits. Bei den Extremen tun wir uns hervor; die Mitte geht dabei verloren. In der Gesellschaft spiegelt sich das im Untergang der Mittelschicht, was wir in den USA und England schon drastisch erleben können. Das aber ist eine gefährliche Tendenz, denn letztlich liegt das Ziel in der Mitte, auch wenn es Sinn macht, zuerst einmal die Extreme kennen zu lernen.

Menschliche Beziehungen

In dem Maß wie der Einzelne, seine Spezialisierung und seine individuellen Bedürfnisse mehr in den Mittelpunkt rücken, werden auch die Lebensgemeinschaften kleiner. So sind aus den Sippen Großfamilien geworden und aus diesen mit der Zeit Klein- und Kleinstfamilien und schließlich kinderlose Paare. In den USA spricht man von *Dinks* (*double income no kids* = doppeltes Einkommen, keine Kinder) als Vorstufe zu den *Singles*, die sich allein in den Mittelpunkt ihres Lebens stellen. Die *Dinks* taten sich zwar noch paarweise zusammen, aber die Verantwortung für Kinder ging ihnen schon deutlich zu weit. Kinder machen – »objektiv« betrachtet – das Leben schwieriger und vor allem teurer. Dass sie es auch viel lebendiger und schöner machen können, geht bei dieser rein aufs Materielle ausgerichteten Perspektive unter.

Auch in anderen Bereichen ist der Trend zur Vereinzelung und zu weniger Verantwortung nicht zu übersehen. Weniger Verantwortung ist aber nicht nur sprachlich der Übergang zur Verantwortungslosigkeit. Die jungen Leute, die es sich vor dem Fernseher bequem machen, es dabei im Wesentlichen bewenden lassen und sonst nur mehr durch mangelndes Engagement auffallen, wären ein weiteres Beispiel. Befragt, wieso es ihnen so an Initiative fehle, fragen sie ganz entspannt zurück, wozu sie sich denn noch engagieren sollten, schließlich hätten sie keine Lust zu schuften, nur um der älteren Generation ihre sowieso unbezahlbar gewordenen Renten und Pensionen zu sichern. Sozialpolitikern bleibt angesichts solch ehrlich ausgedrücktem Egoismus lediglich der Mund offen vor Schreck; entkräftende Argumente fallen ihnen kaum ein. Das Gerede vom Generationenvertrag geht den Couch Potatoes schon lange auf den Geist, sie wissen in der Regel nichts von solch einem Vertrag, und, schlimmer noch, sie wollen auch gar nichts davon wissen.

So wie die Menschen der Dritten Welt aus Egoismus und Unbewusstheit ein Kind nach dem anderen zeugen, denken *Dinks* und *Singles* aus genau dem gleichen Egoismus immer weniger daran. Sie machen ihren Egoismus konsequent zum

Lebensthema, jedenfalls soweit sie freiwillig und absichtlich auf eine feste Bindung oder Nachwuchs verzichten. Beide versuchen, wie die Industrie, die sich ihrer bereits aufmerksam annimmt, in der Regel über Quantität zu kompensieren, was ihnen an Qualität verloren geht.

Die nächste Eskalationsstufe der im wahrsten Sinn des Wortes *grau*samen Entwicklung zum *Single*ismus wird sich erst später zeigen, wenn nämlich die Millionen heutiger *Singles* ins Alter kommen. Die Vorboten einer immer beziehungsunfähigeren Zeit sind jene Alten, die in ihren Wohnungen still und heimlich sterben und verwesen, ohne dass es überhaupt jemand merkt. Sie sind der Anfang einer Entwicklung, die eigentlich eher dramatische Verwicklung ist.

Man möge nur einmal rein rechnerisch überschlagen, wo die Pflegekräfte herkommen sollen, die die schon jetzt in die Millionen gehenden *Singles* betreuen könnten, falls diese einmal nicht mehr so lebenslustig und unabhängig sind, sondern bedürftig und auf fremde Hilfe angewiesen. Ganz abgesehen davon, dass eine professionelle Betreuung immer erhebliche Defizite im menschlichen Bereich aufweisen wird, gibt es die notwendigen Altenpfleger für solch eine Aufstockung dieses Sozialbereiches gar nicht. Bisher sind sie noch nicht geboren worden, und wer sollte sie auch auf die Welt bringen? Die *Singles* jedenfalls fallen aufgrund ihrer Verweigerung aus. Aber selbst wenn sie noch geboren würden, es gibt in den modernen Ellbogen-Gesellschaften nicht den geringsten ökonomischen Anreiz, einen sozialen Beruf zu wählen.

Singles werden sich mit diesem Thema wohl kaum beschäftigen oder insgeheim hoffen, dass die Pflegeversicherung, die sie bezahlen, einmal dafür sorgt, dass dann doch jemand für sie da sein wird. Grundsätzlich gibt es aber in ihrem auf Egoismus und die Gegenwart ausgerichteten Lebenskonzept gar keinen Platz für Schwäche und den Gedanken, dass sie es einmal doch nicht mehr allein schaffen könnten. Von der Pflegeversicherung menschliche Sorge und Anteilnahme zu erwarten, die ein Mensch in dieser Situation so nötig wie die Luft zum Atmen braucht, ist aber ähnlich logisch wie von der Lebensversicherung eine Verlängerung des Lebens.

So wie dieses Konzept, dem eine Flucht aus der Verantwortung sowohl für das eigene wie erst recht für das Leben anderer zugrunde liegt, im persönlichen Bereich nicht aufgeht, zeigt es sich auch auf anderen Ebenen. Analog zur Beziehungsstruktur einzelner Menschen entwickeln sich auch die Beziehungen der so genannten Sozialpartnerschaft sowie die Beziehungen zwischen Ländern und sogar ganzen Erdteilen. Die Gräben werden tiefer, und die Kluft zwischen den Polen wächst. Der egoistische Individualismus wird sich für die einzelnen Menschen genauso wenig auszahlen wie für die Staaten.

Ein anderer Aspekt derselben Tendenz zur Vereinzelung ist das überall zu beobachtende Phänomen, dass Firmen und Konzerne immer weniger Verantwortung für ihre Mitarbeiter übernehmen (wollen). Sie machen sie lieber zu scheinbar eigenständigen Pseudounternehmern, um sich die Sozialabgaben und die teure Alterssicherung zu sparen. Dadurch aber werden Menschen, die dazu innerlich gar nicht bereit sind, in die Verantwortung eigener Unternehmerschaft gedrängt, was sie oft erschreckend schnell zu Sozialfällen macht oder auf lange Sicht zu Menschen, denen im Alter eine verlässliche und ausreichende Sicherung fehlt.

In Deutschland und Österreich erleben wir in dieser Situation ein Klammern an den Versorgungsstaat, den die großen so genannten Volksparteien versprechen aufrechtzuerhalten. Wahrscheinlich können oder wollen sich ihre Vertreter einfach nicht eingestehen, dass das bei der auf allen Ebenen vorherrschenden Fluchtbewegung aus der Verantwortung gar nicht möglich sein wird. Das Anspruchsdenken, wie es sich in einigen europäischen Sozialstaaten eingebürgert hat, wird auf Dauer und unter dem Konkurrenzdruck der Globalisierung nicht durchzusetzen sein, weil es niemand finanzieren kann.

In dieser verzwickten und aussichtslos scheinenden Lage bleibt einem bewussten Menschen nichts übrig, als selbst Verantwortung zu übernehmen. Und nur diese Eigenverantwortung wird auch das Gemeinwesen retten können. Verantwortung beginnt bei einem selbst und schließt dann schnell den Mitmenschen ein. Partnerschaft, die deutlich über eine Nacht hinaus zielt, wäre der naheliegendste Weg. Wer schon für sich selbst keine Verantwortung übernimmt – weder für sein Seelenleben, seine Ernährung und seine Gesundheit, wird auch für einen anderen weniger dazu bereit sein. Wer aber nicht einmal für einen anderen Menschen Verantwortung mit übernimmt, wird das für viele andere erst recht nicht können und wollen, geschweige denn für eine Firma oder ein Gemeinwesen. Wahrscheinlich ist dem Wählervolk instinktiv deshalb das Familienleben der Politiker so wichtig. Wer schon mit seiner Familie nicht umgehen kann, wird es mit dem Land sicher nicht besser machen. Diesbezüglich denkt und empfindet die Bevölkerung offenbar auf dem Boden der hermetischen Philosophie, die problemlos vom Kleinen auf das Große schließt.

Das Positive an all dem ist, dass Verantwortung für andere

und Eigenverantwortung demjenigen auch Freude machen werden, der sie bewusst übernimmt. Wenn wir bei den unerlösten Seiten verschiedenster Werte angelangt sind, können wir uns ebenso gut auch wieder zum erlösten Gegenpol durchringen. Verantwortung, die bei einem selbst beginnt, wird so gleichsam zur erlösten Seite jener Egozentrik und jenes Egoismus, der viele *Singles* und *Dinks* kennzeichnet.

Die positive Einlösung der Vereinzelung wäre die konsequente Umsetzung der Individuation, die die eigene Seelenentwicklung in den Vordergrund stellt. Wer sich aber auf diesen Weg macht, wird dabei letztlich alles in sich finden (müssen). Er ist dann all-ein in einem ganz anderen Sinn, hat er doch alles in sich gefunden. Auch die Einsamkeit des Einsiedlers bekommt dann eine erlöste Seite, denn er findet den Samen der Einheit in sich und in allem.

Bequemlichkeit, die ins Verderben führt

Wir wollen es im Leben heute so bequem wie möglich haben. Deshalb verzichten wir zum Beispiel auf Bewegung, gesunde Ernährung und Regeneration und machen es uns so leicht wie irgend möglich – und damit zugleich entsetzlich schwer. Das Ergebnis ist bekannt: Wir werden durch die Einseitigkeit mehrheitlich immer empfindlicher und kränker.

Die Überbetonung einer Seite der Wirklichkeit führt über kurz oder lang dazu, dass sich die andere meldet und sich uns aufzwingt. Das geschieht dann allerdings in einer meist äußerst unerfreulichen Art und Weise. Wer sich alles ersparen will, dem bleibt nichts erspart, weiß der Volksmund. Wer Weihnachten unbedingt zu einem Fest des Friedens und der Liebe machen will, erlebt am Heiligen Abend nicht selten den

Streit des Jahres. Und das ist noch ein harmloses Beispiel, verglichen mit dem Schicksal jener Politiker, die sich mit Leib und Seele dem Frieden verschrieben haben und so zielsicher Gewalt ernteten und ihr zum Opfer fielen. Die Reihe reicht von Mahatma Gandhi über Martin Luther King, die Kennedy-Brüder, Olof Palme, Anwar as-Sadat bis zu Itzhak Rabin. Der Gegenpol, den wir gerade vermeiden wollen und nicht anerkennen, wird uns in erschreckender Konsequenz mit seiner schmerzhaftesten Variante überraschen. Wo wir also in unserem Leben auf dieser Erde einen Pol der Wirklichkeit verdrängen, können wir getrost mit dem Schlimmsten von dem rechnen, was dieser negierte Bereich zu bieten hat.

Wir wollen trotzdem bisher keinerlei Verzicht auf noch so krank machende Bequemlichkeiten akzeptieren. Es reicht nicht einmal zum einfachsten Energiesparen. So heizen wir weiter zum (schlecht isolierten) Fenster hinaus. Man muss kein Hellseher sein, um vorauszusagen, dass das Erwachen scheußlich sein wird. Die Reaktorkatastrophe von Tschernobyl hat leider bei weitem nicht als Warnung gereicht, und so wird es schlimmer kommen (müssen).

Nach uns die Sintflut – das ist inzwischen zu einer durchaus realistischen Aussage geworden, deren Bedrohlichkeit sich nur noch mühsam übersehen lässt. Wenn wir unsere längst irrational gewordene Lust auf Energie(-verschwendung) weiter so ungehemmt ausleben, wird die große Flut immer sicherer eintreten. Wissenschaftler haben für dieses gerade angebrochene Jahrhundert einen Temperaturanstieg von 1,5 bis 5,6 Grad berechnet. Das würde neben vielen anderen Katastrophen einen Anstieg des Meeresspiegels von 9 bis 88 Zentimetern nach sich ziehen. Bei letzterem Wert aber droht der Inselwelt der Südsee bereits die Überflutung, und auch Länder wie die Niederlande und Italien werden nicht mehr nur mit einem blauen Auge davonkommen. Aber nicht einmal diese Länder liefern passende Weichenstellungen für die Zukunft. Solange das Meer – jedenfalls vorerst – nur einzelne kleine Eilande in fernen Teilen der Welt verschlingt, lässt man sich nicht beunruhigen. Jeder hofft offenbar, dass es immer nur die anderen trifft.

Der Grund für diese Zustände ist im weitesten Sinn die Vermassung, deren Zeugen wir auf so vielen Ebenen werden und unter der die meisten Menschen längst leiden.

Ob wir die Massentierhaltung betrachten, die uns über BSE ihre Schattenseite zeigt, oder die Riesenstädte, die Millionen von Menschen nicht mehr wirklich beherbergen können, oder den Tagesablauf in Großkrankenhäusern oder das Arbeitsklima in Firmen nach deren Fusion im Rahmen der Globalisierung – überall sind letzten Endes die betroffenen Menschen die Verlierer, angefangen vom kleinen Angestellten bis hinauf in die Chefetage. Der Begriff des *Global Player* für die international agierenden Manager verkennt also den Charakter des Spiels vollkommen. Der Global Player ist eher eine Karikatur des Spielers, vielleicht noch am ehesten der süchtige Spieler, der gar nicht mehr anders kann und dem es längst nicht mehr um das Spielerische und den Genuss geht.

Doch genau betrachtet, leiden wir nicht nur unter der Vermassung, sondern ebenso unter dem Gegenpol der Vereinzelung und Vereinsamung. Der ehemalige UNO-Generalsekretär Butros Butros Ghali fasste es knapp zusammen: »Unser Planet steht unter dem Druck von zwei ungeheuren entgegengesetzten Kräften: der Globalisierung und der Zersplitterung.«

Moderne Teufelskreise und ihre Ursachen

Wenn wir das Gemeinsame der hier bislang recht beliebig ausgewählten Beispiele für die Teufelskreise der modernen Industriegesellschaft suchen, sind es nur einige wenige Prinzipien, die dem Dilemma zugrunde liegen. Beim Wirtschaftswachstum wie bei der Vermassung haben wir klassische Beispiele dafür, dass die *Quantität über die Qualität gestellt wird,* was wir über kurz oder lang teuer bezahlen werden.

Hinzu kommen die *Widersprüche zwischen dem modernen linearen Weltbild und dem zyklischen der archaischen Kulturen.* Hier könnten wir Erklärungen finden, warum die so genannten Primitiven im Gegensatz zu uns keine Probleme mit den Lebensübergängen hatten. Hier ließe sich erkennen, wieso vor allem das Sterben bei uns zu solch würdeloser Peinlichkeit verkommen konnte. Die Versöhnung des linearen Weltbildes mit dem kreisförmigen, für das die Spirale ein Symbol sein könnte, wäre eine vorrangige Aufgabe, wenn wir uns und unsere Welt retten wollen.

Die *einseitige Betonung des rationalen männlich-intellektuellen Pols* der Wirklichkeit – in der Philosophie des Taoismus mit Yang bezeichnet – zulasten der weiblichen Seite (Yin) ist ebenfalls ein vielen modernen Katastrophen zugrunde liegendes Hauptproblem. Solange wir kein Gleichgewicht zwischen Yin und Yang finden, werden wir unsere aus den Fugen geratene Welt nicht wieder stabilisieren können.

Auf der Ebene unseres Gehirns betrachtet, ist die Unterscheidung zwischen den beiden Polen besonders einfach nachzuvollziehen. Die linke Hemisphäre ist dem rationalen, logischen Weltverständnis zugeordnet. Hier herrscht der analytische, sich auf das Kausalitätsprinzip stützende Verstand, der rationale Entscheidungen trifft. Er neigt zum Beispiel auf sehr intelligente Weise dazu, immer das kleinere Übel zu wählen. Das schützt ihn allerdings nicht davor, sich in völlig unvernünftigen Situationen wiederzufinden. Der Intellekt feit niemanden vor Irrationalität, wie wir an vielen Beispielen sehen werden. Es ist auch der Intellekt, der zur Strategie des Immer-mehr-vom-selben tendiert, mit der wir schon seit langem kein Problem mehr wirklich lösen, sondern nur noch Systemkosmetik betreiben. Archetypisch gesehen, entspricht die linke Gehirnhälfte dem männlichen Prinzip oder Yang-Pol.

Auf der gegenüberliegenden rechten Gehirnhälfte ist das weibliche Prinzip oder der Yin-Pol beheimatet. Diese Seite steht für das analog(isch)e Weltverständnis, das bis vor wenigen Jahrhunderten vorherrschte. Hierher gehören die inneren Bilder, die uns nachts in den Träumen beschäftigen und die in geführten Meditationen eine Rolle spielen. Es ist die Welt der Archetypen und Märchen, der Mythen und Poesie, der Musik und Töne. Hierher gehört das Denken, das auf Synthese zielt und mit dem diskursiven Denken der Gegenseite wenig anzufangen weiß.

Im Folgenden ist also mit Weiblich oder Männlich nie die konkrete Frau oder der Mann gemeint, sondern das archetypische Muster. Dem archetypisch Weiblichen wird dabei das aufnehmende, widerspiegelnde Prinzip zugeordnet, dem archetypisch Männlichen das abgebende und ausstrahlende Prinzip. So zielt das Männliche mehr auf das Außen, während sich das empfängliche Weibliche stattdessen eher auf das Innere bezieht. Diese Urpolarität erkennen wir auf allen Ebenen des Daseins, zum Beispiel in Sonne und Mond, Schwert und

Scheide oder auch in Säure (gibt Protonen ab) und Base (zieht Protonen an).

Wenn wir uns und unsere Welt wieder ins Lot bringen wollen, müssen wir zwischen diesen beiden Polen für Ausgleich und Versöhnung sorgen, am besten noch, bevor es an unserer Stelle die Natur durch Katastrophen besorgt. Jede Einseitigkeit wird nämlich irgendwann durch eine *natür*liche Korrektur ausgeglichen. Mutter Natur ist bei diesen Maßnahmen nur leider nie sehr zimperlich. Sie würde sich dabei sicher des lawinenartigen Wachstums bedienen, gegen das ab einem bestimmten Punkt kein Widerstand mehr möglich ist.

Als Voraussetzung für einen freiwilligen Ausgleich müssen wir zunächst verstehen, dass der einzelne Mensch und die Schöpfung denselben Gesetzen unterliegen und dass beide aufeinander angewiesen sind. Dazu wiederum bedarf es einiger Brückenschläge zwischen dem alten Weltbild der Weisheitslehren und dem neuen der Naturwissenschaften. Nur wem diese Erkenntnis in Fleisch und Blut übergegangen ist, wird wissen, dass wir alle zu jeder Zeit im selben Boot sitzen oder – mit Buckminster Fuller gesprochen – im selben Raumschiff Erde.

Die Einheit allen Lebens

Mikrokosmos und Makrokosmos

Das Weltbild des Paracelsus, das sich so prägnant in der Gleichung Mikrokosmos = Makrokosmos zusammenfassen lässt, findet neuerdings wieder wachsende Beachtung. Der Grund liegt wohl zum einen darin, dass die spirituelle Philosophie, die seit nunmehr drei Jahrzehnten eine Renaissance erlebt, sich ebenfalls auf diesen Grundsatz bezieht. Zum anderen ist es vor allem auf neuere Forschungsergebnisse der Naturwissenschaft zurückzuführen, die dem Prinzip der Kausalität den Rücken gekehrt hat und zu immer metaphysischeren Erkenntnissen und Einsichten kommt.

Wenn uns die moderne Physik heute lehrt, dass reines Kausalitätsdenken zwar ein sehr plausibler, aber eben doch nur ein Denkfehler war und dass die der Wirklichkeit am besten entsprechenden Gesetze solche der Spiegelung sind, könnte zudem der andere Grundsatz der hermetischen Philosophie, »Wie oben so unten«, wieder ernst genommen werden. Diese dem Hermes Trismegistos zugeschriebene Einsicht besagt, dass die oberen Dinge den unteren entsprechen und die inneren den äußeren, wie auch umgekehrt. Das zugrunde liegende Analogiedenken findet man nicht nur in der hermetischen Philosophie, sondern auch in der Religion. Wir erkennen es beispielsweise in der Zeile »Dein Wille geschehe, wie im Himmel so auf Erden« des Vaterunsers.

Die Feststellung, dass der Mensch und die Welt eins sind, das heißt, dass der Mikrokosmos Mensch dem Makrokosmos Erde entspricht, kennzeichnet die paracelsische Medizin und bringt das Analogiedenken der hermetischen Lehre auf den einfachsten Nenner.[8] Für Paracelsus war es noch völlig selbstverständlich, dass die Umwelt ein Spiegel der Situation des Patienten ist, wie dieser auch umgekehrt in seinem Krankheitsbild seine Umwelt reflektiert. So verlangte Paracelsus von einem guten Arzt, aus den Symptomen des Patienten dessen Umfeld zu erkennen. Umgekehrt sollte der Arzt in der Lage sein, aus dem Umfeld zu schließen, an welchen Krankheitsbildern der Betreffende leidet.

Im Gegensatz dazu sucht die heutige Schulmedizin nach objektiven Kriterien der Krankheitsentstehung. Sie fahndet nach Ursachen, die für die jeweilige Gesundheitsstörung verantwortlich gemacht werden können. Mit dieser Ursachensuche bleibt die Medizin jedoch vollkommen dem alten Weltbild der Kausalität verhaftet und muss sich diesbezüglich auf eine grundlegende Umstellung gefasst machen, wie sie die Physik längst akzeptiert hat und wie sie bald wohl auch der Biologie ins Haus steht. In der Psychologie hat C. G. Jung den Schritt von der Kausalität zur Synchronizität längst vollzogen, was einen entscheidenden Unterschied zur Lehre Freuds darstellt.

Tatsächlich ist das analoge Denken, obwohl offiziell noch wenig akzeptiert, bereits von Anfang an integraler Bestandteil der Naturwissenschaften. Jeder Messvorgang beruht auf vergleichendem Denken. Um die Länge eines Tischs zu messen, muss man sie mit jener des in Paris aufbewahrten Urmeters vergleichen. Auch bei jedem anderen Messvorgang – ob wir nun die Temperatur, den Blutdruck oder eine Kraft messen –

werden geeichte Skalen in Analogie zur untersuchten Größe gesetzt.

Ein Lieblingsthema besonders der medizinischen Wissenschaft war immer die Statistik, mit deren Hilfe sogar schon *Beweise* geführt wurden. Allerdings beruht Statistik ganz ausschließlich auf vergleichendem Denken und hat nicht die Spur von Beweischarakter, weil sie überhaupt nichts mit Kausalität, sondern ausschließlich mit Korrelationen zu tun hat. Wenn beispielsweise von 100 Heroinsüchtigen vorher 95 Cannabisprodukte konsumiert haben, ist das eine Korrelation, aber kein Beweis, dass Cannabis die Einstiegsdroge zu Heroin ist. Sonst müsste nämlich Milch die gefährlichste Einstiegsdroge überhaupt sein, weil hundert Prozent aller Heroinsüchtigen wie alle anderen Menschen mit Milch begonnen haben.

Korrelationen gehören in den Bereich des vergleichenden Denkens und werden damit keineswegs abgewertet. Der Hinweis auf Messvorgänge und Statistik soll an dieser Stelle lediglich aufzeigen, wie sehr sich die etablierte Medizin schon immer des vergleichenden, analogen Denkens bedient hat. Dass sie es andererseits vehement ablehnt, wird ihr selbst zunehmend zum Problem, vor allem da die anderen Wissenschaften allmählich das Lager wechseln und sich dem bereits erwähnten Paradigmenwechsel unterziehen. Bei diesem schmerzhaften Prozess der Umwandlung und Weiterentwicklung in Richtung eines neuen Weltbildes muss viel alter Ballast über Bord geworfen werden. Am Ende werden dann aber doch wieder sehr alte Erkenntnisse zutage gefördert, nun allerdings mathematisch abgesichert.

Die Physik konnte im letzten Jahrhundert den Beweis erbringen, dass Kausalität nicht existiert. In Versuchen, die in ihrer Planung noch auf Einstein zurückgehen, ließ sich zeigen, dass subatomare Teilchen, die aus einer Quelle und einem Ereignis stammen, auf uns unerklärliche Weise zusammenhängen. Der englische Physiker John Bell bewies in dem nach ihm benannten Theorem schließlich sogar, dass das nicht nur für den Bereich der winzigen Teilchen im Innern des Atoms, sondern generell für die ganze Schöpfung gilt. Geht man nun davon aus, dass unser Universum in einem Urknall entstanden ist, müssen alle daran beteiligten Teile auf immer zusammenhängen. Das aber sind Aussagen, wie sie sich bereits in den viele tausend Jahre alten Veden, den heiligen Schriften der Hindus, finden. Auch verschiedene Aussagen des historischen Buddha Gautama deuten an, dass in unserem Universum alles mit allem zusammenhängt. Die Erkenntnisse der Physiker haben sich bis auf Haaresbreite den alten Weisheitslehren angenähert. Man könnte auch sagen, dass moderne Physiker zunehmend mit mathematischer Exaktheit die Richtigkeit der heiligen Schriften des Ostens und deren analoges Weltbild beweisen.

Wenn Physiker versuchen, das so genannte Teilchenmeer zu beschreiben, das unsere Wirklichkeit aufbaut, benutzen sie immer wieder bildhafte Vergleiche, die denen der heiligen Schriften Asiens verblüffend ähneln, wenn sie nicht überhaupt dort bewusst entlehnt sind. Besonders zu erwähnen wäre hier das hinduistische Bild der Schöpfung im Perlennetz des Himmelsgottes Indra. Dieses besteht aus unzähligen Perlen, von denen jede einzelne das ganze Netz in sich spiegelt, ja enthält. Auch die Vorstellung, dass im Universum alles letztlich aus schwingender Energie besteht, ist ebenso modern wie uralt.

Das Bild der Energieperlen lässt sich wunderbar mit der Erkenntnis in Einklang bringen, dass alles im Universum dem Mandala-Muster, dem energetischen Tanz um die Mitte, entspricht. In jedem Atom kreist die Energie in Form der Elektronen um den winzigen Kern der Mitte, und alle Materie besteht aus solchen Atom-Mandalas. In jeder Zelle, egal ob menschlich, tierisch oder pflanzlich, dreht sich alles um den meist ruhenden Zellkern. In den Chakren genannten menschlichen Energiezentren entlang der Wirbelsäule kreist die Energie – nach übereinstimmenden Aussagen all jener Sensitiver, die diese Energieräder wahrnehmen – ebenfalls immer um die Mitte. Den ganzen Menschen können wir wie Leonardo da Vinci ebenfalls als Mandala, nämlich in Fünfsterngestalt darstellen, und dann dreht sich alles um sein mittleres Chakra, Anahata genannt, das dem Herzen entspricht. Bei unserer Erde, ihrer Gestalt nach ein Mandala wie auch alle anderen Himmelskörper, greift die Schwerkraft ebenfalls in der Mitte an, um die sie sich auch dreht. Im Sonnensystem kreisen alle Planeten um die Sonne in ihrer Mitte, und in unserer Galaxie, der Milchstraße, dreht sich wiederum alles in einer unvorstellbar riesigen Spirale um deren Mitte.

Die Gleichung Mikrokosmos Mensch = Makrokosmos Erde bekommt vor diesem Hintergrund wieder brennende Aktualität. Da wir aber auf unserer Existenzebene – gefangen in der polaren Welt aus Raum und Zeit – solche Erkenntnisse kaum nachempfinden können und auch die Beweise der Physiker unserer täglichen Erfahrungswelt zu widersprechen scheinen, sind einige Annäherungen von Seiten der Biologie und Soziologie hilfreich. Auch Erstere findet zunehmend Belege für eine unerklärliche Synchronizität der Ereignisse unserer Wirklichkeit.

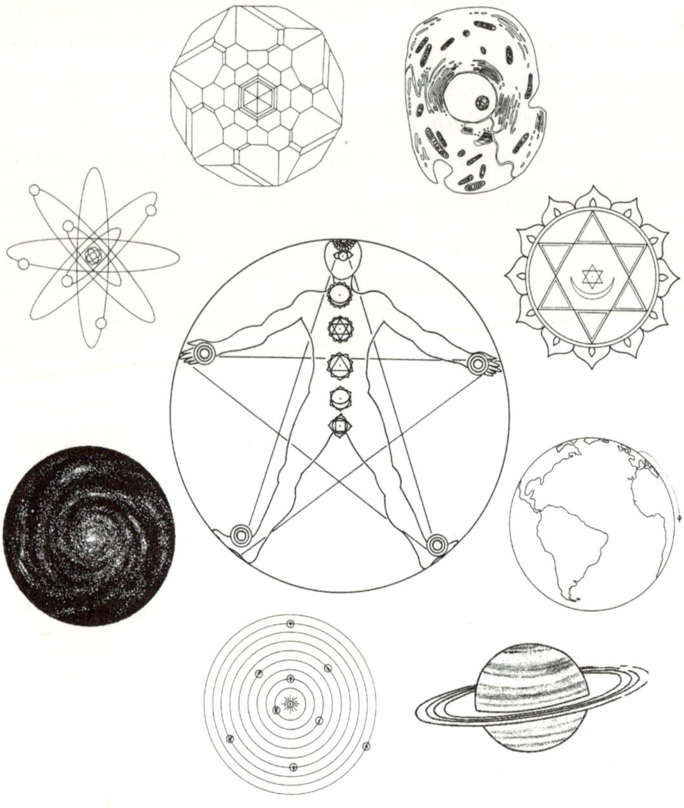

Beispiele für verschiedene Mandalas vom Atom bis zum Spiralnebel

(Aus: Dahlke, Arbeitsbuch zur Mandala-Therapie, München 1999)

Der Biologe Rupert Sheldrake erkannte solche akausalen Zusammenhänge zwischen verschiedensten Lebewesen. Fähigkeiten, die europäische Ratten sich erworben hatten, ließen sich zum Beispiel plötzlich auch bei amerikanischen Ratten feststellen, ohne dass diese sie erst hätten erlernen müssen, und dergleichen Unerklärlichkeiten mehr. Sheldrake postulierte daraufhin seine Theorie der morphogenetischen Felder. Er bezeichnet damit Entwicklungsfelder, die ohne materielle Basis existieren und Lebewesen beeinflussen, ohne dass es dafür logisch nachvollziehbare Gründe gibt. Bei Sheldrakes Aussagen handelt es sich im Gegensatz zu den Ergebnissen der modernen Physik lediglich um eine Theorie; da diese aber auf der Ebene der Lebewesen sehr genau beschreibt, was nach dem Theorem von John Bell vorherzusagen ist, erweist sie sich für unseren Zusammenhang als brauchbar.

Aus dem medizinischen Bereich wäre in diesem Zusammenhang noch das Phänomen jenes eigenartigen Bandes zwischen der Mutter und ihrem neugeborenen Kind zu erwähnen, für das die Medizin zwar eine kompliziert klingende Bezeichnung, aber keinerlei Erklärung hat. Die Mutter hört zum Beispiel im Schlaf die kleinsten Regungen ihres Kindes, während sie andere, viel lautere Außengeräusche gar nicht wahrnimmt. Auch hier scheint ein über räumliche Entfernungen wirksames verbindendes Feld zu existieren.

Die meisten Menschen machen mit solchen Feldern vielfach direkte Erfahrungen, ohne sich dessen jedoch bewusst zu sein. In einem Konzert kann man beispielsweise Zeuge dieses Phänomens werden, denn die Verbindung zwischen Dirigent und Musikern beruht darauf. Würden die einzelnen Musiker mit ihrer ganz unterschiedlichen Reaktionszeit lediglich auf die Bewegungen des Dirigenten reagieren und sie auf ihre Instrumente übertragen, wäre das Ergebnis ein Chaos, aber niemals eine Symphonie. In Wirklichkeit sind sie über das Muster der Musik im selben Moment verbunden und verhalten sich wie ein Einzelwesen. Sie zu solch einem Organismus zusammenzuschmieden, das entsprechend *verbindliche* Feld zu schaffen ist die Kunst des Dirigenten. Auch der Zuhörer begibt sich im Idealfall in dieses Feld und wird eins damit. Hierin liegt der einzigartige Genuss im Konzert. Die rein objektiven Kriterien von der Tonqualität bis zur Sitzbequemlichkeit ließen sich heutzutage zu Hause eher besser gewährleisten.

Wer schon einmal in einer großen Gruppe meditiert hat oder in einem alten Kloster, das seit Jahrhunderten eine Atmosphäre des Gebetes und der Meditation bewahrt, wird an der Wirksamkeit solcher Felder zwischen den Menschen einerseits und ihrer Umwelt andererseits nicht zweifeln können. Die Idee, dass auch die Umwelt den Menschen prägt, hat überhaupt zur Entwicklung von Klöstern und Ashrams geführt. Diese Einrichtungen helfen, Menschen, die sich ihrem Feld aussetzen, zu formen.

Gaia – ein Lebewesen wie der Mensch

Bei einer Beschäftigung mit der Einheit von Mikrokosmos und Makrokosmos erhebt sich zudem die Frage, inwieweit die Erde überhaupt ein Lebewesen ist.

Es gibt viele Definitionen von Leben, und die Erde erfüllt die meisten und wichtigsten von ihnen. Eine der von Biologen bevorzugten Definitionen, die auch in unserem Zusammenhang große Bedeutung hat, besagt, dass sich Leben durch Gleichgewichtszustände auszeichnet, die unter Energieaufwand aufrechterhalten werden. In unserem Körper gibt es zum Beispiel das Temperaturgleichgewicht um 37 Grad oder das Säure-Basen-Gleichgewicht, ausgedrückt im ph-Wert, sowie das Gleichgewicht der Salzkonzentrationen in den verschiedenen Flüssigkeitsräumen des Körpers und vieles andere mehr.

In den Meeren der Erde finden wir ein vergleichbares Gleichgewicht. Nur bei einer Salzkonzentration von drei bis vier Prozent ist Leben möglich. Anschauungsunterricht gibt das Tote Meer, dessen hohe Salzkonzentration namensgebend war. Dass das Gleichgewicht zwischen drei und vier Prozent Salzkonzentration in den Meeren über die Jahrmillionen hinweg aufrechterhalten blieb, ist an sich ein Wunder, denn durch das mit den Flüssen in die Weltmeere transportierte Salz müsste dessen Konzentration sich alle zwölf Millionen Jahre verdoppeln. Dass es nicht dazu kommt, liegt nach Ansicht der Biologen an den Pflanzen und Tieren des Meeres, die dem Wasser fortwährend genau die richtige Menge an Salz entziehen. Eine okkultere Theorie ist kaum vorstellbar, denn es zwingt sich ja geradezu die Frage auf, woher die einzelne Alge, das winzige Planktonteilchen oder auch der einzelne Hering weiß, wie viel Salz zu entnehmen ist, um das Gleichgewicht in den Ozeanen zu sichern.

Ein nicht weniger eindrucksvolles Gleichgewicht ist das der Luftzusammensetzung aus etwa 21 Prozent Sauerstoff, 78 Prozent Stickstoff und einem Prozent Edelgasen. Ursprünglich enthielt die Erdatmosphäre gar keinen Sauerstoff. Er nahm erst mit den grünen Pflanzen des Meeres zu, bis schließlich ein solcher Überfluss an Sauerstoff auf der Erde entstand, dass er nach oben in die Atmosphäre abströmen und dort die heute so bedrohte Ozonschicht aufbauen konnte. Aber auch in den letzten Jahrhunderten, als die Pflanzenwelt durch menschliche Interventionen wieder stark zurückgedrängt wurde, blieb der Sauerstoffanteil konstant bei 21 Prozent. Bei einem deutlich tieferen Wert wäre für größere Lebewesen Atmung kaum möglich; bei einem deutlich höheren Wert würde das Pflanzengrün brennbar, und ein einziger Blitz könnte die Welt in Brand stecken. Auch dieses Gleichgewicht ist uns also nicht wirklich erklärlich, aber es ist extrem wichtig für unser (Über-) Leben.

Selbst ein Temperaturgleichgewicht hat die Erde zu bieten, schwankt die Temperatur doch auf ihrem größten Teil im lebensförderlichen Bereich von 10 bis 40 Grad. Wie wenig selbstverständlich das ist, zeigt der Mond, dessen Temperatur täglich zwischen 120 Grad Hitze (Tagseite) und 170 Grad Kälte (Nachtseite) schwankt. Dort ist Leben in unserer Form nicht möglich.

Das sicher erstaunlichste Gleichgewicht ist das der menschlichen Nachkommenschaft. Normalerweise liegt das Verhältnis von weiblichen zu männlichen Babys nach den mendelschen Vererbungsregeln bei 50 zu 50. Nach den beiden Weltkriegen aber, die deutlich mehr männliche Opfer forderten, erhöhte sich beide Male der Anteil der männlichen Nachkommen. Das Phänomen lässt sich zwar statistisch feststellen, aber in keiner Weise logisch erklären. Es sei denn, man ginge davon aus, dass es irgendeine höhere Intelligenz gibt, die dafür sorgt, dass der Organismus von Gaia, unserer Erde, im Gleichgewicht bleibt.

Ein Biologe verglich einmal die Wahrscheinlichkeit, dass all diese und die vielen anderen Gleichgewichte rein zufällig genau an der richtigen Stelle eingependelt seien, mit jener, dass ein Wirbelsturm, der durch einen Autofriedhof tobt, dabei rein zufällig einen Jumbo-Jet zusammensetzt. Wir können also wissenschaftlich belegen, dass wir in einer *wundervollen* Welt leben, deren inneren Zusammenhalt wir noch nicht verstehen. Hinter den Kern des Faust'schen Pudels sind unsere Naturwissenschaften noch immer nicht gekommen, weil sie die notwendigen Schlüsse aus ihren eigenen Forschungsergebnissen nicht ziehen (wollen). Wenn wir aber das Zustandekommen der für unser aller Leben unabdingbaren Gleichgewichte noch nicht im Ansatz verstehen, sollten wir dann nicht lieber dreimal überlegen, bevor wir sie mutwillig (zer-)stören?

Die funktionierenden Gleichgewichtssysteme als Basis des Lebens müssten auch deutlich machen, dass in ihrer Störung die ernsteste Bedrohung des Lebens selbst liegt. In diesem Zusammenhang ist die Verschiebung des Gleichgewichts zwischen männlichem und weiblichem Pol, deren Zeuge wir heute sowohl im Mikrokosmos als auch im Makrokosmos werden, von großer Bedeutung.

Dass die Erde lebt, ist heute vielen Menschen zur Gewissheit geworden, und die meisten brauchen dazu nicht einmal die Belege der Biologen, sie fühlen es immer stärker. Hier könnte meines Erachtens auch ein Berührungspunkt zwischen der ökologischen und der spirituellen Szene liegen. Obwohl Erstere mehr vom Intellekt und Letztere mehr vom Gefühl geprägt ist und sie sich oft – nach meinem Empfinden viel zu oft – überkritisch und manchmal geradezu feindselig gegenüberstehen, verfolgen beide jedoch in vieler Hinsicht ähnliche Ziele. Zu unserer Rettung, die mit der Rettung unseres Heimatplaneten Erde identisch ist, müsste jeder Verbündete willkommen sein. Auch die Naturwissenschaftler könnten zu Verbündeten bei diesem Projekt werden, wie es sich schon einmal in der New-Age-Szene anbahnte, die zu Anfang von einigen hochrangigen Wissenschaftlern mitgetragen wurde.

Für spirituelle Menschen erstaunlich, war es auch die Raumfahrttechnik, die den entscheidenden Anstoß für das wachsende Gaia-Bewusstsein lieferte. Die Bilder und vor allem die Liebeserklärungen an den blau-weißen Heimatplaneten der amerikanischen Astronauten und der russischen Kosmonauten haben ganz entscheidend zu dieser Bewusstwerdung beigetragen. Es waren gerade hoch spezialisierte Techniker und Naturwissenschaftler, die der Erde in ihren Raumschiffen schon den Rücken gekehrt hatten, die uns wieder Bewusstsein für ihre Schönheit und Lebendigkeit einflößten. Oft muss man ja etwas erst (fast) verlieren, um es wieder richtig schätzen zu lernen.[9]

Entsprechungen zwischen Mensch und Erde

Gestehen wir der Erde Lebendigkeit zu, ist eine erste Entsprechung zwischen Mikro- und Makrokosmos gefunden und die Grundlage für weitere Analogien geschaffen. In einer materialistischen Zeit stellt sich als nächste Frage die nach dem Stoff, aus dem beide bestehen, nach dem Baumaterial.

Vom Periodensystem der Elemente ausgehend, finden wir den wichtigsten Teil der Elemente, die unsere Erde ausmachen, auch im menschlichen Körper. Natürlich gibt es nicht besonders viel Gold im Körper, aber es existiert auch in der Erde – relativ gesehen – nicht so viel davon.

Geht man von der klassischen Elementelehre aus, werden die Parallelen zwischen Mikrokosmos und Makrokosmos noch deutlicher. Dem glühend heißen Kern der Erde entspricht das menschliche Herz, das ja auch nicht selten als heiß und manchmal sogar brennend oder gar glühend bezeichnet wird. Beide kennzeichnen die Mitte und symbolisieren das Feuerelement. Über zwei Drittel der Erde sind von Wasser bedeckt; auch der menschliche Organismus besteht zu mehr als zwei Dritteln aus Wasser. Das Erdelement als Repräsentant des Festen bildet im Makrokosmos des Planeten Erde entgegen dem Augenschein nur die dünne Erdkruste, ähnlich wie die Knochen- und Knorpelgewebe gemessen an der Körpermasse nur ein recht filigranes Stützgerüst im Mikrokosmos des Menschenleibs darstellen. Beim Luftelement herrscht schließlich wieder vollkommene Übereinstimmung, denn es ist dieselbe Luft, die uns und die Erde einhüllt.

Betrachten wir das Energiefeld der Erde im Vergleich zu dem des Menschen, so gibt es vollkommene Parallelitäten. Biologen ist es gelungen, um Eizellen herum ein elektrisches Feld zu messen. Dabei stellte sich heraus, dass das Ei zwei Pole besitzt, von denen einer positiv und der andere negativ geladen ist. Zeichnet man diese Feldlinien auf, ergibt sich ein Bild, das dem der Erdkugel entspricht, die ja ebenfalls von einem elektromagnetischen Feld umgeben ist. Auch bei der Erde gibt es einen positiv geladen (Nord-)Pol und einen negativ geladenen (Süd-)Pol.

Die Medizin liefert eine Reihe von Hinweisen, die belegen, dass der menschliche Körper ebenfalls von elektromagnetischen Feldern umgeben wird, die denen der Erde entsprechen. Neben dem EEG (Elektro-Enzephalogramm zur Messung der Gehirnströme) kennt man inzwischen auch ein MEG (Magnet-Enzephalogramm), das noch im Abstand von einigen Zentimetern vom menschlichen Kopf ein deutliches und übereinstimmendes Magnetfeld misst.

Lässt man sich von den uralten Weisheitslehren der Völker leiten, werden die Entsprechungen im energetischen Bereich noch klarer. Der Osten kennt seit jeher das Energiefeld des Menschen mit seinen inneren Zentren, den Chakren, und seinen äußeren Ausstrahlungen in der Aura. Die westliche alternative Medizin ist (zum Beispiel mit Hilfe der Kirlian-Fotografie) diesem Wissen immerhin auf der Spur.

Auch das System der Energiebahnen und Knotenpunkte, das in der chinesischen Meridianlehre und der indischen Lehre von den Nadis von alters her bekannt war, ist neuerdings durch Elektroakupunktur und Thermographie nachweisbar. Entsprechende Energiestraßen und Knotenpunkte existieren nach der Überlieferung auch auf der Erdoberfläche. Energieplätze kannten nicht nur die Indianer und andere »Primitive«. Auch christliche Baumeister wählten für die Kathedralen Orte der Kraft aus, und alte Pilgerstraßen folgen nicht selten solchen Kraftlinien auf der Erdoberfläche. Dass wir auch in unserem geografischen Ordnungssystem von Meridianen sprechen, hat sicher einen tieferen Sinn, auch wenn man dieses System aus geometrischen Linien, mit dem wir die Erde überzogen haben, als vergleichsweise oberflächlich bezeichnen muss.

Auch in Bezug auf Polarität finden wir Entsprechungen zwischen Mensch und Erde. Der eindeutigen Gliederung des Planeten in eine Nord- und eine Südhalbkugel durch den Äquator entspricht die Gürtellinie, die den menschlichen Organismus in Ober- und Unterkörper gliedert. An dieser Entsprechung wird jene gravierende Gleichgewichtsverschiebung unserer Zeit zugunsten des dominierendem Yang-Pols unübersehbar. Auf der Ebene des Körpers geben wir so viel auf einen brillanten Kopf, auf einen sonnenklaren Verstand, denunzieren das Becken aber als unwichtig oder sogar schmutzig. Auf der Ebene von Politik und Wirtschaft erlässt der reiche Norden die Gesetze und bestimmt die Richtlinien, nach denen die Welt bewertet und vor allem der ärmere Süden unterdrückt und ausgebeutet wird. Der Norden produziert mit Vorliebe das Know-how, mit dem er sich den Reichtum des Südens an Rohstoffen und Bodenschätzen für seine Zwecke aneignet. Man zahlt, aber eben nur die Preise, die man selbst festsetzt. Auch wenn der arme Süden seine Förderung von Rohstoffen steigern würde, wäre kein Ausweg in Sicht; der reiche Norden würde dann einfach in bewährter Weise die Rohstoffpreise sinken lassen.

Die Parallelen gehen aber noch deutlich weiter: Im Mikro- wie im Makrokosmos wird der Nachwuchs ganz überwiegend vom unteren Pol gesichert. In beiden Fällen wird der weibliche Pol für diese Aufgabe, die immerhin das Überleben der menschlichen Art garantiert, eher verachtet. Das schlechte Gewissen führt dann zu solchen Trostpflastern wie dem Kindergeld auf der einen und der Entwicklungshilfe auf der anderen Ebene. In beiden Fällen wird so dosiert, dass diese Subventionen über den berühmten Tropfen auf dem heißen Stein nicht hinausreichen.

Am Beispiel der Polaritäten und ihrer übereinstimmenden Wertung in Mikro- und Makrokosmos mag deutlich werden, dass es sich bei all diesen Gegenüberstellungen um prinzipielle Entsprechungen handelt. Es geht um den Vergleich von Mustern. Die Polarität von Yin und Yang ist dabei das überge-

ordnete Muster, das in Wirklichkeit allerdings feiner unterteilt ist, wie es im Tai-Chi-Zeichen zum Ausdruck kommt.

Dieses Symbol bezieht sich sowohl auf den Mikrokosmos als auch auf den Makrokosmos: Das weiße Feld entspricht dem oberen männlichen Yang-Teil, weil das Weiß alle anderen Farben in sich enthält und somit nur noch abstrahlen kann. Dem Schwarz fehlt dagegen alle Farbschwingung, weshalb es jede aufzunehmen sucht. (Das ist beispielsweise der Grund, warum schwarze Autos in der Sonne so viel heißer werden als weiße.)

Der kleine schwarze Punkt im weißen Feld könnte etwa der weiblichen Brust im oberen männlichen Körper entsprechen; der weiße Punkt im unteren schwarzen Feld dem männlichen Gemächte im unteren weiblichen Körperbereich. Im Makrokosmos wären Nord- und Südamerika ein deutliches Beispiel: Der reiche Norden als männliche Zone hat in seinen Schwarzenghettos von New York oder Chicago auch einen weiblichen schwarzfarbigen Punkt. Der arme Süden als weibliche Zone hat dagegen seinen männlichen weißen Punkt in den reichen (Industrie-)Metropolen etwa von Sao Paulo oder Buenos Aires. Ähnlich lässt sich natürlich auch mit Europa als Yang- und Afrika als Yin-Zone verfahren, wenn man den hohen Anteil armer schwarzer Einwanderer in England als schwarzen Punkt im weißen Kontinent und die immer noch einflussreichen Buren in Südafrika als weißen Punkt im schwarzen Kontinent betrachtet.

Vergleichbare Organsysteme

Atmung

Ein sehr gutes Beispiel für die Analogie zwischen Mikro- und Makrokosmos bietet die Atmung. Die Anatomie der menschlichen Lunge lässt unschwer einen Baum erkennen: Ausgussformen der Lunge zeigen die Luftröhre als Stamm, der sich in die beiden Haupt*äste* des Bronchialbaumes teilt, um sich dann immer weiter zu ver*zweigen*. An den feinsten Verästelungen schließlich hängen wie die Blätter eines Baumes die Lungenbläschen. Sie verfügen über eine riesengroße Fläche für den Gasaustausch. Breitete man sie aus, würden sie ein Fußballfeld bedecken, und auch hierin ähneln sie den Blättern eines Baumes, die ausgebreitet ebenfalls eine große Fläche in Anspruch nehmen.

In beiden Fällen ist nicht nur die Übereinstimmung von der Signatur her deutlich, auch die Funktionen entsprechen sich vollkommen. Wie in unserem inneren Lungenbaum die Lungenbläschen geben auch die äußeren grünen Bäume Sauerstoff über ihre Blätter an die Umgebung ab. Im Gegenzug nehmen beide Kohlendioxid auf.

Die Beziehungen zum jeweils anderen Kontaktorgan sind ebenfalls analog. Die Verbindung zwischen Lunge und Haut ist sowohl Kinderärzten als auch Homöopathen über die Beziehung von Symptomen der Haut und denen des Atmungsorgans bekannt. Die enge Verbindung zwischen der Lunge der Erde in Gestalt ihrer grünen Bäume und ihrer Hautoberfläche, dem Erdboden, wurde uns in den letzten Jahrzehnten schmerzlich bewusst. Übersäuertes Erdreich ist als Mutterboden für die Erdlunge ungeeignet. Was wir als Waldsterben kennen gelernt haben, ist nichts anderes als das stellenweise

Zugrundegehen der Erdlunge. Noch deutlicher sehen wir das am Beispiel des Amazonasgebietes, einer der wesentlichsten verbliebenen Atemzonen unseres Planeten. Diese letzte große Lungenzone zu Land wird mit Feuer und Stahl niedergemacht, als wäre sie nicht nur überflüssig, sondern sogar ein Feind. Ein Blick auf den Mikrokosmos könnte uns zeigen, wie notwendig aber die Lunge zum (Über-)Leben ist.

Stoffwechsel

Das Thema Übersäuerung zeigt, bezogen auf den Stoffwechsel, wieder sehr deutlich das aktuelle Phänomen der Gleichgewichtsverschiebung zugunsten des männlichen Pols. Säuren als männlicher Teil der Körperchemie zeichnen sich durch die aggressive Abgabe von Protonen aus, die Substanzen wie Metalle angreifen und auflösen können. Basen, der weibliche Pol der Körperchemie, sind dagegen durch ihre Aufnahmebereitschaft für Protonen charakterisiert, wodurch sie Metalle auslaugen und so ebenfalls auflösen können. Der Übersäuerung unserer äußeren Umwelt, wie sie sich an Böden und Gewässern zeigt, entspricht die Übersäuerung des menschlichen Körpers, die sich mit naturheilkundlichen Methoden zunehmend feststellen lässt.

Auf der psychischen Ebene wird die Sauerkeit der Menschen besonders in den Ballungsräumen deutlich. Schon morgens, wenn sich die Großstädter auf dem Weg zur Arbeit mit dem Auto oder in öffentlichen Verkehrsmitteln stauen, sind sie *sauer* und damit potenziell aggressiv. Das Überwiegen der männlichen Stoffwechselseite im Mikrokosmos ist ein sehr genaues Abbild jenes Ungleichgewichts, das uns zunehmend die Natur verleidet.

Blut-/Wasserkreislauf

Die Kreisläufe bei Mensch und Erde entsprechen sich ebenfalls sehr genau. Die Wasseradern der Erde bauen aus ihren Rinnsalen, Bächen, Flüssen, Strömen, Seen und Meeren optisch ähnliche Gefäßbäume auf, wie wir sie aus unserem Körper kennen.

Im natürlichen Zustand passt sich ein Fluss weitgehend den Gegebenheiten der Landschaft an. Meist mäandert er im Flachland in weiten Schleifen friedlich dahin, kehrt gleichsam fast an seinen Ausgangspunkt zurück, bevor er sich wieder umwendet, um dann doch sehr langsam ein wenig vorwärts zu kommen. Ein moderner Fluss darf sich nicht mehr so viel Zeit lassen. Er ist im Normalfall in ein Bett eingezwängt, nicht selten sogar gänzlich kanalisiert. Auf diese Weise fließt er schneller. Sein Wasser hat dadurch mehr Druck, und diese Kraft kann für uns Menschen arbeiten, vor allem Strom produzieren und Transportdienste leisten.

Außerdem wird wertvoller Platz gespart; Auenlandschaften und Flusstäler können kultiviert werden. Für gestiegene Leistung und höhere Effizienz muss allerdings bezahlt werden. Durch die höhere Fließgeschwindigkeit sinkt der Grundwasserspiegel, und die Wasserversorgung der umliegenden Region wird schlechter. Außerdem wird die Regenerationsfähigkeit des Flusswassers aufgrund des mangelnden Kontakts mit natürlichen Uferflächen eingeschränkt, in einem Betonkanal sogar gänzlich aufgehoben.

Der Druckanstieg in den modernen Wasseradern leitet direkt über zu den Problemen der menschlichen Adern. Wir leben in einer Hochdruckgesellschaft, und Bluthochdruck ist zu einem ihrer Kennzeichen geworden. Die Schulmedizin hat sich sogar dazu hinreißen lassen, die Skala der Normalwerte der kranken Situation anzupassen, um nicht zu vielen Menschen Probleme attestieren zu müssen. Die US-Gesundheitsbehörde hat den hohen Blutdruck zum Staatsfeind Nummer eins erklärt, weil er so viele Menschenopfer fordert und so große Summen des Gesundheitsetats verschlingt.

Genauer betrachtet liefern die Hochdruckgefäße eine Entsprechung der bedauerlichen Situation unserer modernen Flüsse. Unter dem Zwang zu immer mehr Leistung und Effizienz bei ständig abnehmenden Ruhepausen entspannen sich die Gefäße nicht mehr ausreichend. Wenn aber der Leistungsdruck überhaupt nicht mehr nachlässt, machen sie das Beste aus der angespannten Situation und verstärken ihre Wände in der ständigen Hochspannungseinstellung. Mit der Zeit werden diese Wandverstärkungen immer massiver, bis der Körper schließlich Zuflucht bei stabilen Kalkplatten sucht. Das verkalkte Gefäß ist im Prinzip nichts anderes als der einbetonierte Fluss. Beide leisten viel mehr, als von Natur aus vorgesehen. Wir zahlen aber auch auf beiden Ebenen für die Mehrleistung – nicht selten mit dem Leben. Wie beim kanalisierten Fluss leidet auch beim verkalkten Gefäß die Versorgung, in diesem Fall die Durchblutung der Umgebung. Die Gefahr von »Naturkatastrophen« nimmt bei solchen massiven Eingriffen in die Adersysteme ebenfalls zu. Gefäßbrüche und Verstopfungen führen zu Herzinfarkten und anderen Durchblutungsstörungen.

Verdauung

Auch am Beispiel der Verdauung und ihrer Symptome zeigt sich besonders eindrucksvoll die Analogie zwischen Mensch und Erde. In früheren Zeiten hatten beide reichlich Zeit für das Verdauen. Doch die geruhsame Mittagspause ist für uns Menschen heute durch das »Schnellfutter« in einem Fastfood-Restaurant ersetzt. Der Ausdruck Restaurant ist hier eigentlich gar nicht mehr am Platz, denn ein Wiederherstellen (Restaurieren) der Kräfte ist nicht mehr möglich. Auch ist in diesem Zusammenhang der Ausdruck *Leben*smittel überholt, denn in den Schnellfutter-Lokalen kommen nur noch minderwertige, aus Massenproduktion stammende Nahrungsmittel zum Verzehr.

In Analogie dazu gewährten die Bauern früher der Erde Zeit zum Verdauen, etwa in der Dreifelderwirtschaft und mittels Fruchtwechsel. Heute wird die Natur dagegen mit Kunstdünger und in Treibhäusern angetrieben. Statt pro Feld nur jedes dritte Jahr eine Ernte und nur jedes siebte Jahr dieselbe Frucht einzuplanen, zielen Landwirte heute eher auf zwei Ernten pro Jahr und Acker.

Was uns Menschen und unserer Erde zur Verdauung angeboten wird, hat sich in recht einseitiger Weise verändert. Die Nahrung ist immer inhaltsleerer und dafür *raffinierter* geworden, was nicht nur bei den Menschen, sondern zunehmend auch bei Mutter Erde zu Mangelerscheinungen und Verstopfung führt. Aufgrund des auch auf anderen Ebenen üblich gewordenen Missverständnisses und Missverhältnisses von Quantität und Qualität haben wir einen Mangel im Überfluss erreicht. Wir produzieren zwar immer mehr, aber haben immer weniger davon und darin. Zwar geben wir dem Boden in Form von Kunstdünger jeweils im Groben zurück, was wir entnommen haben, aber auf den feineren Ebenen der Spurenelemente, die wir der Erde nicht zurückgeben können, kommt es zu einer dramatischen Verarmung in ihr und in uns.[10]

Neben Dingen, die die Verdauung überhaupt nicht mehr fördern, verleiben wir uns und der Erde obendrein eine Menge von Stoffen ein, die gänzlich unverdaulich sind. Schwermetalle belasten unser Gewebe und das der Erde. Verschiedene Kunstprodukte wie bestimmte Plastiksorten sind für die Erde gänzlich unverdaulich. Viele radioaktive Abfälle haben so lange Verdauungs- beziehungsweise Halbwertzeiten, dass das Missverhältnis zwischen dem Aufwand für Produktion und für Entsorgung ein unglaubliches Ausmaß angenommen hat. Daraus hat sich eine nie da gewesenen Hypothek für die folgenden Generationen aufgebaut. Noch nie hat eine Generation so rücksichts- und bedenkenlos ihren Nachkommen praktisch untilgbare Schulden hinterlassen.

Der Therapievorschlag für gänzlich überlastete Verdauungssysteme in Mikro- und Makrokosmos kann nur gleichermaßen lauten: fasten und damit eine Verdauungspause zur Regeneration einlegen. Die Tatsache, dass Fasten im Mikrokosmos in den letzten beiden Jahrzehnten immer populärer geworden ist, könnte auch für den Makrokosmos hoffen lassen.

Den Umkehrpunkt finden

Im Prinzip lassen sich alle Organsysteme von Mensch und Erde vergleichen. Überall finden sich ebenso Analogien für die Bedrohungen des Gleichgewichts durch den Yang-Pol. Diese Entwicklungstendenz ist für uns Menschen und die Erde gleichermaßen (lebens-)bedrohlich geworden.

Allein der Gesundheitszustand der Bevölkerung in den Industrieländern könnte uns, wenn wir die heute in der Schulmedizin übliche Schönfärberei abziehen, erschrecken. Laut einer Untersuchung der Deutschen Gesellschaft für Erfahrungsmedizin war die Lebenserwartung eines Menschen in Deutschland, der erst einmal das fünfte Lebensjahr erreicht hatte, 1890 um vier Jahre höher als heutzutage.

Einerseits müssen wir für uns und die Erde eine Katastrophe fürchten, andererseits liegt in der Katastrophe auch eine Lösung verborgen. Das Wort Katastrophe stammt aus dem Griechischen und bedeutet auch Umkehrpunkt. Vieles deutet darauf hin, dass Mensch und Erde im Gleichschritt auf solch einen Punkt zusteuern. Ein Neuanfang wird wohl unausweichlich sein, und tatsächlich war auch die Sintflut, von der die Bibel berichtet, nur das Ende einer alten und der Anfang einer neuen Zeit. Ob es für uns eine gewaltsam erzwungene oder eine bewusst vollzogene Umkehr wird, liegt vielleicht noch immer in unserer Hand.

Moderne Sackgassen und Missstände: der Status quo

Das planetare Dorf

Während der Entstehung des Buches erreichte mich – via Internet versteht sich – ein interessantes Bild unserer globalen Situation. Die Welt und ihre Lage wird dabei auf ein Dorf von 100 Einwohnern projiziert. Von diesen sind nur 21 Europäer und 14 Amerikaner gegenüber 57 Asiaten und 8 Schwarzafrikanern. Insgesamt 30 Menschen wären von weißer Hautfarbe und Christen. Frauen hätten im Dorf mit 52 Prozent die absolute Mehrheit. Elf wären homosexuell. Sechs würden knapp 60 Prozent des gesamten Besitzes auf sich vereinigen, und alle sechs kämen aus den USA. 33 wären Analphabeten, und 50 hätten keine annehmbare Wohnung. Die Hälfte der Bewohner wäre unterernährt, nahezu alle aber fehlernährt. Ein Bewohner läge im Sterben und zwei würden gerade geboren. Nur einer hätte einen Computer, und überhaupt nur ein einziger wäre Akademiker.

Wenn Sie das jetzt lesen, gehören Sie in jedem Fall zu den Privilegierten, denn Sie können lesen. Wenn Sie sich dieses Buch selbst gekauft haben, gilt das Gleiche, denn Sie haben etwas Geld im Portemonnaie und wahrscheinlich auch auf der Bank. Damit gehören Sie schon zu den zehn Prozent Reichen auf diesem Planeten. Wahrscheinlich sind Sie auch satt und menschenwürdig gekleidet, und auch das unterscheidet Sie von drei Viertel der Menschheit.

Stellen Sie sich nun einmal vor, in diesem globalen Durchschnittsdorf zu leben. Wie ginge es Ihnen mit dem Elend, das Sie umgibt? Was täten Sie mit Ihren Privilegien? Was wären Ihre Anliegen?

Das Ernüchternde ist: Wir alle leben in genau diesem Dorf, nur ist es viel größer und das Problem damit noch komplexer und schwerer zu durchschauen.

Katastrophenstimmung

Gerade unter dem Gesichtspunkt der Parallelität von Mikrokosmos und Makrokosmos sollte uns der mittlerweile auf der Erde erreichte Zustand betroffen aufhorchen lassen. Doch leider werden die immer neuen Schreckensmeldungen kaum noch wahrgenommen. Es häufen sich auch zu viele Horrornachrichten. Kaum ist die Maul- und Klauenseuche im Gespräch, kann man wenigstens den BSE-Skandal wieder vergessen, und wer macht sich jetzt noch darüber Sorgen, zu wie viel Prozent der deutsche Wald zerstört ist? Wir Menschen wollen inzwischen gar nichts mehr davon wissen, wohl weil wir uns ohnmächtig fühlen und von schlechten Nachrichten genug haben. So gehen wir zur Tagesordnung über, und es entsteht der Eindruck, als sei uns die Lage egal.

Dabei ist die Sorge um unsere Welt alt. Schon Goethe beklagt in einem Brief an Eckermann jene Probleme, deren Eskalation uns heute das Leben schwer macht. Er schreibt: »Es geht uns Europäern übrigens mehr oder weniger schlecht; unsere Zustände sind viel zu künstlich und kompliziert, unsere Nahrung und Lebensweise ist ohne die rechte Natur, und unser geselliger Verkehr ohne die rechte Liebe und Wohlwollen ... Denkt man sich bei deprimierter Stimmung recht tief in das Elend unserer Zeit hinein, so kommt es einem oft vor, als wäre die Welt nach und nach zum jüngsten Tage reif. Und das Übel häuft sich von Generation zu Generation! Denn nicht genug, daß wir an den Sünden unserer Vorväter zu leiden haben, sondern wir überliefern auch diese geerbten Gebrechen, mit unseren eigenen vermehrt, unseren Nachkommen ...«

Was würde Goethe wohl heute schreiben, wenn er sich die folgenden Tatsachen zu Gemüte geführt hätte? Eine Auswahl neuerer Meldungen aus der Tagespresse und von Beobachtern der ökologischen Situation kann einen schaudern lassen und mit der Illusion, dass alles immer besser wird, endgültig aufräumen. Die Tatsache, dass heute über vieles gar nicht mehr berichtet wird, sagt keineswegs, dass es kein Problem mehr ist, sondern nur, dass es noch schlimmere oder noch aktuellere Probleme gibt.

Amerikanisches Roulette statt Umweltschutz

Wie einem Bericht der *Süddeutschen Zeitung* (SZ) vom Juni 1999 zu entnehmen ist, blasen wir inzwischen jährlich mehr als 20 000 000 000 Tonnen Kohlendioxid in die Atmosphäre, zuzüglich weiterer Milliarden Tonnen anderer Treibhausgase, die aus unserem »Müllmanagement« und natürlich aus der Landwirtschaft stammen – genauer: aus den Mägen von Rindern, die zu Abermillionen die Welt vorn kahl fressen und hinten vergasen, bevor sie selbst zu skandalös subventionierten Preisen zwischen zwei Weißbrotscheiben eines Hamburgers enden.

Das Ergebnis ist, dass wir rund um den Erdball einen Klimarekord nach dem anderen brechen. Jedes Jahr ein neuer Fall für das *Guinness-Buch der Rekorde*. Allerdings merkt eine rekordverliebte Zeit dabei gar nicht mehr, dass sie so das Feuer für ihre eigene Hölle schürt. Wo es doch überall nach dem Motto »Schneller, weiter, höher« abläuft, scheint es kaum noch zu stören, dass es auch bei den Temperaturen immer weiter hinaufgeht. Was wir jetzt gerade anrichten, wird die Durchschnittstemperaturen nach wissenschaftlichen Aussagen um etwa 3,5 Grad erhöhen. Wie empfindlich unser Klimagleichgewicht ist, mag man daran sehen, dass die Temperatur bei der letzten Eiszeit nur um sechs Grad unter der heutigen lag. Was in unseren Breiten von naiven Gemütern noch als ganz nette Erwärmung – nach dem Motto »Dann brauche ich gar nicht mehr nach Italien zu fahren« – missverstanden wird, könnte in den Gegenden Asiens, die vom Monsun, den jährlichen sintflutartigen Regenfällen, abhängig sind, sehr schnell unübersehbares Elend heraufbeschwören. Allerdings könnten auch uns bald Orkane um die Ohren pfeifen, dass uns nicht nur Hören und Sehen vergeht, sondern den Küstenbewohnern auch bald das Wasser bis zum Hals steht. Ob wir dann aufwachen?

Eigentlich müssten die bereits jetzt vorliegenden Daten zum Erwachen mehr als genügen. Seit 1980 steigt die Temperaturkurve stetig an, was von keinem Wissenschaftler mehr bestritten wird. Je wärmer es aber ist, desto mehr Wasser verdunstet und steigt auf. Wasser, das hochsteigt, muss jedoch wieder herunterkommen. Je höher die Temperaturen, desto mehr Energie ist aber auch für Unwetter vorhanden.

Eine eindeutigere Sprache, die von den wirklich Verantwortlichen (in der Wirtschaft) auch besser verstanden wird, ist die der Schadenssummen. Die Münchener Rück, einer der weltweit größten Versicherer für Versicherungen, hatte im Jahr 1998 ein negatives Rekordergebnis und Schäden von 92 Milliarden US-Dollar auszugleichen. Davor war 1960 mit 60 Milliarden US-Dollar Schaden das schlimmste Jahr. Die beiden absoluten Rekordwerte liegen nicht zufällig in der zweiten Hälfte der 1990er Jahre. Allein 1998 gab es höhere Schäden, als in den ganzen 1980er Jahren zusammengenommen. Solche Zahlen mögen in ihrer unvorstellbaren Höhe eindrucksvoll sein, sie verbergen jedoch die Tatsache, dass 1998 über 300 000 000 Menschen ihr Zuhause durch Unwetter verloren. Das sind mehr, als in den USA leben. Aber leider waren es keine US-Amerikaner, sonst würde nämlich etwas Grundsätzliches geschehen. Es waren vor allem »nur« Menschen aus der Dritten Welt, die denjenigen Nationen, die vielleicht noch die Macht hätten gegenzusteuern, höchstens ein paar Gedanken und Almosen wert sind, aber sicher keine Änderung ihrer Politik.

Die Antwortversuche auf die drohende Klimakatastrophe seitens der Politiker, die gegen eine immer globaler und unabhängiger werdende Wirtschaft wenig zu melden haben, werden entsprechend hilfloser. Führende US-Politiker stellen sich ganz unverhohlen hinter ihre Konzerne und gegen die Welt und ihr Klima, aber auch gutwillige Politiker gehen auf so perverse Spiele wie eine Klimabörse ein. Hier können internationale Schmutzfinken wie die USA ihre Hände durch einen perversen Handel mit Verschmutzungsrechten rein waschen. Sie kaufen sich sozusagen von ihren Verbrechen gegen die Umwelt frei. Dagegen wirken die Ablassgeschäfte aus der Zeit des katholischen Entwicklungstiefststandes zur Zeit des Bischofs

Tetzel geradezu seriös. Damals antwortete Luther mit seiner Reformation, heute sind kaum Reformatoren in Sicht.

Im Gegenteil: Alle reden sich jetzt auf den als Umweltunhold hervortretenden US-Präsidenten Bush heraus, aber selbst als noch der angeblich gutwillige Clinton das Sagen hatte, ist nichts Wesentliches passiert. Dessen Vize Al Gore hatte vor seiner Amtszeit ein bewundernswürdig einsichtiges Buch zur Umwelt geschrieben: *Wege zum Gleichgewicht.* Als er dann mit an der Macht war, hatten diese Einsichten keinerlei Konsequenzen, sondern die Globalisierung wurde vorangetrieben, und für die Umwelt blieben nur fromme Wünsche und Absichtserklärungen.

Doch diesbezüglich stehen die USA nicht allein. Der frühere Umweltkommissar der europäischen Union Carlo Ripa de Meana brachte es anlässlich des Weltklimagipfels 1995 in Berlin sehr treffend auf den Punkt, als er sagte: »Die Klimapolitik der EU ist seit dem Umweltgipfel in Rio die hohe Schule der Heuchelei.«

Das Ausmaß der Umweltkrise mag folgende Statistik erhellen. Während in den 1980er Jahren Versicherungen jedes Jahr 50 Naturkatastrophen von 20 Millionen Dollar zu regulieren hatten, sind es inzwischen jährlich 125. Wenn die Klimakatastrophe in dieser Geschwindigkeit weiter fortschreitet, sind achtzig Prozent der Megametropolen in ihrer Existenz bedroht, weil sie direkt am Meer liegen.

Im Augenblick verbrauchen wir an einem einzigen Tag so viel fossile Energie, wie in 500 000 Jahren gewachsen ist. In den vergangenen dreißig Jahren haben wir die Regenwälder der Erde auf die Hälfte dezimiert; jedes Jahr vernichten wir über 15 Millionen Hektar Regenwald. Daran kann man ersehen, wie schnell wir die Erde plündern – ohne Rücksicht darauf, ob unseren Kindern noch etwas von den geerbten Schätzen übrig bleibt. All diese Zahlen bleiben aber für uns in Deutschland eigenartig steril, einigen kleineren Inseln der Südsee steht das Wasser dagegen schon sichtbar bis zum Hals. Aber auch wir können uns klarmachen, was passiert. Früher war es zu Weihnachten am Alpenrand weiß, grüne Weihnachten waren die Ausnahme. Heute sind grüne Weihnachten die Regel, und hin und wieder gibt es eine weiße Überraschung.

Man müsste das Wesen der Börse verstehen, um die Klimabörse richtig einzuschätzen, wobei letztere selbst unter den Börsen eine der unseriöseren wäre. Von solchen Orten wie Börsen ist bisher vor allem Unheil ausgegangen. In Sachen Klima hier eine Ausnahme zu erwarten ist mehr als naiv.

Der Physiker Hans-Joachim Schellnhuber von der Universität Potsdam spricht im Zusammenhang mit unserem Klima-Krisenmanagement in dem eingangs erwähnten SZ-Artikel von amerikanischem Roulette, das sich vom russischen dadurch unterscheidet, dass der Revolver statt nur mit einer mit fünf Patronen geladen ist und so nur eine Minimalchance bleibt, lebend davonzukommen.

Ozonalarm

Der Beschreibung des durch trockene Zahlen nur schlecht kaschierten Umweltelends ließen sich noch fast beliebig viele Kapitel hinzufügen. Zum Beispiel zum Thema Hautkrebs, der die südliche Halbkugel schon jetzt heimsucht und uns Europäern bald bevorsteht, wenn das Ozonloch noch größer wird. Schon heute dürfen in Australien oder Neuseeland Kinder nicht mehr unbekleidet in die Sonne gehen.

Das Ozonloch wird aber selbst dann noch größer werden, wenn wir – wie offiziell beschlossen – sofort aufhören, weiter Treibgase zu verwenden. Es dauert nämlich Jahrzehnte, bis das Gas in der Ozonschicht ankommt. Alle Treibgase, die jetzt schon auf dem Weg sind, reichen aus, um die Ozonschicht noch nachhaltiger zu schädigen. Den Schutz, den sich die Atmosphäre über Jahrmillionen aufgebaut hat, haben wir in nicht einmal einem halben Jahrhundert schon fast verbraucht. Und noch ist ein Ende, geschweige denn eine Umkehr der Entwicklung, nicht abzusehen.

So wie unsere Haut durch Krebswucherungen zerstört und damit unsere äußere Grenze auf schreckliche Art infrage gestellt wird, geschieht es auch bei der Erde, deren Schutzhülle die Atmosphäre ist. Die Ozonschicht des Makrokosmos fängt an, löchrig und anfällig zu werden. Wir machen damit uns und unsere Welt immer schutzloser gegenüber allen Angriffen von außen.

Ein geradezu makabrer Nebeneffekt des im Augenblick vor allem die südliche Hemisphäre betreffenden Ozonlochs ist die langfristig zu erwartende Vertreibung von Menschen weißer Hautfarbe aus diesem Bereich. Ursprünglich war die südliche, weibliche Hälfte den Menschen dunkler Hautfarbe wie den Schwarzen Afrikas, den Aborigines Australiens oder den Maoris Neuseelands vorbehalten. Weiße haben sie verdrängt und gedemütigt, und es scheint so, als würde das Pendel nun in die Gegenrichtung zurückschwingen. Was die Urbevölkerungen nicht ansatzweise geschafft haben – die weißen Eroberer zu vertreiben –, könnte jetzt den »himmlischen« Kräften gelingen. Da die momentane Entwicklung anhält und das Ozonloch sich vergrößert, dürfte die südliche Halbkugel für Menschen weißer Hautfarbe allmählich unbewohnbar werden. Darin ließe sich auch der tiefere Sinn sehen, dass zum Schluss alles wieder ausgeglichen wird.

Raubbau als Folge unbegrenzten Wachstums

Der US-Forscher Lester Brown, der 1974 das heute renommierte World Watch Institute gründete, stellt in der vom Institut herausgegebenen Zeitschrift folgende alarmierende Fakten fest: Laut UN-Statistiken hat die Weltbevölkerung Ende 1999 die 6-Milliarden-Grenze überschritten. Das bedeutet, dass sie sich seit 1950 mehr als verdoppelte; sie ist damit im letzten halben Jahrhundert stärker gewachsen als in den vier Millionen Jahren davor.

Im selben Zeitraum hat die Weltwirtschaft sogar um das sechsfache zugenommen. Allein im Jahr 1998 ist die Weltwirtschaft stärker gewachsen als im ganzen 18. Jahrhundert. In China hat sich die Wirtschaft in den letzten zwanzig Jahren vervierfacht. Sogar noch alarmierender aber dürfte die Tatsache sein, dass der über die Energiepreise subventionierte Welthandel viel schneller wächst als die Warenproduktion.

Während also die Menschen und ihre Wirtschaft mit rasender Geschwindigkeit zunehmen, wachsen die Ressourcen der Erde nicht mit, sondern nehmen im Gegenteil ab. Im Zuge der Versechsfachung der Weltwirtschaft ist natürlich der Ressourcenverbrauch in allen Bereichen rasant gestiegen: Der Holzverbrauch hat sich verdoppelt; es wird sechsmal so viel Papier verbraucht. Der Getreidekonsum hat sich seit 1950 verdreifacht, ebenso die Fischfangquote. Der Verbrauch an fossilen Brennstoffen hat sich vervierfacht, ebenso die Stahlproduktion.

Alles läuft also auf einen sich ständig verschärfenden Konflikt zwischen der expandierenden Wirtschaft und den Reserven des Ökosystems Erde hinaus. Und schon heute, zu Beginn des neuen Jahrtausends, sind wir mit leeren Fischgründen, sterbenden Wäldern und erodierten Böden als Ergebnis des Raubbaus, den wir mit der Erde treiben, konfrontiert. Wir vergewaltigen mit der Erde das Symbol des Mütterlichen und damit des Weiblichen schlechthin.

Wasser- und Seelennot

Ein deutliches Beispiel, wie es mit Gaias stillen Reserven steht, liefert das Wasser. Es ist nach der Luft unser mit Abstand wichtigstes Lebensmittel. Es ist außerdem ein Symbol des Seelischen und das weiblichste der vier Elemente.

Der Frischwasserverbrauch hat sich zum Beispiel im letzten halben Jahrhundert verdreifacht, wohingegen das von den Naturkreisläufen regenerierte Wasser bestenfalls gleich geblieben ist. Bedenkt man, dass vierzig Prozent der weltweit produzierten Nahrung von künstlich bewässerten Anbauflächen stammt, wird die Dimension des Wasserproblems deutlich.

Nachdem das Wasser in der Geschichte der Menschheit wegen seiner Gewalt eher zu den Bedrohungen zählte, wird es jetzt vor allem zur Mangelware. Die wasserführenden Schichten erschöpfen sich immer mehr; die Grundwasserspiegel sind längst gesunken. In Ländern wie Indien ist die Wasserentnahme schon doppelt so hoch wie die Wiederauffüllung. In der nördlichen chinesischen Tiefebene, die bisher vierzig Prozent der chinesischen Getreideernte hervorbringt, sinkt der Grundwasserspiegel pro Jahr um 1,6 Meter. Um eine Tonne Getreide zu produzieren, braucht man tausend Tonnen Wasser, was noch wenig ist im Vergleich zu der Wassermenge, die man braucht, um eine kalorisch vergleichbare Menge an Fleisch zu produzieren.

Die effektivste Einfuhr von Wasser ist demnach der Import von Getreide. Die Frage ist nur, woher solche Mengen an Getreide kommen sollen. Die Wasserknappheit beginnt bereits jetzt in Form von Getreidehandel nationale Grenzen zu überschreiten. Und wahrscheinlicher, als dass der nächste Krieg im Nahen Osten um Wasser geführt wird, ist, dass er überall auf den Getreidemärkten ausbricht und man ihn mit ökonomischen Mitteln austrägt. Das hat gegenüber militärischen Methoden natürlich Vorteile, wird aber wahrscheinlich viel mehr Opfer fordern. Allerdings werden die Menschen das Opfer sein, die in den Dürregebieten der Welt still und leise verhungern und über die in den Medien, verglichen mit Kriegsopfern, wenig berichtet wird.

Wenn uns das Wasser ausgeht, müssen wir aber nicht nur physisch verdursten. Wassermangel ist auch ein Symbol dafür, dass im Spiel des Lebens Seelisches immer weniger vorkommt. Die Wasserknappheit ist das Ergebnis unserer ständig fortschreitenden Technisierung der Welt. Aber sie ist auch der Spiegel einer Zeit, die die Seele nicht mehr achtet und ihre Bedürfnisse auf der ganzen Linie zu kurz kommen lässt. Die Seele zieht sich sozusagen in die Tiefen von Mutter Erde, in deren Unterwelt, zurück; die Erdoberfläche wird dadurch immer trockener und staubiger. Diesem Trend entspricht das moderne Leben, das immer trockener, effizienter und seelenloser wird.

Das Thema des eklatanten Mangels an Seelentiefe wird uns durch dieses Buch begleiten, so wie es leider immer mehr moderne Menschen durchs Leben begleitet. Der Mangel ist Ausdruck der Überbetonung des archetypisch männlichen Pols und der Verachtung des Weiblichen.

Kernkraft als Beispiel für Irr- und Auswege

Der Homöopath Jeremy Sherr[11] schreibt ein Jahr vor der Jahrtausendwende: »Zu spät, Pandora, zu spät! Die Büchse ist offen, dein Geheimnis gelüftet. Chronos liegt in Hiroshima, tot, sein Königreich auf ewig gespalten. Radioaktive Konzerne bemächtigen sich mittelmäßiger Regierungen und treiben die kanzeröse Wirtschaft einer Mickey-Mouse-Medizin an. Schamanen vermarkten ihre geheimen Tränke, während alte okkulte Traditionen verborgene Codes im Fernsehen preisgeben. Rätselhafte genetische Geheimnisse werden geknackt und mittels Technik zu statistisch sinnvollen Normen wahnsinnig gewordener Gleichheit gepreßt. Nationen schmelzen zu Supernationen zusammen, während zerfallene Reiche Partikel ihrer Stämme ausstoßen. Röntgenstrahlen untersuchen die Tiefe unserer psychischen Mysterien in Hochglanzmagazinen, den tief unterbewussten Schleier der Mysterien wegreißend, um versteckte planetarische Aspekte auszustellen. Microsofte Seifenopern stellen ihre Seelentiefen dem digitalen Publikum zur Schau. Teilchenbeschleuniger küssen die Lichtgeschwindigkeit, Körperschaften gentechnischer Nahrungsingenieure erzeugen leukämische Atombunker in dem Mark unserer Kinder. T-Zell-Kriegstreiber bedrohen Genbündel dekodierter viraler Information in wechselseitig mutierender Abschreckung. Die Klingen werden gekreuzt wie gewöhnlich, brutale friedensstiftende Männer starren wütend auf friedliche Kriegerinnen während – tropf – tropf – tropf das Gift der Verstrahlung in die Unterwelt sickert. Weit unten, im Hades schreien die Schatten der Toten ihre Botschaft durch die Generationen. Zu spät, Pandora! Zu spät! Deine Plutonium-Pandemie wird die Erde noch in der Gewalt haben, lange nachdem solarbetriebene Fossile die Sonne verdunkelt haben werden.«

Dieses wahrhaft apokalyptische Szenario kann einem kalte Schauder über den Rücken jagen. Dennoch muss auch die Atomkraft ihren Schatten haben, und der ist in ihrem Fall natürlich licht und hell. Unübersehbar ist aber der Schrecken, den ihre voreilige und inkompetente Ausbeutung hervorgebracht hat. Wo Indianer fordern, bei jeder Unternehmung sieben Generationen vorauszudenken, haben wir schon der nächsten Generation ein lebensbedrohliches Erbe geschaffen.

Es war vor allem die Antiatomkraft-Bewegung, die dieser wahnwitzigen und noch längst nicht beherrschten Technologie letztlich Einhalt bieten konnte. Heute gehen selbst Manager der Atomindustrie davon aus, dass die Atomwirtschaft zu teuer ist. Sie ist aber erst durch die bürgerkriegsähnlichen Zustände, die jedes Bauvorhaben und jeder Transport im Zusammenhang mit Atomtechnik heraufbeschwören, teuer geworden. In den tonangebenden USA fürchten die Atommanager die horrenden Klagesummen Geschädigter und verzichten von sich aus auf den weiteren Ausbau der Atommeiler. Selbst Regierungen können es sich nicht mehr leisten, gegen den Willen einer wachsenden Mehrheit die Zukunft so leichtfertig aufs Spiel zu setzen.

Der lange Kampf der Atomkraft-nein-danke-Bewegung zeigt, wie mühsam es sein kann, ein Bewusstseinsfeld für eine noch so lebenswichtige und gerechte Sache aufzubauen. Interessanterweise hat die Atomkraft-nein-danke-Bewegung sich das Bild der Sonne, jenes großen Kernfusionsreaktors, der uns alle am Leben hält, auf die Fahnen geschrieben.

Allerdings ist auch der neueste Etappensieg gegen die Atomindustrie nicht überzubewerten, denn er ist keineswegs endgültig, und er wurde mit schweren Eingeständnissen erkauft. Denn tatsächlich geschieht in einem Land wie der Bundesrepublik, einem Musterland der Demokratie seit mehr als einem halben Jahrhundert, keineswegs das, was die Mehrheit will, sondern was die Konzerne zulassen. Das zeigt deutlich, wer in diesem und ähnlich reichen Ländern das Sagen hat. Dass einer der Lobbyisten der Energiewirtschaft an zentraler Stelle als Minister in der deutschen Regierung sitzt, hat nicht nur symbolische Bedeutung. Wenn also die Energiewirtschaft erst noch dreißig Jahre an ihren lebensgefährlichen Unternehmungen verdienen will, bevor sie ans Abschalten denkt, wird der Atomausstieg eben um eine Generation verschoben.

Sicher ist es beruhigend, aus Kreisen der Energiewirtschaft zu hören, dass die Kernkraft tot sei. Wir sollten nur nicht vergessen, dass das ursprünglich einer kleinen Gruppe bewusster, engagierter Menschen zu verdanken ist, wenn es denn stimmt. Und zweitens, dass wir noch immer und für weit mehr als dreißig Jahre Gefahr laufen, daran zugrunde zu gehen.

Die kranke Menschheit

Die Fakten zur Gesundheits- oder, besser gesagt, zur Krankheitslage sind ebenfalls erschütternd. Das Leben beginnt heute bedrohlich, übersteigen doch bereits die Konzentrationen an ultragiftigen Stoffen in der Muttermilch die vom Bundesgesundheitsamt zugelassenen Werte um das 10- bis 14fache.[12] Selbst in der Muttermilch von Eskimofrauen auf Grönland finden sich noch DDT-Rückstände, obwohl in Grönland DDT nie zum Einsatz kam. Diesbezüglich ist die Globalisierung schon vollzogen. Wenn im Anfang alles liegt, ist das ein katastrophales Zeichen. In jedem Fall beginnt das heutige Leben giftiger als je zuvor.

Nach dem Bund für Umwelt und Naturschutz Deutschland (BUND) sind mit regionalen Unterschieden heute bereits zehn bis zwanzig Prozent der Kinder – in Industriegebieten sogar bis zu dreißig Prozent – vom Hyperaktivitätssyndrom betroffen. Bei ihren Vätern dürfte das kaum anders sein, nur gilt es da schon als normal. Obwohl – oder nach meiner Erfahrung gerade weil – die Kinder wahren Impforgien unterzogen wurden und jedes kleine Fieber mit schwerem schulmedizinischem Geschütz angegangen wird, bekommen sie heute zwar kaum noch die klassischen Kinderkrankheiten, kränkeln aber dafür vielfach ständig.

Um die sich medizinisch verschlechternde Situation moderner Erwachsener zu dokumentieren, gäbe es eine solche Fülle von Material, dass es den Rahmen dieses Buches sprengen würde. So seien hier nur einige Schlaglichter auf die allgemeine Misere geworfen: Der Anstieg von so genannten Zivilisationskrankheiten in Europa seit 1920 ist laut der Weltgesundheitsorganisation (WHO) dramatisch und wirft ein bezeichnendes Bild auf unsere Zivilisation. Herz-Kreislauf-Erkrankungen haben demnach um das 14fache zugenommen, rheumatische Erkrankungen um das 17fache, Krebs um das 20fache, Fettsucht um das 35fache, Diabetes um das 56fache, Multiple Sklerose um das 59fache, Allergien um das 70fache und Alzheimer um das 89fache. Die Zahl der an Depressionen Erkrankten hat sich seit 1956 mehr als verdoppelt. Jedes zehnte Mädchen in Deutschland leidet heute unter einer Essstörung; 63 Prozent der 10- bis 14-Jährigen sind auf dem Weg zu einem magersüchtigen »Schönheits«-Ideal und wollen deutlich weniger wiegen.

Dr. Ellis Huber, der ehemalige Berliner Ärztekammerpräsident und engagierte Querdenker unter den deutschen Ärztefunktionären, kritisiert das Gesundheitssystem, das mit all dem fertig werden soll, schonungslos: Jeder fünfte Arzt nehme »aus Geldgier« Behandlungen und auch Operationen vor, für die es gar keine medizinische Begründung gebe. Über die Hälfte der Kassenärzte »trickse« bei der Abrechnung der Krankenscheine; mindestens zehn Prozent seien überhaupt korrupt. Aber Ellis Huber ist nicht ohne Hoffnung: Er hat gerade eine Gesundheitskasse gegründet, die einer anderen Medizin zum Durchbruch verhelfen will. Das Medikament von morgen ist nach Huber die »Bildung und Stärkung der mentalen Kräfte«.

Wenn man – im Sinn meines Buches *Krankheit als Symbol* – hinter den angeführten häufigen Krankheitsbildern deren seelische Bedeutung sieht, scheint neben dem physischen auch der psychische Zustand der europäischen Zivilisation bedauernswert zu sein. Und das gilt auch makroskopisch betrachtet für die europäische Wirklichkeit.

Max Otto Bruker, der kürzlich im hohen Alter verstorbene Vorkämpfer für eine gesunde Ernährung und Zukunft, machte oft den Zusammenhang zwischen Gesundheit und Gesellschaft deutlich: »Hinter der immer stärker ins Bewußtsein dringenden Bedrohung unserer Lebensgrundlagen stecken, wenn wir nicht an der Oberfläche bleiben wollen, sondern den tieferen Ursachen nachgehen, wirtschaftliche und Geldprobleme. Obwohl dies bekannt ist, werden gerade in Kreisen, die sich für Lebensschutz und Erhaltung der Gesundheit einsetzen, diese wirtschaftlichen Hintergründe zu wenig beachtet. Wegen der engen Verflechtung der ökologischen Probleme mit wirtschaftlichen ist eine gründliche Beschäftigung mit wirtschaftlichen Aspekten heute unerlässlich.«

Die Jugend von heute in der Krise

Eine alte Erkenntnis besagt, dass die Jugend die Zukunft eines Landes darstellt. Relativ neu ist, dass die Jugend immer länger dauert und im Rahmen einer Art Jugendkult immer wichtiger wird.

Die Medienwelt ist eine jugendliche, in der alles nach Quote geht. Es sei denn, das Durchschnittsalter liegt zu hoch. Wenn die Mehrheit der Zuseher oder Zuhörer über 49 ist, zählt heute selbst die Quote nicht mehr, da die Werbeindustrie an altem Eisen kein Interesse mehr hat. Das widerspricht ausnahmsweise sogar einmal der sonst omnipräsenten Finanzlogik, denn Fünfzigjährige sind ökonomisch besser gestellt als Fünfzehnjährige.

Die Jugend hat heute weniger Zeit als je zuvor. Seit Anfang der 1990er Jahre ist die Freizeit Jugendlicher um weitere 45 Minuten pro Tag geschrumpft. So werden Jugendliche zu einem frühen Spiegel einer modernen Gesellschaft, die ebenfalls immer weniger Zeit hat. 850 000 deutsche Jugendliche sind bereits verschuldet, eine Viertelmillion sogar überschuldet. Sie leben auf Pump wie ihre Eltern und ihr Staat. Ihr Status bestimmt sich durch möglichst teure Markenklamotten, deren Logos sie offen zur Schau tragen. Damit machen sie sich bereitwillig und sogar engagiert zu Gratisreklametruppen einschlägiger Industrien.

Darüber hinaus ist es auch bei ihnen schon wichtig, dass das Handy möglichst oft klingelt. Etwa zwei Drittel der Oberschüler haben ihr Handy stets dabei. Dass der jugendliche Status vom Besitz des jeweils neuesten und kleinsten Modells profitiert, ist selbstverständlich und einer der wesentlichen Motoren der Kommunikationsindustrie. Selbst eine Agenda ist schon ausgesprochen *in*. Aus dem Rendezvous ist längst das *date* geworden. Neu ist nur, dass es im Terminkalender vermerkt wird, wie auch Sendezeiten von *Daily Soaps* und *Gameshows*. Deutsche Jugendliche sind darüber hinaus Weltmeister im Verschicken von SMS. Zwei Milliarden *short messages* werden monatlich per Handy durch die deutschen Netze gejagt. Nach Ansicht des Psychotherapeuten Fritjof Schneider, der sich auf die Behandlung entsprechender Suchtformen spezialisiert hat, stecken ein übersteigertes Mitteilungsbedürfnis und die Sucht nach Anerkennung und Wichtigkeit dahinter. Monatsrechnungen von tausend Mark und fünf bis sechs tägliche Telefonstunden sind durchaus nicht mehr so selten. Selbst Entzugserscheinungen wie Herzrasen und innere Unruhe bei ausgeschaltetem Handy nehmen zu. Zu diesem Ambiente aus (noch) künstlicher Geschäftigkeit passt, dass sich schon Zwölfjährige Sorgen um ihre Zukunft und Karriere machen.

Daneben gibt es Jugendliche, die alle Gedanken um die Zukunft komplett verdrängen. Diese Gruppe der so genannten jugendlichen Nichterwerbspersonen wächst beängstigend rasch. 1995 zählten schon 547 000 und damit 7,5 Prozent aller 15- bis 25-Jährigen dazu. Sie sind weder arbeitslos gemeldet, noch gehen sie irgendeiner Beschäftigung nach. Lothar Lappe vom Deutschen Jugendinstitut findet ihre Zahl, die 1995 die der arbeitslosen Jugendlichen (332 000) bereits erheblich übersteigt, unheimlich. Diese große Gruppe der Verweigerer oder Nesthocker ist wenig untersucht. Es scheint beinahe so, als fügten sie sich sehr früh in ein Schicksal, das die moderne Gesellschaft sowieso für den Großteil von ihnen vorsieht. Nach Irene Stratenwerth[13] leben immerhin zehn Prozent der jungen Männer und fünf Prozent der Frauen mit dreißig Jahren noch zu Hause bei den Eltern. Psychologisch gesehen handelt es sich also sicher eher um große Buben und Mädchen als um Männer und Frauen.[14]

Unter den Nesthockern sind aber auch durchaus bequeme junge Karrieristen zu finden, die sich im Bereich der »unwichtigen, aber lästigen Dinge des Lebens« lieber noch von Muttern bekochen und »bewaschen« lassen. Vor allem aber finden sich hier die so genannten Vielfachverlierer, die schon sehr früh im Leben aufgegeben haben und sich selbst als gescheitert abschreiben.

Eine andere Fraktion sind die *Couch Potatoes*, die die Welt am Fernseher erleben und sich vom Leben gar nicht gemeint fühlen. In einer Londoner Wirtschaftsschule wurde ermittelt, dass mehr als ein Drittel der Kinder und Jugendlichen das elterliche Haus nur noch zum Schulbesuch verlässt. Hier wird das Elternhaus wohl zum Zufluchtsort vor einer überfordernden und über die Maßen komplizierten Welt. Diese Jugendlichen kämpfen nicht, sie verkriechen sich und resignieren früh. Abhängen heißt die Devise, Ideale und Ziele spielen fast keine Rolle mehr.

Sklaverei und Schuldenfalle

Sklavenarbeit ist leider kein Thema längst vergangener Zeiten. Offiziell wurde die Sklaverei zwar weltweit verboten und geächtet, aber dennoch blieb sie bis heute nicht nur bestehen, sondern erlebte seit den 1970er Jahren sogar einen deutlichen Aufschwung.[15]

Der Londoner Organisation Anti-Slavery International zufolge leben heute mehr als 200 000 000 Menschen in Sklaverei. Der amerikanische *News & World Report* geht davon aus, dass allein in Asien in den letzten drei Jahrzehnten dreißig Millionen Frauen und Kinder zum Zweck sexueller Ausbeutung versklavt wurden. Hundert Millionen Kinder sollen laut Internationaler Arbeitsorganisation (IAO) gegenwärtig weltweit brutal und rücksichtslos ausgebeutet werden. Dahinter steckt neben sexuellen Machtgelüsten vor allem grenzenloses Profitstreben.

Zwangsarbeit, Zwangsprostitution und Schuldknechtschaft sind uralte Missbrauchsformen, die allerdings neuerdings im Gefolge der Globalisierung eine unglaubliche Stärkung und Verbreitung erleben. Hier tut sich der eigentliche Schatten unserer Lebensform auf.

Die Folgen unseres Umgang mit der Welt und die Konsequenzen unseres ökonomischen Systems sind für viele Menschen der Industrieländer schlimm genug, aber für Millionen Menschen der armen Entwicklungsländer sind sie so unsäglich, dass wir hier den Skandal unserer Zeit schlechthin erleben. Das Thema ist jedoch derart abstoßend, dass wir ihm keinerlei Aufmerksamkeit schenken wollen. Unsere sonst so skandalversessene Presse zeigt kein Interesse. Schatten ist überall auf der Welt tabu.

Nach der Theorie der Abolitionisten, die für die Abschaffung der Sklaverei eintraten, galten lange Zeit Sklaverei und Kapitalismus als unvereinbar. Aber bereits Adam Smith, der Vater des Kapitalismus, schrieb in seinem Grundwerk *Der Wohlstand der Nationen*: »Der Stolz des Menschen macht ihn herrschsüchtig ... Aus diesem Grund wird er im Allgemeinen die Arbeit von Sklaven der von freien Männern vorziehen, sofern das Gesetz es erlaubt und die Art der Arbeit es zulässt.« Smith sollte Recht behalten: Zu keiner Zeit waren mehr Menschen versklavt als heute zu Beginn des dritten Jahrtausends und auf dem bisherigen Höhepunkt des Kapitalismus. Die Verbindungen der Sklaverei zum globalisierten Markt sind unübersehbar. In erster Linie dient die moderne Sklavenhaltung dazu, profitgierigen Unternehmern Gewinne zu erwirtschaften.

Sklaven sind heute relativ billig zu haben. Ein Überangebot macht unbrauchbar gewordene Sklavenarbeiter jederzeit ersetzbar und reduziert ihren Wert weiter. Deshalb werden sie häufig einfach davongejagt und dem Hungertod ausgeliefert, sobald sie wegen Krankheit oder Unfall oder einfach aus Altersgründen nichts mehr leisten können. In dem Maß, wie die Menschlichkeit eine immer geringere Rolle im Wirtschaftsleben spielt, werden auch Sklaven heute nur noch unter ökonomischen Aspekten gesehen. In der Antike hatten Sklaven wenigstens einen gewissen, wenn auch noch so geringen Status, heute haben sie auch diesen Platz auf der untersten Hierarchiestufe eingebüßt. Ein so unsicherer Besitz lohnt nach moderner Business-Logik keinerlei Investitionen. Die Verbesserung der Lebensbedingungen von Arbeitssklaven wäre für ihre ökonomisch denkenden Besitzer reine Verschwendung.

Jeder Sklave erlebt eine Degradierung zum Nutztier, zur Sache, was durch die vollständige Erniedrigung und Zerstörung seiner Würde und Identität erreicht werden kann. Daraus ergibt sich, dass heutzutage die wichtigsten Sklavenmärkte von professionellen Gewalttätern unter den Fittichen des organisierten Verbrechens »gemanagt« werden.

Arbeitssklaven, Kinderarbeit

Sklaverei betrifft durchaus nicht nur die armen Länder, sondern zielt eindeutig auf die Industriestaaten, für die produziert und gelitten wird. Der UNO-Beauftragte Pino Arlacchi sagt dazu: »Selbst wenn die Produkte aus der Zwangsarbeit direkt im Erzeugerland verkauft und verbraucht werden, haben die Regeln des globalisierten Marktes großen Einfluss. Die Verbreitung der Marktwirtschaft bis in die hintersten Winkel der Welt, das Ende von Abschottung und Protektionismus haben die Voraussetzungen geschaffen, dass immer mehr Menschen neuen Formen der Sklaverei zum Opfer fallen. Im Zuge eines globalisierten Kapitalismus steigen auch das Angebot und die Nachfrage nach billigen Arbeitskräften – oder nach Zwangs- oder Sklavenarbeitern. Gerade im deregulierten Kapitalismus ist die Versuchung groß, Herstellungskosten vor allem durch Senkung von Lohnkosten herabzudrücken. Und wo die Herstellung in dünn besiedelte unwirtliche Gegenden verlagert wird, wird der Einsatz moderner Sklavenarbeiter eine immer aktuellere Möglichkeit.«[16]

Wie sehr wir mit unserem System die Sklaverei unterstützen und es ärmeren Staaten erschweren, einen Ausweg zu finden, kann das Beispiel der Teppichindustrie demonstrieren. Als der Schah von Persien Anfang der 1970er Jahre die Kinderarbeit verbot, stiegen die Perserteppiche logischerweise im Preis. Die Teppichindustrie hätte die höheren Preise an ihre Kunden weitergeben müssen. Stattdessen ließ sie aber lieber weiter spottbillige Teppiche knüpfen – von Kindersklaven anderer Länder. Die relativ fortschrittlichen Iraner waren damit vom Markt, den sie sich auch nicht zurückerobern konnten, da die den Schah ablösenden Ayatollahs an dem Verbot der Kinderarbeit festhielten. Perserteppiche kamen nun einfach aus Indien, Nepal und Pakistan.

Wo immer man in diesem System ansetzt, um menschenwürdige Produktionsbedingungen zu fordern, stößt man auf Ausflüchte. Das Hauptproblem ist, dass die Menschen der reichen Länder gar nicht wissen (wollen), dass sie mit ihren Billigpreiswünschen der (Kinder-)Sklavenhaltung den Boden bereiten. Ein Vorfall wurde kürzlich nur deshalb diskutiert, weil Jonathan Akpoborie, ein Fußballprofi des VfL Wolfsburg, darin verwickelt war. Vor der Küste Benins war ein Schiff, das ihm gehörte, mit zwei Dutzend Kindersklaven an Bord aufgegriffen worden. So gab es zumindest eine geringe Öffentlichkeit für das dahinterliegende Problem, und der vom VW-Konzern gesponserte Verein reagierte sofort, wohl aus Angst vor schlechter Presse.

Im Öffentlichmachen lägen Ansatzmöglichkeiten für die Zukunft und Chancen zur Veränderung. Reden wir also über die Missstände und machen wir uns bewusst, dass beispielsweise die Schokoladenlust der Erste-Welt-Kinder meist über die Sklavenarbeit der Dritte-Welt-Kinder in den Kakaoplantagen befriedigt wird. Diese Kinder werden mit Versprechungen in Mali, Togo, Nigeria oder Gabun angelockt, dann über die nächste Grenze verschleppt und in Sklavenlagern zum Verkauf angeboten. Bei ihren Käufern, den Bauern aus der Region, bekommen sie in der Regel statt Geld Schläge, und sie müssen fortan sieben Tage die Woche bei Mangelernährung auf den Kakaoplantagen schuften. Renitente Kinder werden geprügelt und angekettet. Der Preis eines Kindes bewegt sich um den einer Stange Zigaretten. Terre des Hommes und Unicef gehen davon aus, dass es in dieser Region allein 20 000 kindliche Kakaosklaven gibt. In den letzten Jahren sind in Mali über 60 000 Kinder spurlos verschwunden, bei einer hohen Dunkelziffer. Ein Unicef-Sprecher dazu: »Das Problem beschränkt sich nicht auf einzelne Länder. Es nimmt in ganz Afrika dramatische Ausmaße an.« Zwar wissen die Behörden davon, aber aus Angst vor Boykottmaßnahmen hat sich eine Mauer des Schweigens gebildet.

Der Kilopreis für Kakao ist in Benin innerhalb eines Jahres um die Hälfte gesunken, folglich muss die Arbeit noch billiger werden. Auch die Sklavenhalter stehen also mit dem Rücken zur Wand. Der Ministerpräsident der Elfenbeinküste macht dann auch den niedrigen Kakaopreis für das Elend der Kindersklaven verantwortlich. Dazu befragt, lehnt natürlich der Sprecher von Krafts-Food Austria (»Milka«) ebenfalls alle Verantwortung ab und hält Überkapazitäten für die Ursache des Preisverfalls. So ist zum Schluss wieder einmal keiner verantwortlich, und die Kinder werden weiter ausgebeutet und misshandelt.

Eine weitere Sonderform der Sklaverei sind die Kindersoldaten, die gekidnappt oder im alten Stil zwangsrekrutiert und dazu gebracht werden, in Armeen oder Banden zum Teil gegen ihre eigene Volksgruppe Krieg zu führen. Nach der *International Herald Tribune* vom 6. Juli 1998 werden heute um die 300 000 Kindersoldaten zum Kriegsdienst gepresst. Auch wenn das ungleich weniger Kinder sind als jene Mädchen, die weltweit zu sexuellen Sklavendiensten gezwungen werden, bleibt das Los dieser Jungen doch entsetzlich. Vor allem im Sudan, in Uganda, Sierra Leone, Sri Lanka und Afghanistan ist diese Praxis üblich.

Menschenhandel

Das Einschleusen von gekidnappten oder unter falschen Versprechungen angelockten Menschen, eine moderne Abart des Sklavenhandels, bringt laut *Time Magazine* vom 24. August 1994 den so genannten chinesischen Triaden, einer asiatischen Entsprechung der Mafia, allein in den USA einen geschätzten Gewinn von 2,5 Milliarden Dollar pro Jahr. Diese Zahlen dürften inzwischen noch erheblich gestiegen sein.

Solcher Menschenhandel, wie er direkt unter unseren Augen abläuft, ist keineswegs weniger brutal als jene exotischen Berichte, die wir immerhin ab und zu zur Kenntnis nehmen, wie zum Beispiel das Los der Kindersklaven auf den afrikanischen Kakaoplantagen oder der von Haiti in die Zuckerrohrplantagen der Dominikanischen Republik verschleppten Kinder und Jugendlichen. Die UN kann Menschenhandel und Sklavenmärkte zwar registrieren, aber diesem Treiben nur ohnmächtig zuschauen.

Während es für uns heute kein Problem darstellt, einen modernen Krieg zu beginnen, um Ölfelder zu befreien, ist auch nur eine Boykott- oder gar Kriegsdrohung wegen Millionen von verschleppten Menschen undenkbar. Verstöße gegen Besitzrechte werden in Systemen, in denen das Geld regiert, ganz anders bewertet als Verstöße gegen Menschenrechte, und sei es in dieser eklatantesten Form. Arlacchi kommt zu dem Resümee: »Die Maßnahmen gegen den Menschenhandel sind unzulänglich, die Strafen – in Europa, Australien, Asien und Amerika – fallen gewöhnlich relativ milde aus, die Gesetze werden selten angewandt, und die internationale Zusammenarbeit der Polizei steckt noch in den Kinderschuhen.«[17]

Sexsklaven

Bei den Sexsklaven handelt es sich um ein heute besonders lukratives Marktsegment. Mit Sexsklavinnen lassen sich überall auf der Welt hohe Gewinne erzielen. Das Geschäft endet erst dann, wenn sie alt und verbraucht sind. Nach Arlacchi reichen die Methoden der Versklavung von Drohungen über Erpressung bis zu Vergewaltigungen und sogar Verstümmelungen.

Kinder sind vor allem auf den Sexmärkten in Asien eine immer begehrtere »Ware«. In ihrer Heimat werden Kinder und junge Mädchen oft sogar von den eigenen Eltern verkauft, denen vorgemacht wird, sie könnten so das große Los ziehen und dem Elend entrinnen. Den einträglichen Zwischenhandel übernehmen die Verbrecherorganisationen der Welt von den japanischen Yakuza über die chinesischen Triaden bis zur Russenmafia. Förderlich ist diesem miesen Geschäft die in vielen modernen Ländern zwiespältige und lückenhafte Gesetzgebung bezüglich der Prostitution. So können sich die Opfer kaum auf Rechte berufen, werden als Illegale auch noch von den Behörden zu Opfern gemacht und haben keine Chance, in der Fremde ihren Peinigern zu entkommen.

In besonderen Fällen, wenn die US-Armee für ihre kriegsmüden GIs Abwechslung brauchte, wurden auch schon einmal Verträge über »Rest and Recreation«-Programme abgeschlossen etwa mit Singapur, Malaysia und Australien. Auf diese Weise konnte die Army die Prostitution in diesen Ländern unter Kontrolle bringen, jedenfalls solange es ihr wichtig erschien. Nach dem Abzug der US-Truppen aus Vietnam blieben in vielen Ländern Südostasiens entsprechende Armeen von Prostituierten zurück. Das entstandene Vakuum füllte dann meist der (Sex-)Tourismus, wobei nun die Militärpolizei fehlte, um das Chaos zu ordnen. In dieses Vakuum sprangen dann in der Regel rasch die örtlichen Verbrecherbanden ein, wenn sie nicht schon vorher die Hände mit im Spiel hatten.

Inzwischen ist der neuerliche Aufschwung der Sexindustrie, der zumindest in Asien mit den Bedürfnissen der US-Armeen zusammenhing, nicht mehr an Militärstützpunkte gebunden. Er hängt vielmehr mit dem Ansteckungseffekt im Rahmen einer ebenfalls globalisierten Sexindustrie zusammen: Einige Länder gehen voran und andere ziehen nach, beziehungsweise die Verbrecherorganisationen nehmen Land für Land ein.

Die Strukturen ändern sich, die Routen passen sich an. Der Handel mit europäischen Frauen in ärmere Länder ist nach Arlacchi fast ganz verschwunden. Der Nachschub an »Frischfleisch« aus Lateinamerika und Südostasien hat dagegen gewaltige Ausmaße angenommen. In Vietnam werden wie zu Zeiten des Vietnamkriegs, der das Elend in Gang brachte, jedes Jahr Hunderttausende von jungen Mädchen verschleppt und zuerst in einheimische Bordelle gebracht. Die schon vorher durch den wachsenden globalen Handel entstandenen Verbrechersyndikate organisieren dann die verschiedenen mehr oder weniger langen Wege des Mädchenhandels. Die attraktivsten Frauen gehen gleich in den Export nach Nordamerika, Japan und Europa. Ausländische Frauen sind für die Verbrecherbanden wesentlich leichter und lukrativer ausbeutbar als einheimische, weil sie sich praktisch alles gefallen lassen müssen. Man kann sie zu ungeschütztem Verkehr zwingen, der noch immer von offensichtlich Verrückten verlangt wird, sowie zu erniedrigenden Sexpraktiken. Am lukrativsten sind offenbar die Geschäfte entlang den großen, von der Mafia kontrollierten Handelswege nach Westeuropa, in die USA, nach Japan und Australien. In diesen Ländern leben die frustrierten zahlungskräftigen Männer, deren Triebstau sie so weit sinken lässt, dass sie die entsprechenden Sexsklavinnen kaufen.

In den USA leben mindestens siebzig Prozent der importierten Frauen als Gefangene in Bordellen unter dem Kommando asiatischer Verbrecherbanden. In den großen US-Städten gibt es nach Arlacchi ganze Ketten illegaler Bordelle, wie andernorts Supermarktketten, in denen Thailänderinnen ihren dreifachen Kaufpreis, also zwischen 18 000 und 43 000 Dollar, abarbeiten müssen. Diese Schuldenlast bringt sie in tiefe Abhängigkeit von ihren »Besitzern« oder den Bordellen. In diesen Fällen mischt sich also die sexuelle Sklaverei mit der Schuldknechtschaft und dem Menschenhandel.

In der Sexindustrie Japans sind angeblich mindestens 40 000 Thailänderinnen unter ähnlichen Bedingungen versklavt, allerdings sei das Geschäft hier in der Hand von Japanern. Der von den Thaimädchen in Japan erwirtschaftete Umsatz soll sich auf 31 000 000 000 US-Dollar belaufen. Solche Zahlen, die auf Berechnungen und Schätzungen beruhen, können deutlich machen, wie hoch das Interesse der internationalen Kriminalität an diesem Geschäft ist.

Die weniger attraktiven Frauen bleiben in den einheimischen Bordellen, wo sie vorwiegend denselben Kunden aus denselben reichen Ländern, nun lediglich im Rahmen des Sextourismus, angeboten werden. Es gibt aber auch andere Menschenhandelswege, etwa von Indien und Uganda nach Kenia, wo sich im Rahmen eines boomenden Tourismus ebenfalls ein Markt für Sex mit entrechteten Prostituierten auftat.

Allein in der EU sollen nach Arlacchi heute zwischen 250 000 und 500 000 ausländische Frauen auf dem Sexmarkt ausgebeutet werden, die meisten davon in sklavereiähnlichen Verhältnissen. Nach seinen Recherchen ist die Zwangsprostitution von Frauen und Mädchen überall auf dem Vormarsch. Die deutsche Polizei schätzt, dass die Mehrzahl der jungen Prostituierten aus Russland, die ohne Aufenthaltsgenehmigung pro Monat etwa 14 000 DM einnehmen, davon gerade einmal 20 DM sparen können, weil ihnen alles andere wieder abgenommen wird. So leben sie damit in einer Situation völliger Abhängigkeit. Die thailändischen Prostituierten in Deutschland, die ebenfalls mit dem Trick der Schuldenabarbeitung erpresst werden, bekommen schätzungsweise nur 2,5 Prozent ihres Liebeslohnes ausgehändigt.

Der Kampf gegen sexuelle Versklavung leidet darunter, dass man in den armen Ländern und vor allem denen der Dritten Welt das Sexgeschäft oft als eine unverzichtbare Devisenquelle sieht. Die Sexindustrie fördert zudem den Tourismus, der in Thailand zum Beispiel zur wichtigsten Einnahmequelle wurde. Siebzig bis achtzig Prozent der Thailandtouristen sollen auch die Dienste der Sexindustrie in Anspruch nehmen. Das heißt aber nichts anderes, als dass die Thairegierung vom Sexgeschäft lebt und die scharfe Grenze zwischen Kriminalität und Staat hier längst verschwommen ist. Wo das Geld regiert, wird bald alles käuflich.

Viel zu häufig floriert das Geschäft nach Arlacchi auch auf der Basis einer eingespielten Zusammenarbeit von Mafia und Polizisten. Diese sind überall, wo sie zu schlecht ausgebildet und zu gering besoldet werden, chronisch anfällig für Bestechungen durch die Syndikate. An diesem Punkt mag deutlich werden, wie gefährlich es für die innere Sicherheit der modernen Industriestaaten wird, wenn sie die öffentlichen Ausgaben immer weiter senken. Der Verdacht, dass es auch schon in Westeuropa ein Zusammenspiel zwischen Polizei und Mafia geben könnte, liegt gar nicht mehr so fern.

Bei allen berechtigen Forderungen nach staatlichem Eingreifen ist doch nicht zu übersehen, dass es wiederum die Erste Welt ist, die das Elend auslöst. Die Kundschaft besteht überwiegend aus Männern der reichen Ersten Welt, die für käuflichen Sex hohe Preise zahlen. Hier tritt die Abhängigkeit zwischen Dritter und Erster Welt vielleicht noch deutlicher hervor als in anderen Bereichen. Die reiche Erste Welt hat in beiden Fällen ein eindeutiges Zuhälterverhältnis sowohl zu den armen Ländern als auch zu deren Frauen, selbst wenn sie die schmutzige Arbeit von anderen, wenn es sein muss sogar von Kriminellen, machen lässt. Die bürgerliche Welt will schlicht und einfach alle ihre Bedürfnisse befriedigen, die legalen werden von der weltweiten Wirtschaft erfüllt, die illegalen wie Drogen und Prostitution von den weltweiten Verbrechenssyndikaten.

Wenn man bedenkt, dass all die Probleme der Globalisierung ebenfalls von Männern auf den Weg gebracht wurden, polarisiert sich die Verantwortung für die Lage der Welt in sehr starkem Maß. Es ist nicht nur die Überbetonung des männlichen Yang-Pols, unter der wir leiden, sondern es sind auch fast ausschließlich Männer, die sie anzetteln. Wer alles nach Geldkriterien berechnet, wird dafür verantwortlich, dass irgendwann auch alles käuflich wird, sogar Menschen.

Der Freier, ohne den es keinen Sexmarkt gäbe, ist eigentlich ebenfalls ein Opfer (seiner unkultivierten Triebe). Er unterliegt prinzipiell demselben Denkfehler, dem wir auch kollektiv immer mehr aufsitzen. Er verwechselt die materielle mit der geistig-seelischen Ebene. Von der rein körperlichen Liebe, die er zu den Bedingungen und unter den Umständen der Sexindustrie kauft, kann er niemals Befriedigung erlangen. Sex ist lediglich die materielle Hälfte der Liebe. Wer aber auf der materiellen Ebene sucht, was er nur auf der geistig-seelischen finden kann, bleibt ewig auf der Suche, ja er kann sogar süchtig werden. Sexsucht ist inzwischen verbreitet, Liebessucht ist dagegen nicht denkbar. Denn wer auf der geistig-seelischen Ebene immer mehr liebt, ist ein Mensch auf dem Weg zur Befreiung, wer aber auf der körperlichen immer mehr »bumsen« muss, bleibt ein »armes Schwein«.

Schuldknechtschaft

Schuldknechte sind offiziell keine Sklaven, die nach antiker Auffassung ihrem Herrn das Leben schuldeten. Die modernen Schuldknechte schulden ihren Peinigern oft nur unbedeutende Beträge, die für sie selbst aber vollkommen unbezahlbar bleiben. Sie müssen dann meist ein Leben lang wegen dieser Schulden in Sweatshops (engl.: *sweat* = Schweiß) schuften, die an die elenden Produktionsstätten in der Frühzeit des Industriezeitalters erinnern. Wegen der drückenden Schuldenlast sehen sich die Betroffenen gezwungen, oft auch noch ihre Kinder zu verpfänden. In Indien, Nepal und Pakistan sowie in vielen Teilen Lateinamerikas »leben« viele Millionen Opfer in dieser Situation.

Schuldknechtschaft, die vor allem in Ländern der Dritten Welt so brutal und offen zutage tritt, ist auch das Mittel, mit dem illegal in die USA oder nach Europa eingeschleppte Menschen gefügig gemacht und zu fast allem gezwungen werden. Um diese angebliche Verschuldung plus die exorbitanten Wucherzinsen abzuzahlen, sind sie gezwungen unter brutalsten Bedingungen Sklavenarbeit zu leisten und ihre Gesundheit zu ruinieren. Viele westliche Markenfirmen greifen im Rahmen des *Outsourcing* auf diese üblen Produktionsstätten zurück (siehe auch Seite 131).

In Afrika und Asien wurde die klassische Sklaverei in der Regel nur durch neue profitorientierte Formen der Abhängigkeit ersetzt; in Indien wandern bis heute Millionen Menschen in die Schuldknechtschaft. Manche komplett veralteten Industriezweige können nur aufgrund der kostenlosen Sklavenarbeit funktionieren. Auf diese unmenschliche Weise wird in Steinbrüchen, Nähereien oder Webereien geschuftet.

Wenn heute von westlichen Politikern wie dem ehemaligen US-Präsidenten Clinton die Globalisierung noch immer als Chance für die Dritten Welt verkauft wird, wäre auch die Situation der Sklaven mit zu bedenken. Clinton sagte, dass gegenseitige Vernetzung mehr Wohlstand und damit weniger gewalttätige Konflikte schaffe, und die Entwicklungsländer, die sich dem freien Handel geöffnet haben, würden doppelt so hohe Wachstumsraten aufweisen.[18] Erstens stimmt das von den Zahlen so pauschal gar nicht. Zweitens lassen sich qualitative Argumente dagegenhalten. Dazu Pino Arlacchi: »In den Dörfern der Dritten Welt müssen heute Millionen von Kindern Vieh und Felder versorgen, weil ihre Väter in den Städten einer bezahlten Arbeit hinterherjagen. Und während auf dem Land Kinder die Arbeit der Eltern tun, verdienen in den Städten Scharen minderjähriger Mädchen ihr erstes Geld mit Sklavenarbeiten in fremden Haushalten – ein harter und teuer erkaufter Einstieg ins marktwirtschaftliche Erwerbsleben.« Hier beschreibt Arlacchi aber noch eine milde Form, denn bei der harten landen die Mädchen in Bordellen und die Väter in der Schuldknechtschaft.

Auch bei den Zuwachsraten, von denen Clinton spricht, handelt es sich nur um eine recht oberflächliche Betrachtungsebene. Viel wichtiger wäre es, die Schuldenfalle zu analysieren, in die immer mehr Entwicklungsländer geraten – desto tiefer, je mehr sie sich auf den grenzenlosen freien Markt einlassen. Die Philippinen hatten 1965 Auslandsschulden von etwa 600 Millionen Dollar. Nur zwanzig Jahre später war die Verschuldung auf 28 Milliarden Dollar, also um das 50fache gestiegen. Auf die Bevölkerung umgerechnet sind das über 500 Dollar pro Kopf. Allein um die Schuldzinsen zu bezahlen, muss der Staat immer höhere Kredite aufnehmen. Daran sieht man, wie der ganze Inselstaat zu einer Art Schuldknecht des internationalen Geldsystems geworden ist.

So wie einzelne Menschen aus der Schuldenfalle nie mehr entkommen, sind auch viele Länder in die gleiche Falle geraten. Es ist kein Geheimnis, dass die Entwicklungsländer ihre Schulden niemals mehr tilgen können. Das Problem liegt aber nicht an ihnen, sondern am System von Zins und Zinseszins, das auf lange Sicht gar nicht funktionieren kann und eher einer Methode gleicht, Menschen ins Unglück zu treiben. Auch deutsche mittelständische Betriebe, sogar Landwirte und eine Reihe Häuslebauer haben diese Erfahrung machen müssen. Es ist allerdings von alters her bekannt, dass das System von Zins und Zinseszins seine Tücken hat, und so verbieten die deutschen Gesetze Zinsen über 15 Prozent als Wucher. Allerdings werden mit der tendenziellen Entmachtung der Staaten auch ihre Gesetze weniger wert, und so ist es heute über den Umweg der Börse, die ja letztlich nichts anderes als ein Geldverleihsystem für die Wirtschaft darstellt, längst üblich, höhere Dividenden zu zahlen und entsprechende Gewinne einzustreichen.

Was wir bei den Schuldknechten Indiens und Pakistans und den asiatischen Prostituierten noch leicht durchschauen, kommt vielen Menschen am eigenen Aktienmarkt ganz normal vor. Dabei sind die Forderungen von Fondsmanagern, die um und sogar über zwanzig Prozent Gewinn verlangen, für Industrie und Wirtschaft auf lange Sicht genauso verheerend wie ähnliche Forderungen gegenüber einzelnen Menschen. Solche Zinsen oder Gewinnforderungen werden auf Dauer jede Privatperson und auch jede Firma in die Abhängigkeit treiben. Wer sich darauf einlässt, ruiniert mit der Zeit seine Gesundheit und – als Konzernchef – die seiner Mitarbeiter. Insgesamt ruinieren wir so unser Verhältnis zueinander und damit unser Zusammenleben. Dasjenige zur Dritten Welt haben wir bereits nachhaltig zerrüttet. Wir könnten daran und an den Dramen, die sich in der Dritten Welt abspielen, unschwer erkennen, in welcher Richtung wir selbst unterwegs sind.

Die Entlassung der Schuldknechte der Dritten Welt aus ihrer ökonomischen Versklavung könnte mehr als ein Symbol sein. Darüber hinaus wäre aber im Sinne von Bernard Lietaer[19] zu überlegen, ob wir nicht generell über ein System nachdenken sollten, das immer nur für gewisse Zeit funktioniert, um dann in den sicheren Zusammenbruch zu münden, und das dazu führt, dass es allen immer schlechter geht.

Moderne Wirtschaftsmythen und ihre globalen Auswirkungen

Grenzenlose Kommunikation und Vernetzung

Das lateinische Wort *munus* steht für Verpflichtung, Aufgabe. Die Vorsilbe *com* betont das Gemeinsame. Bei der Kommunikation geht es also im ursprünglichen Sinn um eine gemeinsame Verpflichtung und Aufgabe. Vernetzung besagt, dass alle im selben Netz zusammengehören und dasselbe oder ein sehr ähnliches Schicksal teilen.

Wie stark die beiden Bereiche Kommunikation und Vernetzung expandieren, macht nichts so deutlich wie der Boom von Handy und Internet. Das Internet verbindet inzwischen praktisch alle Länder miteinander, doch hat die große Mehrheit der Menschen keinerlei Zugang zu diesem Netz. Diese vom Netz ausgeschlossene Bevölkerungsmasse ist mit jener identisch, die auch von fast allem anderen Wichtigen ausgeschlossen bleibt: Es sind die Unterernährten, Ungebildeten – jene, die kaum Einfluss nehmen können, eigentlich nicht einmal auf ihr eigenes Leben. Bei uns sind es vor allem die Älteren. Insgesamt gesehen sind es jene, die nicht oder kaum zählen für eine Minderheit von Menschen, die die Schätze dieser Welt unter sich aufteilen und die auch miteinander verbunden sind, zunehmend auch über das Internet.

John Gage bringt es auf den Punkt, wenn er feststellt, dass sein Konzern Sun Microsystems seine Mitarbeiter per Computer sucht und einstellt, sie am Computer arbeiten lässt und sie auch per Computer wieder feuert. Regierungen und ihre Vorschriften, Ländergrenzen und Zwänge wie Visum und Arbeitserlaubnis interessieren auf dieser Ebene direkter Netzkommunikation schon längst nicht mehr. Die Sun-Leute beschäftigen, wen sie wollen, wo sie wollen, so lange sie wollen, bevorzugt »gute Gehirne in Indien«, die laut Gage so lange arbeiten, wie sie nur können – dank Internet-Kommunikation.

Ob man von der »Erlebnisgesellschaft« spricht wie der deutsche Soziologe Gerhard Schulze oder von der »Multioptionsgesellschaft« wie sein Schweizer Kollege Peter Gross – auf Millionen Websites gibt es jede Möglichkeit von Information, Ablenkung und Zerstreuung. Für das richtige Leben aus Fleisch und Blut bleibt da immer weniger Zeit. Trotzdem versuchen die Protagonisten der neuen Handytechnik UMTS, jetzt Unterhaltungsprogramme auf das Handy umzulenken, um die wenigen Minuten Freizeit, die einem modernen Medienmenschen zwischendurch bleiben könnten, in ihrem Sinn Gewinn bringend zu nutzen. Die Kommunikationsindustrie bläst zum Sturm auf die letzten Zeitoasen. Der Medienpädagoge Johannes Fromme schreibt: »Es geht um das Nichtstun, die Muße und darum, solche Ruhe aushalten zu können. Dass sie immer weiter verschwindet, ist der eigentliche kulturelle Wandel, der durch die Medien forciert wird.«[20]

Muße aber scheint *out* zu sein. Manchmal hat man heute den Eindruck, als gäbe es überhaupt nur das eine wichtige Problem: wie man schnell in den Cyberspace, das heißt ins Netz kommt. Wer nicht ins Netz kann, kommt nirgendwohin und ist *megaout*.

Nachdem die Computer schon immer schneller geworden sind und die Welt beherrschen, machen sie auch uns, die wir über sie im Netz hängen, immer schneller. Inzwischen gibt es hier schon wieder neuen Fortschritt zu berichten: In bahnbrechenden Experimenten ist es in Harvard zum ersten Mal gelungen, das Licht buchstäblich anzuhalten. Bei der wissenschaftlichen Konkurrenz in Princeton dagegen schaffte man es, Licht auf mehrfache Lichtgeschwindigkeit zu beschleunigen. Das Ergebnis dieser für den Laien wenig aussagekräftigen Taten soll der neue Quantenrechner sein – und in der Konsequenz die Quantenkommunikation.

Unsere Kommunikation soll ungeheuer beschleunigt werden. Doch was wird es bringen, unser Leben auf Lichtgeschwindigkeit zu beschleunigen? Wahrscheinlich kommen zu den bereits jetzt überbordenden Stresssymptomen noch weitere hinzu. Schon haben Millionen Menschen so viel um die Ohren, dass in denselben ein mörderischer Tinnitus tobt, ein neues Symptom unserer hektischen Zeit.

Seit Anfang des letzten Jahrhunderts schlafen die Menschen pro Tag durchschnittlich zwei bis drei Stunden weniger. Die Regenerationszeit ging von neun bis zehn auf sieben Stunden zurück. Das scheint jedoch immer noch zu viel zu sein. All die technischen Hilfen haben uns eben keine Freizeit gebracht, sondern fordern im Gegenteil jene zusätzlichen fünfhundert Wachstunden.

In den USA, die uns auch hier voraus sind, haben schon Millionen Kinder, vor allem Jungen, die Geschwindigkeit im Blut. Sie sind extrem ungeduldig, reizbar und konzentrationsschwach. Man bezeichnet sie als hyperaktiv. Ihr Leiden ist ein klassisches Symptom unserer hyperaktiven Zeit. Die Kinder zeigen es uns bereits heute auf dramatische Art, und den Erwachsenen geht es nicht viel besser. Sind wir vielleicht im

Internet(z) gefangen und bemerken unsere Hilflosigkeit wie so oft nur über Krankheitssymptome? Die Doppelklick-Kultur hat uns im Griff, und wir hecheln ihr hinterher. Bisher haben wir nur Namen für dieses schreckliche Symbol unserer hektischen Zeit gefunden, Lösungen für die leidenden Kinder und ihre Familien stehen noch aus, wenn man einmal von der Psychopharmaka-Orgie (»Ritalin«) absieht. Jede Zeit hat auch ihre Kinder.

Jeremy Rifkin schreibt in der *Süddeutschen Zeitung* vom 28. Mai 2001 zu diesem Thema: »Von allen Seiten springt es uns an und buhlt um unsere Aufmerksamkeit: Faxgerät, E-Mail und Mailbox, Computer, Piepser und Mobiltelefon, rund um die Uhr geöffnete Einkaufsmärkte, jederzeit verfügbare Geldautomaten und Online-Bankdienste, elektronisches Einkaufen und Suchen die ganze Nacht hindurch, 24 Stunden am Tag Nachrichten und Unterhaltung, Pizzaservice, Apothekenservice, Wartungsservice …« Leben ist jedoch Rhythmus und braucht zu seiner Entfaltung Rhythmen. Wenn wir diese Rhythmen zerstören, bedrohen wir das Leben.

Die neuen Kommunikationsformen wie vor allem das Internet haben ihre Schattenseiten, und das sind bei weitem nicht nur dessen Krankheitsbilder wie die zahlreichen Virusepidemien, die man ohne Übertreibung als virale Pandemien bezeichnen kann.

Im 6. Mai 2000 berichtet die *Süddeutsche Zeitung* aus der Welt der Computer-Hacker, einer Szene, die immer mehr von sich reden macht. Sie verursacht inzwischen riesigen finanziellen Schaden, den sie allerdings auf fremde Konten buchen lässt. Neben infantilen Zügen fallen bei den Hackern zunehmend auch kriminelle Tendenzen auf, die ziemlich typisch sein dürften für jenen Teil der jungen Generation, der seine Zeit lieber in Cyberwelten verbringt. Irgendwie bleibt diese Welt ungreifbar, und so fühlen sich viele der Surfer und auch Hacker ziemlich unangreifbar. Gelegenheit macht aber bekanntlich Diebe. Gegen Ende des Buches werden wir noch sehen, wie stark Ehrlichkeit von den Umständen abhängt und wie erschreckend wenig sie eine angeborene Charaktereigenschaft ist (siehe Seite 395).

Auch wenn neunzig Prozent oder mehr der fast ausschließlich männlichen Hacker sich als Robin Hood des Internet fühlen mögen und keine wirklich kriminellen Interessen verfolgen, entwickelt sich hier ein ganz neues Feld von Zukunftskriminalität. Die meisten sind wohl weniger Helden auf der Seite der Unterdrückten, sondern Ego-Tripler, die sich daran hochziehen, große Machtapparate in die Knie zu zwingen und zu demütigen. Das Spiel heißt David gegen Goliath, und David hat in diesem Mythos traditionell alle Sympathien auf seiner Seite.

Laut der Zeitschrift *Business Week* herrscht im Internet längst ein Cyberkrieg, in dem oft minderjährige Computer-Guerilleros mit Sicherheitssystemen von Banken und Staaten tändeln. Ihr Spielplatz ist zugleich der Wachstumsmarkt schlechthin, auf dem im Jahr 2000 bereits 450 Milliarden Dollar umgesetzt wurden, also gut 900 Milliarden DM. Die Tendenz ist dabei noch stark steigend.

Die Grundregel der Hackerszene spiegelt den Schatten des Internet und könnte bald das Credo der ganzen Gesellschaft sein: Traue keinem, niemals! Es ist eine Welt falscher Identitäten und falscher Freunde. Dabei könnte das Szenario dem modernen Mythos von *Star Wars* nachempfunden sein, wobei die

Star-Wars-Filmtrilogie – von Regisseur George Lucas, einem ausgewiesenen Mythologiekenner, aus der Wiege gehoben – durchaus auf die alten Mythen zurückgeht. Es gibt die Guten, die sich – wohl im Anklang an die tibetisch-buddhistische Tradition – White-Hat-(Weißhut-)Hacker nennen. Sie dringen zwar auch illegal in fremde Datenwelten ein, richten aber dort keinen Schaden an. Ihr Ethos gebietet ihnen vielmehr, die Firmen auf Schwachstellen in deren Sicherheitssystemen hinzuweisen. Sie sind die natürlichen Gegenspieler der Black-Hat-(Schwarzhut-)Hacker, die aus Zerstörungslust in fremde Dateien einfallen und dort herrschen wie seinerzeit die Vandalen in der greifbaren Welt. Ihre Motive reichen von politischen Zielen bis zur Selbstbereicherung. Hinter Weiß und Schwarz dürften jedoch in der Tiefe dieselben Allmachtfantasien stecken, die im zeitlosen Spiel der Kräfte ausprobiert werden wollen. Eine wichtiger werdende Untergruppe der Schwarzhut-Hacker sind die käuflichen Einbrecher, im Jargon Cracker genannt.

In der Praxis vermischen sich Weiß und Schwarz ständig, und die Grenzen sind fließend – fast wie im richtigen Leben. Und wir sollten nicht übersehen, dass das Internet immer mehr Menschen immer mehr vom Leben ersetzt und zu deren »richtigem« Leben wird. Da gibt es gut meinende Weißmützen, die angeblich nur helfen wollen und dabei die Computersysteme derjenigen, die gar nicht um ihre Hilfe gebeten haben, lahmlegen. Und da sind Schwarzhüte, die ihre zerstörerischen Aktivitäten in den Netzwerken von Militärs als Heilsdienst an der Welt verstehen.

Am überschaubarsten ist noch die Szene der kriminellen Klein- und Großdiebe, die zum Beispiel im so genannten *Car-*

ding Channel eine eigene Internet-Börse für gestohlene Kreditkarten unterhalten. Hier werden Karten aller Art verschoben, wobei davor meist eine gescheiterte Erpressung steht. Ein Hacker bricht in ein System ein, stiehlt eine große Zahl von Kreditkartennummern und erpresst dann die Firma. Erst wenn sie nicht zahlt, gehen die Karten an die Börse. Wenn eine Firma die Polizei zu Hilfe holt statt zu zahlen, hat sie die ganze Hackerszene gegen sich, was schon viele kleine Firmen ruiniert haben soll. So entwickelt sich eine Art Schutzgelderpressung, ein von den verschiedenen Mafiagruppen bestens erprobtes Verfahren, gegen das die Behörden traditionell machtlos sind. Beim Internet kommt noch erschwerend hinzu, dass im Umgang mit dem Computer die Hacker den offiziellen Stellen um Lichtjahre voraus sind.

Nimmt man die Bedrohung durch Viren, Netzüberlastungen und daraus folgende Zusammenbrüche hinzu, zeichnet sich eine der wirklichen Welt immer ähnlicher werdende Parallelwelt ab, die in absehbarer Zeit unser Leben so weitgehend bestimmen wird, dass viele Menschen ohne Netzzugang schlicht Ausgeschlossene sein werden, moderne Parias ohne Kommunikation und Chancen. In dem Ausmaß, wie das Internet alle in seinen Bann und in sein Netz zieht – einer unglaublich erfolgreichen Spinne vergleichbar –, zeigt es einen tiefen Schatten der modernen Welt. Die Gefahr dabei ist, dass die menschlichen Ebenen direkter Kommunikation in der Bedeutungslosigkeit versinken.

So lässt sich bereits heute nachweisen, dass der Anteil sozialer Aktivitäten und zwischenmenschlicher Kommunikation auf direkter Gesprächs- und Gefühlsebene deutlich zurückgeht.

Selbst *Flirts* und Partnersuche finden zunehmend im Netz statt. Manche gehen aber auch hier schon einen Schritt weiter und kreieren sich im *Cyberspace* ihren Idealpartner. Alte Mythen wie der von Pygmalion, der in der Version des Musicals *My Fair Lady* große Popularität erlangte, werden wieder aktuell und geben jedem jede beliebige Option. Und ist es nicht verlockender, mit makellosen Cyber-Partnern zu spielen, als sich mit den Unzulänglichkeiten realer menschlicher Partner herumzuschlagen?

Natürlich ist auch die Sexualität längst Teil dieses Spiels. Zwar mögen konservative Geister noch immer Vorteile in der alten Methode sehen, aber sie könnten zunehmend alt aussehen. Man könnte nämlich sogar Kinder im *Cyberspace* zeugen. Diese hätten gegenüber den normalen Nachkommen sogar erhebliche Vorteile; sie wären vor allem über die Maßen pflegeleicht.

In diesem Zusammenhang würde es Sinn machen, sich intensiv mit der Gestalt des Pygmalion oder Professor Higgins auseinander zu setzen, dessen zeitlose Erfahrung mit dem Thema auch die Grenzen dieser Art von Hybris aufzeigt. Zum Schluss muss Professor Higgins nämlich die Seele in seiner Kreation Eliza und deren Eigenleben akzeptieren, um die Liebe erleben zu können. Den modernen Nachfahren des alten Mythos könnte es allerdings passieren, dass ihnen die Liebe im Computer gar nicht begegnet und sie in vordergründigem Interesse und blanker Lust hängen bleiben.

Einen erstaunlichen Vorläufer solchen Ersatzlebens haben die modernen Kinder schon kennen gelernt: das Computerspielzeug namens Tamagotchi. Dieses reine Kunstprodukt moderner Fantasie sollte ihnen offenbar den tierischen Spielkameraden ersetzen. Die Tamagotchis hatten für die Eltern den enormen Vorteil, dass sie in keiner Weise schmutzten und nicht einmal rochen. Tatsächlich ließen sich Millionen moderner Kinder für kurze Zeit von diesen technischen Spielgefährten faszinieren. Sie mussten sie füttern und versorgen, und wenn sie es vergaßen, konnten die Tamagotchis »sterben«. Nach kurzer Zeit ließen die Kinder das dann aber auch geschehen, und diese Modewelle war bald wieder Geschichte.

Die Ersatzkommunikation im Netz dürfte diesbezüglich schon sehr viel hartnäckiger sein und einen ausgesprochen technischen und damit archetypisch männlichen Aspekt in das sowieso schon extrem technisierte und vom Macherpol *dominierte* Beziehungs- und Kommunikationsleben bringen. Das Internet ist selbstverständlich ein Kind des männlichen Macherpols und wird als solches diesen auch weiter stärken und das Ungleichgewicht zwischen Yin und Yang weiter vergrößern. Typisch dafür ist, dass in der Hierarchie der Hacker gar keine Frauen auftauchen, ähnlich wie in der Weltspitze der Feldherren keine Frauen zu finden sind.

Während wir also geradezu buddhistische Ideen der Allverbundenheit auf der technischen Ebene verwirklichen, bleibt für die menschliche Verbundenheit zu wenig (Lebens-)Raum. Wieder einmal verwirklichen wir ein altehrwürdiges Ziel auf einer viel zu materiellen Ebene und vertiefen damit die Kluft zwischen weiblichem und männlichem Pol.

Freier Markt

Schon 1927 erkannte Kurt Tucholsky: »Zwischenstaatlich organisiert sind in Europa nur das Verbrechen und der Kapitalismus.« Das ist leider immer noch eine stimmige Beschreibung der Situation, wenn auch inzwischen noch der Kommunikationsbereich und der Geldverkehr hinzugekommen sind.

Das Konzept des freien Marktes ist von dem Engländer Adam Smith im 18. Jahrhundert als Möglichkeit, allen Nationen und all ihren Bürgern im Rahmen des Liberalismus Glück zu bringen, ersonnen worden. Sozialisten und Kommunisten haben dem immer widersprochen; sie sind aber mit ihren Konzepten kläglich gescheitert. Mittlerweile setzen fast alle Regierungen der Welt auf den freien Markt, und die wenigen, die ihm noch widerstehen, geraten zunehmend unter Zugzwang. Es wird jedoch höchste Zeit, dass wir mit dem Mythos aufräumen, der freie Markt könne alle Probleme aus sich selbst heraus lösen. Im Augenblick sind wir Zeugen, wie dieser inzwischen gleichsam weltweit akzeptierte Mythos ständig neue und immer schwerer zu heilende Wunden schlägt.

Die amerikanische Politik konnte – vor allem seit der Hollywood-Mime Ronald Reagan die Zügel des Welttheaters in die Hand bekam – der freien Marktwirtschaft und ihrem Konkurrenzprinzip alle Türen und Tore dieser Welt öffnen. Der Zusammenbruch des Ostblocks, in Deutschland als Wende gefeiert, hatte die letzten Hemmnisse beseitigt. So bekamen die *Global Player*, die internationalen Spieler in Gestalt der transnationalen Konzerne, nie da gewesene Chancen.

Der Schriftsteller Charles Derber spricht in seinem gleichnamigen Buch von der *Corporation Nation* und meint damit sein eigenes Land. Die USA haben die ganze Welt zu einem Spielplatz für (hauptsächlich eigene) Konzerne gemacht und die Spielregeln ganz nach deren Geschmack gestaltet. Der freie Markt ist das Zauberwort, dem sich alle Nationen zu beugen haben. Das große und nicht mehr ferne Ziel ist die Welt als eine einzige Freihandelszone.

Auch die Konzerne anderer Nationen machten begeistert mit und wollten an dem großen Kuchen teilhaben, wobei es eigentlich kaum noch sinnvoll ist, einen transnationalen Konzern einem bestimmten Land zuzuordnen. ABB, der Anlagenbaugigant, hat zum Beispiel an die tausend Töchter in vierzig Ländern der Welt.

Wie bei einer Krebserkrankung spielt es nach einiger Zeit keine große Rolle mehr, wo sich die Muttergeschwulst befindet und von wo die Entwicklung ihren Ausgang nahm. Die Filiae, wie im Krebsfall die bösartigen Töchter heißen, sitzen bald überall im Körper (in der Welt), und jede kann von sich aus das weitere Geschehen bestimmen. Die Situation der Politiker, die die Konzerne kontrollieren sollen, gleicht in vielem der von Ärzten, die sich mit der Krebsbehandlung beschäftigen. Solange man nur eine einzige Filiale eines internationalen Konzerns oder eine Filia (Metastase) des Krebses nicht unter Kontrolle bringt, sitzt man am kürzeren Hebel, und das Wachstum wuchert unkontrolliert weiter.

Die Macht der transnationalen Konzerne mögen folgende Beispiele verdeutlichen. Anfang des dritten Jahrtausends teilen sich internationale Konzerne bereits zwei Drittel des Welthandels, das heißt, die Zeit nationaler Konzerne und Firmen ist vorbei. Schon heute ist der jährliche Verkaufserlös von General Motors höher als das Bruttosozialprodukt (BSP) von Israel, liegt der Erlös von Exxon (Esso) über dem BSP von Polen. Laut Charles Derber haben 161 Länder dieser Welt ein BSP, das unter dem jährlichen Erlös der US-Supermarktkette Wal-Mart liegt. Zweihundert Konzerne dominieren die amerikanische Wirtschaft und damit auch den Rest der Welt. So wie das 20. Jahrhundert als das der Nationalstaaten in die Geschichte eingehen wird, könnte das 21. zum Jahrhundert der transnationalen Konzerne werden.

Die deutschen Autoren Hans-Peter Martin und Harald Schumann haben mit ihrem Buch *Die Globalisierungsfalle* gezeigt, wie weit es diesbezüglich bereits gekommen ist und wie spät es im Europa der Konzerne und damit für unsere Welt geworden ist: fünf nach zwölf für die Menschen und *high noon* für die Konzerne.

Das sich entwickelnde System firmiert unter Bezeichnungen wie Neoliberalismus oder Turbokapitalismus. Der sozialdemokratische deutsche Exkanzler Helmut Schmidt sprach schon zu seiner Amtszeit vom amerikanischen Raubtierkapitalismus und meinte damit wohl eine Entwicklung, deren Opfer wir nun immer deutlicher werden.

Warnungen vor der Gefahr gab es früh, aber sie haben offenbar wenig Gehör gefunden – oder die Gegenseite war schlauer und stärker. Günther Schwab legte bereits vor Jahrzehnten seinem Mephisto in dem Buch *Der Tanz mit dem Teufel* die Worte in den Mund: »Ich bewirke, dass die in privaten Händen ruhende Macht der Wirtschaft mächtiger als der Staat, zum Beherrscher des Staates wird. Hier gibt es Zusammenhänge, die der Weltöffentlichkeit niemals enthüllt sein werden.«

Die Methoden des neuen Liberalismus werden von den Gesetzen des Geldes bestimmt und sind keiner staatlichen oder gar ethischen Kontrolle unterworfen. Geld will immer mehr Geld verdienen; alles andere, wie zum Beispiel Menschen(material), rangiert unter ferner liefen.

Charles Derber geht davon aus, dass es die Konzerne sind, die mit dieser Finanzmentalität nicht nur unser tägliches Leben, sondern auch unser generelles Sozialverhalten und Wertesystem bestimmen. Konzerne helfen, die wachsende Besessenheit der US-Bevölkerung von Geld und Erfolg hervorzurufen. Sie formen damit die Moral und die materielle Lebensbasis. Die Träume und Meinungen kommen von Medienkonzernen wie Time Warner und Disney; die Erziehung der Kinder übernehmen Lernprogramme von Microsoft und AT&T; die Nahrung liefert Philipp Morris, der größte Lebensmittelhändler der Welt; die Kredite kommen von Superbanken wie Chase Manhattan oder Citibank. Diese Liste kratze aber nur an der Oberfläche unserer Abhängigkeit von Konzernen.

Die Moral der Konzerne ist einzig durch Finanzfaktoren bestimmt, sie hat keinen Raum für Mitgefühl, Nachsicht oder Hilfsbereitschaft, den traditionellen Grundwerten menschlichen Zusammenlebens. Die neue Konzernordnung zielt einzig auf Dominanz im jeweiligen Marktsegment. Dazu ist materielle Größe notwendig, die durch das Schlucken von Konkurrenten erreicht wird, was über Rationalisierungsmaßnahmen zur Einsparung von Arbeitsplätzen führt. So wachsen die Konzerne und entlassen doch ständig Mitarbeiter. Die Loyalität zu den Angestellten nimmt ab; die Rücksichtnahme auf lokale Standorte, auf Kommunen und auf deren Umwelt wird immer geringer.

Über Erpressungsstrategien erzwingen Konzerne für sich

Ausnahmen im Umweltschutz und Sondervergünstigungen, weil sie widrigenfalls einfach Standorte ins Ausland verlagern oder Stellen streichen. Obwohl sie über diese Druckmittel eine Fülle von Subventionen und Vergünstigungen bekommen, nehmen sie im Ernstfall einer Krise doch keinerlei Rücksicht. So hat die deutsche Autoindustrie Anfang der 1990er Jahre über 300 000 Arbeitsplätze abgebaut, nach der eindeutigen Devise: Mehr Autos und weniger Arbeit. Während bei Ford 1995 noch 25 Stunden an einem Escort gearbeitet wurde, legte der Europachef die Messlatte für die Jahrtausendwende auf 17,5 Stunden.

Ein anderes Beispiel: In der Chemieindustrie fuhren die drei *Global Player* Bayer, BASF und Hoechst 1995 jeweils den höchsten Gewinn ihrer Konzerngeschichte ein und kündigten zugleich weiteren Personalabbau an, nachdem sie bereits in den Vorjahren insgesamt 150 000 Stellen wegrationalisiert hatten. Der Chef von Bayer meinte dazu, hohe Gewinne dürften nicht darüber hinwegtäuschen, dass der Konzern in Deutschland »unter Druck« stehe. Dabei werden bereits achtzig Prozent des Geschäftes im Ausland gemacht, und zwei Drittel der Belegschaft arbeiten nicht mehr in Deutschland.

All das wiederum hängt mit dem *Shareholder Value* zusammen, dem Wert für den Aktienhalter. Er wird immer mehr zum ausschlaggebenden Kriterium. Die Analyse jeder Konzernaktion unter diesem Gesichtspunkt führt dazu, dass die Firmen zwar längst global denken, aber jeden einzelnen nationalen Standort nach seiner Profitabilität bewerten. Was sich nicht rentiert, muss sofort geändert werden oder verschwinden: Einsparen oder Auslagern heißt dann jeweils die Alternative. Zeiten, in denen einzelne Konzernteile andere mittrugen, sind ebenso vorbei, wie auch der Gedanke aufgegeben wurde, dass ein Werk das andere miterhält.

Die Stichwörter dieser modernen Konzernphilosophie lauten bezogen auf die Mitarbeiter *Downsizing, Outsourcing* und permanente Verunsicherung bezüglich des Arbeitsplatzes. Hinter *Downsizing* verbirgt sich die Verkleinerung der Belegschaft bei gleichzeitiger Erhöhung der Produktivität. Was wie ein Widerspruch in sich wirkt, ist jedoch mittels stetig ausgeübtem Druck möglich, der bis zu Psychofoltermethoden eskalieren kann. *Outsourcing* bedeutet, alle weniger lukrativen Produktionsbereiche abzuschieben, was in der noch milden Variante zu Scheinselbstständigkeiten führt, wenn ein früherer Angestellter zum Alleinunternehmer »befördert« wird, um die Lohnnebenkosten (Sozialabgaben) einzusparen.

In der üblen Variante führt es zu Konsequenzen, wie Derber sie etwa bei der Sportartikelfirma Nike fand, die das Geschäft mit Sportschuhen beherrscht und fünf Milliarden Dollar Umsatz macht, dabei aber selbst keinen einzigen Schuh in den USA produziert. Die Nike-Manager taten es einfach getreu ihrem Slogan *»Just do it«* und schufen in ihrer Heimat einen virtuellen Konzern mit virtuellen Arbeitern, die ganze Produktion aber wurde *»outgesourct«*. Sie ließen in den 1990er Jahren ihre Artikel in Billiglohnländern wie Indonesien und Vietnam unter für die dortigen Menschen entsetzlichen Bedingungen von örtlichen Firmen herstellen, ohne dass Nike dabei selbst offiziell in Erscheinung treten musste. Mit Hilfe autoritärer und nicht selten sogar totalitärer Regime wurden die Billiglohnarbeiter oft noch weit unter dem Existenzminimum selbst dieser ärmsten Länder ausgebeutet. Nike ließ die 75 000 weiblichen Arbeitsklaven in Indonesien bei Hungerlöhnen zwischen ein und zwei Dollar am Tag auspressen. Wenn sie sich wehrten, wurden sie von einheimischen Aufsehern mit geradezu mittelalterlichen Schikanen gefügig gemacht. Alle 75 000 Indonesierinnen zusammengenommen bekamen im Jahr 1992 deutlich weniger Geld als Michael »Air« Jordan, der PR-Star der Firma. Bei solchen Methoden ist es nicht verwunderlich, wenn bei manchen Produkten um die siebzig Prozent der Kosten für Werbung ausgegeben werden.

Nike ist die Göttin des Sieges, und die Firma machte ihr alle Ehre, siegt sie doch in ihren Bilanzen über die Konkurrenz und ist weltweit die Nummer eins. Nebenbei siegte ihre Gier aber auch über alle Menschlichkeit und über all jene Werte, für die US-Amerikaner in zwei Weltkriege gezogen sind. Die amerikanische Öffentlichkeit war jedoch durch Berichte über die skandalösen Zustände in den ausländischen Fabrikationsstätten so schockiert, dass Nike 1998 öffentlich versprechen musste, eine neue Firmenpolitik einzuführen, auf die man in diesen Zeiten gespannt sein darf. Hier zeigt sich schon ein Ansatz für Veränderung: Fast alle transnationalen Konzerne wollen in der Ersten Welt verkaufen und haben größten Respekt vor der öffentlichen Meinung.

Der Organisationstheoretiker William Bridges sagt zu dieser Praktik, bezogen auf die Arbeitsplatzsituation in den ursprünglichen Heimatländern solcher Firmen: »Was verschwindet, ist nicht einfach eine bestimmte Zahl von Jobs oder Jobs in bestimmten Industrien oder Jobs in einigen Teilen des Landes oder sogar Jobs in den USA als Ganze. Was verschwindet, ist das Phänomen an sich: der Job … Jobs verschwinden wie eine Spezies, die ihre Zeit in der Evolution hinter sich hat.«[21]

Nike ist nur ein Beispiel von vielen. Auch andere Konzerne wenden ähnliche Methoden an und erzielen damit ähnlich »gute« Ergebnisse. Die Spielzeugfirma Mattel lässt beispielsweise von ausländischen Billigfirmen produzieren. VW plant in Brasilien die erste Autofabrik ohne VW-Angestellte. Die Firma soll nur von Zeitarbeitern betrieben werden. Statt solide Arbeitsplätze werden hier nur Gelegenheitsjobs geschaffen; der alte Tagelöhner ohne Rechte kehrt so durch die Hintertür der Geschichte zurück.

Ein Vorstandsmitglied der Deutschen Bank sieht auf seine Branche dieselbe Entwicklung zukommen, wie sie die Stahlindustrie in den 1990er Jahren durchgemacht hat, das heißt einen bisher nie da gewesenen Einbruch bei den Arbeitsplätzen. Wenn die Voraussage der Unternehmensberaterfirma Coopers & Lybrand über die Absichten der fünfzig größten Banken der Welt zutrifft, wird im kommenden Jahrzehnt die Hälfte aller festen Mitarbeiter überflüssig. Für Deutschland wäre das ein Verlust von einer halben Million Stellen.

Was VW in Brasilien plant, haben die Elektronikgiganten längst umgesetzt. IBM oder Hewlett Packard holen sich entweder preisgünstige Fachleute aus Indien oder lassen gleich dort arbeiten. Allerdings nur solange die Bedingungen für sie wirklich optimal sind, das heißt miserabel für die Angestellten. So wurde aus der Millionenstadt Bangalore im zentralen indischen Hochland, die sonst höchstens für ihre Palmblattbibliotheken bekannt war, *Electronic City*. Die indische Regierung errichtete hier für die Elektronikelite der Welt quasi zum Nulltarif ein Paradies auf Billiglohnniveau. Aus den USA kamen Microsoft und Texas Instruments, aus Japan kam Toshiba und aus Deutschland Siemens. Aber sie bleiben nur, wenn sie bei Laune gehalten werden. Inzwischen läuft das kleinere und klimatisch günstigere Poona, das man hierzulande vor allem durch den Ashram von Osho kennt, Bangalore den Rang ab.

Deutschland hat diese Entwicklung Anfang der 1990er Jahre weit über 10 000 hoch qualifizierte Stellen gekostet. Aber auch andere Branchen gehen diesen Weg des geringsten Lohnes. Die mächtigsten europäischen Fluglinien, darunter die Lufthansa, lassen ihre Buchführung neuerdings ebenfalls in Indien machen.

Von Seiten verschiedener Konzerne wird damit argumentiert, dass man gar nicht mehr anders könne, wenn man im weltweiten Rennen um die höchsten Dividenden mithalten wolle. Charles Derber sieht diese neue Konzernstrategie als das Kernstück unseres allgemeinen moralischen Niedergangs und als ursächlich für die Krise der Werte und den zunehmenden Verlust von Werten. Es ist leicht nachvollziehbar, dass die Mitarbeiter eines Konzerns, der die neue unmenschliche Politik verfolgt, in Gewissenskonflikte kommen, die sie auf Dauer korrumpieren müssen, vor allem weil sie selbst völlig abhängig sind. Er fordert dringend eine Alternative für die von den Konzernen ausgeheckte Kultur der Gier, des blanken Materialismus und des wahnwitzigen Konsums.

Der Yale-Professor Charles Reich sagt bezüglich unserer Abhängigkeit von Konzernen: »Die private wirtschaftliche Regierung der größten Konzerne ist heute ein bei weitem wichtigerer Faktor im Leben der Menschen als die öffentlichen Regierungen. Die Privatregierungen der Konzerne kontrollieren Menschen, indem sie ihre Möglichkeit, den Lebensunterhalt zu erzielen, kontrollieren.«[22]

Konzerne bestimmen ihre eigenen internen Regeln und werden so zu Nationen innerhalb der Nationen. Einen noch ganz anderen Beigeschmack bekommt das, wenn man weiß, dass von den 100 größten Ökonomien der Welt bereits 51 transnationale Konzerne und nur noch 49 Nationen sind. Die Nationalstaaten des 20. Jahrhunderts scheinen damit wirtschaftlich überwunden zu sein, ersetzt durch globale Konzerne, die nicht nur das Leben der einzelnen Mitarbeiter bestimmen, sondern bereits auch auf unsere Gesellschaft und ihre Gesetze intensiv Einfluss nehmen. Ob das für die Menschen ein Fortschritt ist, muss nach den ersten Erfahrungen ernsthaft bezweifelt werden. Das nicht gerade als linksliberales Arbeiterblatt bekannte *Wall Street Journal* konstatierte im März 1993: »Die Konkurrenz in einer brutalen globalen Wirtschaft schafft einen globalen Arbeitsmarkt. Kein Job ist mehr sicher.«

Die Großindustrie ist im Rahmen von Globalisierung und freiem Markt so flexibel geworden, wie es nur der Traum jedes bewusst suchenden spirituellen Menschen sein kann. Allerdings haben wir es hier schon wieder mit der fatalen Verwechslung der Ebenen zu tun: Was auf der Bewusstseinsebene ideal ist, kann auf der wirtschaftlichen zu großem Unheil führen. Die hoch beweglichen Konzerne zwingen die von ihnen abhängigen Menschen, ebenso flexibel zu werden, im Guten oder im Schlechten. Das heißt, wer sich heute nicht als ausgesprochen anpassungsfähig und schnell erweist, bekommt immer weniger Chancen, sein Auskommen zu finden.

Gleichzeitig gelingt es den Konzernen bisher in verblüffender Weise, von ihrer Verantwortung abzulenken und alle Schuld für die Misere auf die jeweiligen nationalen Politiker abzuschieben. Damit kommen sie vor allem deswegen durch, weil diese sich bisher zieren, ihre Ohnmacht einzugestehen. Als die deutschen Grünen ihren Atomausstieg schließlich durchgepaukt hatten, sah er eher nach einer dreißigjährigen Legitimation für die Atomwirtschaft aus. Viele Menschen waren enttäuscht – erstaunlicherweise über die Grünen. Dass sich die Energiekonzerne das Recht herausnehmen, ihr Atomkonzept gegen die Mehrheit der deutschen Wähler und deren Regierung durchzuziehen, scheint dagegen wenigen aufzufallen und nur ein paar Grüne wirklich zu stören. Politiker sind, wo sie nicht offen als Erfüllungsgehilfen der Konzerne agieren und so eigentlich Lobbyisten darstellen, zu Verwaltern eines eklatanten Mangels an Geld und Möglichkeiten geworden.

Konzernmanager haben engagiert an verschiedenen Mythen gebastelt, um die Bevölkerung auf ihre Seite zu ziehen und manchmal sogar gegen die Regierungen aufzubringen. Sie haben geschickt wissen lassen, dass sie nur durch Zusammenschlüsse auf einem Markt mit immer heftigerer internationaler Konkurrenz bestehen können und dass die Regierungen ihnen gefälligst helfen müssen, international konkurrenzfähig zu werden. Regierungen sollen das durch direkte Unterstützung in Form von Subventionen und Verzicht auf unerwünschte Gesetzesauflagen tun. Unterstützung durch die Bürger bedeutet für diese, sich mit Lohnverzicht und der Umwandlung von fester in Teilzeitarbeit und flexibleren Arbeitszeiten nach Konzernwünschen abzufinden, dem Ausgebootetwerden *(Outsourcing)* zuzustimmen und das Ganze noch als Übernahme von mehr Selbstverantwortung zu begrüßen.

Die Wahrheit bezüglich dieses Mythos ist, dass etwa achtzig Prozent der Fusionen scheitern und dass Wirtschaftswissenschaftler und auch Fachzeitschriften wie etwa die amerikanische *Fortune* immer wieder herausfinden, dass nur kleinere Unternehmen die notwendige Flexibilität haben, um sich den heute schnell wechselnden Bedingungen rechtzeitig anzupassen.

Der zweite vorsätzlich verbreitete falsche Mythos besagt, dass heutzutage die internationale Konkurrenz so hart geworden sei, dass man sich über die Gefahren der Monopolbildung gar nicht mehr sorgen müsse. Dieser Mythos ist angesichts der überall entstehenden Monopole oder Oligopole, wo wenige Konzerne einen ganzen Industriebereich beherrschen und durch Preisabsprachen auch tyrannisieren, leicht zu widerlegen. Die Ölkonzerne mögen da nur als ein Beispiel dienen. Tatsächlich hat der Marktanteil der *Global Player* in den letzten Jahren kontinuierlich zugenommen, sowohl bezogen auf die USA als auch weltweit. Anfang der 1990er Jahre kontrollierten laut Charles Derber fünf Firmen mehr als fünfzig Prozent des globalen Marktes im Luft- und Raumfahrtbereich, in der Stahl- und Autoindustrie, im Elektronikbereich und bei den Fluglinien.

Hinzu kommt noch, dass viele *Global Player* ihre Machtimperien nicht nur über nationale Grenzen hinweg ausdehnen, sondern auch branchenübergreifend aktiv werden. Augenfällig ist das Zusammenspiel von Disney und McDonald's, das nebenbei dazu führt, dass all die Kinder, die auf Micky Maus einsteigen, diese auch gleich mit der denkbar minderwertigsten Nahrung assoziieren. Wirtschaftlich noch beeindruckender sind US-Konzerne wie Westinghouse und General Electric (GE), die nicht nur zu den mächtigsten Technikkonzernen der Welt gehören, sondern auch über eigene Medienimperien mit marktbeherrschenden Fernsehsendern verfügen. GE ist darüber hinaus im Bankgeschäft engagiert, ebenso der Autokonzern General Motors sowie AT&T und Microsoft. Aber auch gegen diese Fakten hatte der lancierte Mythos von der Harmlosigkeit Erfolg; die Kartellbehörden jedenfalls haben ihn geschluckt und stimmen heute weltweit und fast ausnahmslos der Fusionsflut zu. *Die Zeit* spricht vom transatlantischen »Mega-Merger-Krieg«, und der kann unter den gegebenen Umständen und abgesichert durch die entsprechenden Mythen ungebrochen weitertoben.

Multinationale Ziele und Einheitsstreben

Die Durchsetzung des Konzepts vom grenzenlosen Markt, das den Konzernen ihre effizienten, aber oft inhumanen Strategien erst ermöglicht, geschieht unter den Fittichen der so genannten G7-Staaten. Zu ihnen gehören Deutschland, Frankreich, Großbritannien, Italien, Japan, Kanada und die USA. Diese Länder agieren allerdings nicht gleichberechtigt, sondern stehen unter der eindeutigen Dominanz der USA. Länder wie Großbritannien unter der eisernen Lady Thatcher wurden schon frühzeitig auf diese Linie gebracht, während andere wie Frankreich oder Deutschland mit ihrer Sozialstaattradition zögernder folgten. Die Zauberworte der Strategie heißen Liberalisierung (des Handels), Deregulierung und Privatisierung, wobei die letzten beiden Maßnahmen gleichermaßen auf die Beschneidung des staatlichen Einflusses hinauslaufen. Der starke Staat ist passé, und die Politiker reduzieren damit ihre eigenen Möglichkeiten weltweit.

Die Auswirkungen sind folglich auch weltweit dramatisch. Großbritannien steht bereits an der Weltspitze der Länder mit der größten Kluft zwischen Arm und Reich und befindet sich diesbezüglich längst auf dem Niveau eines typischen Drittweltlandes. Die USA als Motor der Entwicklung leisten sich ebenfalls eine immer breiter werdende Kluft zwischen Arm und Reich und nähern sich in dieser Hinsicht Ländern wie Brasilien, Guatemala und Großbritannien an, die an der Spitze jener Hitparade der Schande stehen. Inzwischen verfügen die ärmeren achtzig Prozent der US-Gesellschaft nur noch über sechs Prozent des finanziellen Reichtums. Bill Gates allein besitzt mehr materiellen Reichtum als hundert Millionen oder vierzig Prozent der ärmsten Amerikaner zusammengenommen. Die Folge für die USA ist ein vierzig Millionen starkes Heer von Armen – jedes vierte Kind gehört dazu – und ein noch viel größeres von entwurzelten und entrechteten Zeitarbeitern. Der größte Arbeitgeber in den Staaten ist die Zeitarbeitsfirma *Manpower*.

Die verarmten Bevölkerungsgruppen werden in den USA auch als *working poor* bezeichnet. Siebzig Prozent der amerikanischen Armen haben zwar einen Job, aber sie müssen zu Hungerlöhnen arbeiten, so dass sie in jedem Fall arm bleiben. Solche Zahlen verbergen das menschliche Elend also mehr, als dass sie es enthüllen. Wir sollten uns in einem Europa mit noch weitgehend funktionierenden sozialen Netzen deshalb gut überlegen, ob wir dem wirtschaftlichen Beispiel und den Vorgaben der USA weiterhin so blind und ergeben folgen wollen.

Vieles spricht bereits dafür, dass der deutsche Sozialstaat, der eine breite stabile Mittelschicht hervorgebracht hat, in dieser radikalen Zeitströmung zum Auslaufmodell wird, denn er ist im internationalen Vergleich nicht mehr konkurrenzfähig, da angeblich zu teuer. Die Zeichen weisen bereits seit einigen Jahren in diese Richtung. Dabei, so betonen Martin und Schumann in ihrem Buch *Die Globalisierungsfalle*, sinken die durchschnittlichen Nettoeinkommen der Westdeutschen seit Anfang der 1990er Jahre kontinuierlich. Die Mittel der Politik, die diesen Trend fördern, sind europaweit dieselben: Überall werden die Staatsausgaben gekürzt, die Sozialleistungen zusammengestrichen und die Realeinkommen der Mehrheit unter dem Strich gesenkt.

Das alles geschieht ausschließlich zum Wohl internationaler Konzerne und zur Förderung der Spielermentalität weniger Superreicher. Die englische Wirtschaftswissenschaftlerin Susan Strange prägte den Ausdruck Kasino-Kapitalismus, der für eine Wirtschaftsordnung steht, deren »Verantwortliche« im großen Stil wie Roulettespieler agieren. Im kleinen Stil sitzen Tausende von Handlangern vor Bildschirmen und tun nichts anderes, als Devisen-, Aktien- und Metallkurse zu beobachten und mit steuerfreien Transaktionen am Computer jonglierend Geldvermögen zu mehren, ohne je etwas Sinnvolles, Produktives oder gar Inspirierendes zu leisten. Es müssen traurige Momente sein, wenn sie ihren Kindern erklären sollen, was Papa tagsüber tut. Aber oft haben sie aus Effizienzgründen wohl auch schon die Kinder eingespart, die neben peinlichen Fragen noch Ansprüche stellen könnten. In solchen Händen liegt zunehmend das Schicksal jener Rentner und Pensionisten, die ihr Geld den Aktienfonds der Finanzkonzerne anvertrauen.

Einer der superreichen Geldjongleure, George Soros, der den New Yorker Quantum Investmentfonds managt, soll in einem lichten Moment nach einer Bankenkrise gesagt haben: »Wenn Leute wie ich das Währungsregime stürzen können, stimmt das System nicht.« Möglicherweise hatte er Angst vor den eigenen Möglichkeiten bekommen, jedenfalls stimmt seine Feststellung. Das System des freien, unbeschränkten Devisen- und bald wohl auch Warenverkehrs, ursprünglich als Allheilmittel für alle Wirtschaftsprobleme gepriesen, ist selbst zu dem Problem geworden, das es lösen wollte. Je eher wir uns dessen bewusst werden, desto besser. Im Augenblick sind wir weltweit dabei, eine Einheit auf wirtschaftlicher Ebene zu verwirklichen, die wenigen nutzt und viele ins Elend stürzt.

Dabei ist das Erreichen der Einheit natürlich das Ziel aller spirituellen Traditionen in allen Kulturen und Zeiten. Aber immer bezog es sich auf die Vorstellung, dass der Suchende auf der Bewusstseinebene mit der Welt eins wird.[23] Heute wird die Welt eins auf der Kommunikations- und Wirtschaftsebene. Die Überwindung aller Grenzen und Schranken des Bewusstseins ist das höchste Ziel der Religionen. Die Aufhebung aller wirtschaftlichen Schranken stürzt dagegen die Völker und Menschen in eine gnadenlose Konkurrenz.

Politisch hinkt die Einheitsentwicklung weit hinterher, von der des Bewusstseins ganz zu schweigen. Religion und Philosophie treten immer weiter in den Hintergrund und verlieren an Bedeutung – und mit ihnen die von ihnen geprägten Werte. Auch hier haben wir auf Ersatzebenen eine gefährliche Kompensation im Außen begonnen und bleiben kollektiv innere Entwicklungsaufgaben schuldig.

Befreiung auf der Bewusstseinsebene ist das große Ziel spiritueller Traditionen und Schulen. Grenzenloser und bedingungsloser Freihandel ist dagegen ein Irrweg, der nicht nur Leid für die breite Mehrheit bedeutet, sondern unsere Welt ökologisch in ein Verderben stürzt, das sich viel zu wenige auch nur annähernd vorstellen können. Während es sehr sinnvoll wäre, auf allen möglichen Ebenen des Bewusstseins Türen und Tore zu öffnen und Schranken und Beschränkungen zu beseitigen, nutzt das auf der wirtschaftlichen Ebene nur wenigen Konzernen und deren Lenkern. Aber selbst Letztere können nur auf der materiellen Ebene ihrer astronomischen Gehälter profitieren, auf der seelischen und geistigen nehmen auch sie notgedrungen Schaden.

Der grenzenlose, auf subventionierten Transportkosten aufbauende Freihandel findet immer weniger Hindernisse auf der Welt vor. Er führt, verbunden mit der Hightech-Kommunikation des weltumspannenden Netzes, das längst alle Grenzen überschritten hat, zu einem einzigen großen, eben globalen Markt. Doch kennt dieser nur ein Gesetz: Der Gewinner nimmt sich alles. Das macht konsequenterweise die große Mehrheit zu Verlierern.

Freier Wettbewerb und Gewinnmaximierung

Der Theologe Hans Küng fordert angesichts der Globalisierung und Ökonomisierung aller Lebensbereiche ein neues Weltethos. Der Schriftsteller Carl Amery mahnt in diesem Zusammenhang, »dem Berg der Lebensfeindlichkeit nicht noch weitere Breiten- und Höhenklafter hinzuzufügen«. Doch warum mussten wir uns diesem verschärften Konkurrenz- und Überlebenskampf unterwerfen? Wie kommt es, dass wir uns das Leben so schwer machen (lassen)? Eigentlich waren nach dem Zusammenbruch des Kommunismus und dem Ende des Kalten Krieges die Aussichten für die Welt nicht so schlecht, und die Wende hätte zur wirklichen Chance werden können.

Im Sport lässt sich wie auf einer Parallelebene die Entwicklung der letzten einhundert Jahren nachvollziehen. Als Coubertin die Olympischen Spiele 1894 wieder ins Leben rief, ging es den meisten vor allem darum teilzunehmen, nach dem Motto: Die Jugend der Welt trifft sich zu friedlichen Spielen, um ihre Kräfte in fairen Wettkämpfen zu messen. Teilnehmen war alles und die größte Ehre im Leben eines Sportlers, der Medaillengewinn war eher sekundär. Die Sportler waren Amateure, die Funktionäre Idealisten.

Ein Jahrhundert später sieht alles ganz anders aus. Die Nationen haben vor dem Hintergrund des Kalten Krieges die Regeln überarbeitet; aber vor allem hat die Macht des Geldes die olympische Idee korrumpiert. Der Amateurstatus wurde zwar als eine Art Fetisch noch längere Zeit künstlich am Leben gehalten, aber er musste dann sang- und klanglos dem Gesetz des Geldes weichen. Selbst als der Ost-West-Konflikt sich auflöste, half das dem Wesen der Spiele nicht mehr. Heute wird betrogen, bestochen und geschoben, das heißt, *gedopt, gesponsert* und ein *unfaires* Spiel getrieben. Gleichzeitig erleben wir einen Niedergang des Breitensports und eine rasant steigende Quote von Frühinvalidität. Bei Spitzensportlern kommt es dagegen zu einer sensationellen Leistungsexplosion. So entwickelt sich eine immer steilere Pyramide, in deren Spitze einige wenige Vorzeigeathleten herumturnen, während die breite Basis unter Bewegungsmangel und den daraus folgenden Krankheitsbildern leidet.

Nach diesem menschenfeindlichen Modell funktioniert längst auch die Wirtschaft. Nur der Gewinner zählt, und damit er überhaupt eine Chance hat, muss er Kräfte sammeln und seine Truppen ständig zu neuen größeren Verbänden formieren. Bezeichnenderweise neigen Topmanager immer mehr zur Sprache des Krieges, die sich im Hochleistungssport längst etabliert hat. Die einzige Frage ist: Wie sind wir aufgestellt (für die Schlacht)?

Es geht um Eroberungen, um freundliche oder feindliche Übernahmeschlachten. Der Chef der US-Firma Sun Microsystems meint dazu schonungslos: *»To have lunch or to be lunch«* (»Fressen oder gefressen werden«). In dieser Art von wirtschaftlichem Wachstum zeigt sich wiederum eine Karikatur des urmenschlichen Wunsches zu wachsen, der sich natürlich auf seelische und geistig-spirituelle Ebenen bezieht.

In seinem Buch *Das Ende der Arbeit* geht US-Autor Jeremy Rifkin davon aus, dass in Zukunft eine Spaltung der Gesellschaft nach dem 20:80-Prozent-Modell stattfinden wird (siehe auch Seite 387). Das bedeutet nichts anderes, als dass vier Fünftel der Menschen zu den endgültigen Verlierern gerechnet werden. Und Rifkin bezieht sich damit auf die Menschen der Industrienationen; die Menschen in der Dritten Welt werden sowieso fast nur Verlierer sein.

John Gage, führender Kopf der Computerfirma Sun Microsystems, antwortet auf die Frage nach der Zahl der Arbeitskräfte des Konzerns: »16 000. Sie sind bis auf eine kleine Minderheit Rationalisierungsreserve.«[24] Wirklich angewiesen wäre man höchstens auf acht Angestellte, von denen es ihm völlig gleich sei, wo auf der Welt sie säßen.

Das Ergebnis solcher Strategien des *Hire and fire* (»Anheuern und dann wieder feuern«) werden riesige Arbeitslosenheere auch in den Industriestaaten sein. Sie sind eine frei verfügbare Masse von Menschen, die – weitgehend entrechtet – jedwede Arbeit annehmen müssen und der Industrie als freie

(Rationalisierungs-)Reserve dienen. Mit ihrer Hilfe sind obendrein die noch fest angestellten Arbeiter leichter unter Druck zu setzen.

Die großen Konzerne haben als *Global Player* die Lektion des Internationalismus weit besser gelernt als die Arbeiterklasse, deren Stärke er ursprünglich war. So können sie ungeachtet der nationalen Grenzen Regierungen und Belegschaften gegeneinander ausspielen. Die Regierungen scheitern ebenso wie die Gewerkschaften an der Überwindung der sie in ihren Möglichkeiten und ihrem Handlungsspielraum beschränkenden nationalen Grenzen. Sie können weder das flüchtige Kapital, das schon als scheues Wild bezeichnet wird, über die Grenzen verfolgen, noch die Ströme kriminellen Geldes der Mafia aufspüren. So werden sie beide Ströme nicht in den Griff bekommen. Wie aber sollen nationale Regierungen internationale Konzerne kontrollieren, wie nationale Polizeiapparate mit internationalen Verbrechersyndikaten fertig werden? Die längst internationalisierten Kommunikations- und Verkehrswege stehen beiden Seiten offen, aber die Konzerne und in ihrem Schatten die Verbrechersyndikate nutzen sie weit geschickter.

Den Niedergang ihrer Macht gestehen Regierungen noch kaum ein, und die Konzernherren sind zu intelligent, ihr Werk öffentlich zu preisen. So werden die Steuerzahlungen zu einem ehrlichen Anzeigeinstrument für den Stand der Dinge. Konzerne, die noch vor zehn Jahren Millionensummen an Steuern abgeführt haben, bekommen inzwischen Millionen an Subventionen, um überhaupt noch im Land zu bleiben. Steuern zahlen Firmen wie Mercedes und BMW schon länger nicht mehr. Der Trick ist einfach: Gewinne machen Konzerne (auf dem willigen Papier) nur noch in Ländern, wo die Steuersituation für sie optimal ist; in anderen Ländern werden nur noch Kosten aufgerechnet. Die Subventionen zahlen die gefügig gemachten Regierungen, um die Arbeitsplätze ihrer Wähler zu erhalten. Für BMW sieht das laut *Frankfurter Rundschau* vom 27. März 1996 folgendermaßen aus: 1988 zahlte die Firma noch 545 Millionen Steuern, 1992 gerade noch 31 Millionen, 1993 dann nichts mehr, trotz steigender Gewinne. Im Gegenteil bekam man aufgrund von Verlusten im Inland sogar noch 32 Millionen vom Fiskus. Die deutschen Konzerne exportieren weit weniger Arbeitsplätze als Gewinne. BMW sparte so in der kurzen Zeit insgesamt etwa eine Milliarde am Staat vorbei.

Besonders interessant ist, dass die »Bayern« laut eigenen Angaben zeitweise fast ein Drittel ihrer Gewinne in ihrer belgischen Niederlassung erwirtschaftet haben, wo noch nie ein einziges Auto von ihnen gebaut wurde. Das liegt an steuerlichen Vergünstigungen, die Belgien bietet. Und leider sind die bayerischen Motorenbauer diesbezüglich kein Einzelfall. Mercedes, Siemens, die Banken und viele andere mehr machen es ganz ähnlich und wären »dumm«, wenn sie es nicht täten. Die Mercedes-Manager schossen den Vogel ab, als sie im Jahr 1993 allein ein Viertel der gesamten Wissenschaftsförderung Deutschlands einstrichen, 500 Millionen DM, und das in einem Jahr, in dem der Konzern keine müde Mark an Steuern in Deutschland ablieferte. Mit seinen Forschungsergebnissen konnte der Konzern aber selbstverständlich überall auf der Welt tun, was er wollte.

Allein in Deutschland machen die Subventionen oder Geschenke an die Reichen inzwischen über 100 Milliarden DM aus. Der Staat wird so allmählich zum Wirt für sich krebsartig gebärdende Unternehmen. Während 1996 die Einnahmen privater und öffentlicher Haushalte um 14,6 Milliarden gekürzt wurden, entlastete man nach Angaben des deutschen Wirtschaftsforschungsinstitutes Unternehmen und Selbstständige im gleichen Zeitraum um eine ähnliche Summe.

Die Folgen dieser Politik sind bereits deutlich zu spüren. Die *Frankfurter Rundschau* berichtet am 29. Juni 1996, dass ungeachtet der 440 Bankniederlassungen und eines zwanzigprozentigen Wirtschaftswachstums die Einnahmen der Stadt aus der Gewerbesteuer in den letzten zehn Jahren gesunken seien, während die Kosten für Sozialausgaben sich verdreifacht hätten. Als Folge mussten dreißig Nachbarschaftszentren, was genau zwei Drittel all dieser Einrichtungen entsprach, geschlossen werden; sechs Schwimmbäder standen zum Verkauf oder zur Schließung an; für Stadtteil- oder Ausländerzentren ging das Geld aus; Musikschulen wurden verkleinert; Theaterspielpläne zusammengestrichen.

All das ist eine Folge des Wettbewerbs der einzelnen Länder um die Gunst der Konzerne, was zu immer groteskeren Vergünstigungen für die Superreichen führt. Auf der anderen Seite spiegelt es auch die eklatante Unfähigkeit oder den Unwillen der Politik, sich auf gemeinsame Strategien zu einigen und in konzertierten Aktionen zusammenzuarbeiten. Wenn man wirklich gemeinsam wollte, ließen sich natürlich Gegenmaßnahmen entwickeln. So aber geht Stück für Stück auch noch die Steuerhoheit verloren. In einer Art internationaler Versteigerung werden die Steuervorteile für Großkonzerne von den geplagten Nationen verhökert nach dem Motto: Jeder ist sich selbst der Nächste, und nach uns die Sintflut.

Damit überhaupt etwas im Osten Deutschlands weiterging, kam es in Sachsen zu einem Lehrstück in der Kunst, Industrieinvestitionen zu ködern und den Staat zum Wirtschaftsclown zu machen. Die *Frankfurter Rundschau* enthüllte am 15. Dezember 1996, dass die US-Chipfirma AMD nicht einmal ein Fünftel der Kosten für ihr neues Dresdner Werk selbst tragen musste. Fast das ganze Marktrisiko wurde zudem vom Staat abgedeckt, der über diese gewaltigen Investitionen nicht einmal Stimmrechte herausholte, was ja der radikalen Deregulierung entgegenstünde.

Noch geschickter machte es der US-Konzern Dow Chemical, als er 1995 über eine Tochter das Buna-Kombinat übernahm. Von einer vorgesehenen Investitionssumme von 4 Milliarden DM musste der Konzern nur 200 Millionen selbst tragen. Obendrein sicherte die Nachfolgegesellschaft der Treuhand zu, für alle Verluste bis zu 2,7 Milliarden geradezustehen. Steuerfrei bleibt die neue Firma obendrein auf lange Sicht, weil sie buchhalterisch mit einem Verlust von 3,2 Milliarden anfangen durfte. In den nächsten dreißig Jahren darf Dow zudem alle Altlasten aus DDR-Zeiten auf Staatskosten sanieren lassen und bekommt als kleines Geschenk noch eine Pipeline zum Rostocker Hafen. Als Gegenleistung mussten lediglich 1800 Arbeitsplätze bis 1999 zugesichert werden. Danach kann die Firma machen, was sie will: *Downsizing, Outsourcing, Reengineering.*[25]

Unter dem Strich betrachtet, hat damit Deutschland jeden der nur kurzfristig garantierten Arbeitsplätze mit etwa 5 Millionen DM subventioniert und insgesamt 10 Milliarden DM zum Fenster hinausgeworfen. Auch noch relativ starke Regierungen wie die der USA müssen in diesen sauren Apfel des

Kampfes um jeden Arbeitsplatz beißen. So ließ sich Mercedes 1993 für sein Werk in Alabama fast die Hälfte der Kosten zuschießen.

Nationale Steuerprüfer wissen, wie machtlos sie gegen die Taktiken der Großen sind und dass sie folglich von den Kleinen (Firmen) verstärkt hereinholen müssen, was sie sonst nicht mehr bekommen. Das dürfte sich wiederum auf ihr seelisches Befinden und ihre Arbeitsmoral negativ auswirken, denn sie gehören in diesem Spiel selbst zu den kleinen Fischen. Die Hoffnung, dass Konzerne ihre Mildtätigkeit entdecken, ist gelinde gesagt naiv und entspricht etwa dem Wunschdenken des ehemaligen deutschen Finanzministers Waigel, der allen Ernstes meinte, er bekäme seinen Solidaritätszuschlag auch auf freiwilliger Basis weitergezahlt.

Allerdings gibt es in den USA die Tradition der Steinreichen, einen Teil ihres Vermögens für kulturelle und soziale Projekte zu spenden. Wie seinerzeit die Rockefellers hat auch Bill Gates heute seine Stiftung gegründet. In Europa ist diese Tendenz vergleichsweise unbedeutend.

Die Beschreibung der Konzernstrategien, die vorwurfsvoll klingen mag, ist mehr eine nüchterne Bilanz. Selbstverständlich nutzen Konzerne alle Möglichkeiten, um ihre Gewinne legal zu maximieren. Es wäre von der Logik unseres Wirtschaftssystems her betrachtet geradezu dumm, wenn sie aus moralischen Gründen solche Möglichkeiten ignorieren würden. Das könnten sich die Firmen gegenüber ihren internationalen Konkurrenten tatsächlich wohl kaum leisten. Aber wenn alle durch entsprechende Gesetze in andere Bahnen gelenkt würden, wäre es für die Betroffenen besser, also auch für die Mitarbeiter und sogar die Aktionäre der Firmen. Schließlich sind auch Aktionäre Menschen, die dieselbe Luft atmen müssen wie alle anderen.

Die momentane Entwicklung zu extremer Machtkonzentration ist durchaus nicht naturgegeben, sondern durch politische Maßnahmen bewusst gefördert. Unter Führung der USA haben die Politiker der Industrienationen genau jene Situation vorsätzlich geschaffen, mit der sie jetzt nicht fertig werden und die uns allen und unserer Welt Probleme bereitet. Die ständige Ausdehnung des Welthandelsabkommens GATT, die Einführung des europäischen Binnenmarktes, die Freigabe eines unbeschränkten Devisenhandels sind Schritte, die das Ungleichgewicht zwischen Politik und Wirtschaft verstärkten. Im Rahmen des Siegeszuges des Neoliberalismus ist das über das Zaubermittel der Deregulierung auch offensichtlich vorsätzlich angestrebt. Das Ergebnis ist dann eben eine Wirtschaftswelt ohne Regulierungen und Regeln, mit Ausnahme jener brachialen des Sozialdarwinismus. *The winner takes it all* – das gilt sowohl im Löwenrudel als auch in der Weltwirtschaft.

Demokratie und die Politik des Geldes

Weltweit werden wir Zeuge eines beeindruckenden Freiheitskampfes des Kapitals, das einen Sieg nach dem anderen erringt und eine Art Diktatur des Marktes errichtet, die schon weit fortgeschritten ist. Auf der Strecke bleibt die Souveränität der Nationalstaaten und ihrer Bürger. Charles Derber formuliert es in seinem Buch *Corporation Nation* folgendermaßen: »Das Wesen des Konzernaufstiegs ist der stille Wechsel der Souveränität, der unsere Demokratie bis in die Wurzeln erschüttert.«

Es fehlt nicht an Warnungen, dass die Politiker immer mehr zu Erfüllungsgehilfen des Kapitals werden. Zum Beispiel schreiben Martin und Schumann in *Die Globalisierungsfalle*: »... wenn aber Regierungen in allen existenziellen Zukunftsfragen nur noch auf die übermächtigen Sachzwänge der transnationalen Ökonomie verweisen, gerinnt Politik zu einem Schauspiel der Ohnmacht, und der demokratische Staat verliert seine Legitimation. Die Globalisierung gerät zur Falle für die Demokratie.«

Selbst innerhalb des Systems müsste auffallen, dass etwas schon länger nicht mehr stimmt. Der internationale Handel wächst seit über vier Jahrzehnten deutlich schneller als die Produktion. Das aber heißt nichts anderes, als dass die Dinge – genau wie im Nebeneffekt die Menschen – immer häufiger und schneller hin- und hergeschoben werden. Der ganze Globus wird zum Spielball in den Händen weniger *Schieber*. Die Menschen werden dabei zu Figuren, die sich entweder freiwillig bewegen lassen oder im großen Stil herumgeschoben werden. Die Ärmsten gehorchen erst sehr spät der größten Not, und um dem größten Elend zu entkommen, lösen sie Völkerwanderungen aus, die ihre historischen Vorläufer weit in den Schatten stellen werden.

Im Endeffekt wird diese Politik auch in unseren Breiten superreiche Nationen ohne nennenswerten Mittelstand hervorbringen. Die Frage lautet nur, woran diese Nationen reich sind und wer in ihnen reich ist. Wenn die Mittelschicht sich kontinuierlich auflöst, wird die Pyramide immer schlanker und steiler bei einer immer breiteren Basis von besitzlosen Ohnmächtigen.

Schon jetzt haben immer mehr Menschen ein Gefühl von

Ohnmacht angesichts der Entwicklung ihres Lebens und ihres Landes. Daran kann die ständig beschworene Demokratie wenig ändern. Ehrlicher ist da die Politikverdrossenheit der Bürger, die sich im Wahlverhalten niederschlägt: Es ist (offiziell) Demokratie, und (fast) niemand geht mehr hin.

In ihren Anfängen, der antiken griechischen Polis, war die Demokratie eigentlich eine Angelegenheit weniger, die die Mehrheit ausschlossen und zu Zuschauern machten. Den wenigen damals wahlberechtigten freien Bürgern stand ein zahlenmäßig übermächtiges, aber weitgehend rechtloses Heer von Sklaven gegenüber. Heute haben wir diese Form der Sklaverei zwar überwunden, aber Zweifel am Funktionieren der Demokratie sind durchaus wieder angebracht. Die heutige Demokratie entwickelt sich immer mehr zu einer Art Mediendemokratie, in der die telegene Wirkung eines Politikers weit wichtiger ist als seine Sachkompetenz.

In den USA, die sich selbst so gern als Heimat und Hüter der modernen Demokratie sehen, entscheidet schon längst das Geld über den Wahlsieg. Geld kommt aber wesentlich als so genannte Parteispende von der Industrie, also von den Konzernen. So ist es wenig erstaunlich, dass die gewählten Kandidaten anschließend die Politik machen, die ihren Geldgebern nutzt. Die Gewerkschaften gehen übrigens ganz ähnlich vor und sponsern ebenfalls die ihnen genehmen Kandidaten, nur verlieren sie zunehmend an Einfluss und damit auch an Geld und Möglichkeiten, Spenden zu verteilen. Außerdem verfolgen die Gewerkschaften in den USA und auch sonst fast überall auf der Welt die altmodische und unsichere Strategie, nur jeweils eine Partei – in den USA die Demokraten, in der Bundesrepublik die Sozialdemokraten – zu unterstützen. Die

Konzerne wollen dagegen sichergehen, dass zum Schluss ihre Politik herauskommt, und unterstützen deshalb beide großen politischen Lager. Sie können also nur gewinnen – und sie tun es in eindrucksvoller Weise.

1996 spendeten die Konzerne im US-Wahlkampf für die Republikaner und die Demokraten fast zwei Milliarden Dollar. Im Jahr 2000 soll es sogar noch viel mehr Geld gewesen sein, wieder ein neuer zweifelhafter (Welt-)Rekord. Insofern dürfte der relativ geld- und deshalb völlig chancenlose grüne Kandidat Ralph Nader bei der letzten US-Wahl im Jahr 2000 durchaus Recht gehabt haben mit seiner Antwort auf die Frage, ob er nicht den Demokraten entscheidende Stimmen wegnehme: Es sei ganz gleich, wer von den beiden Kandidaten der großen Parteien gewinne, es könne dabei immer nur ein und dieselbe Politik herauskommen. Mit etwas Abstand könnte man so etwas als Posse bezeichnen.

Charles Derber beklagt, dass das Zusammenspiel zwischen Konzernmacht und Politik in den USA gänzlich undiskutiert bleibe. Wohl deshalb wird das öffentliche Theater in letzter Zeit nicht einmal mehr besonders getarnt. Der neue US-Präsident ist – für jeden durchschaubar – nicht demokratisch legitimiert. Sein Gegner hat klar die absolute Mehrheit der Stimmen auf sich vereint. Durch ein undemokratisches, aber in den USA aufgrund bestimmter Traditionen bis heute geltendes Wahlrecht kam er dennoch an die Macht. Zuvor hatten nach parteipolitischer Räson ernannte Verfassungsrichter verhindert, dass die Stimmen korrekt ausgezählt wurden. Peinlich, dass das ausgerechnet im Bundesstaat Florida geschah, den die Demoskopen, die sich schon seit Jahren in ihren Wahlvorhersagen kaum mehr täuschen, vorher einstimmig dem Gegner zugesprochen hatten. Peinlich auch, dass in Florida der Bruder des schließlich siegreichen Kandidaten Gouverneur ist.

Den Konzernen konnte es egal sein, denn in jedem Fall würde ihr Kandidat gewinnen. Und selbst die betrogenen und sich auch betrogen fühlenden schwarzen Amerikaner protestierten kaum. Vielleicht ahnten sie, dass es letztlich doch gleich-gültig ist, welcher Lobbyist sie angeblich vertritt. Möglicherweise ist das auch einer der Hintergründe für die sinkende Wahlbeteiligung. Warum sollte man eine derartige Farce durch Mitspielen legitimieren? Vielleicht geht auch die Politikverdrossenheit in Europa, und besonders in Deutschland, in diese Richtung. Wohl durchschauen nicht so viele Menschen das Spiel bis in die Tiefe, aber viele spüren wahrscheinlich, dass sie bei der Wahl kaum mehr eine Wahl haben.

Wenn die Demokratie in den USA als der unbestrittenen Führungsmacht dieser Welt in dem beschriebenen desolaten Zustand ist, mag das schon Symbol genug sein. Darüber hinaus könnte einem angst werden, wenn man sieht, wie sich auch die Medienmacht in der Hand weniger Konzerne konzentriert. Es sind diese wenigen Konzerne, die die Mehrheiten beschaffen. Diese Entwicklung ist in den deutschsprachigen Ländern durch ihre öffentlich-rechtlichen Medien noch abgemildert, wenn auch schon deutlich zu spüren. Ted Turner, der Gründer von CNN, sagte dazu: »Die Medienkonzentration ist beängstigend. Mehr und mehr Medien gelangen in den Besitz von Disney, General Electric ..., Westinghouse ... Zwei unserer größten Fernsehsender sind in der Hand von Leuten, die ungeheure Investitionen im Bereich von Atomkraft und Atomwaffen unternehmen – sowohl General Electric als auch Westinghouse. Wie ausgewogen wird wohl in ihren Nachrichtensendungen die Berichterstattung über Atomkraft-Themen sein?«[26] Turner muss es als Insider wissen, denn immerhin ist sein eigener Konzern Time Warner der zweitgrößte Buchverlag der Welt, der größte Musikproduzent der Welt und der Besitzer der wichtigsten US-Magazine wie *Time, Fortune, Life, People*.

Was die Welt insgesamt angeht, wird noch nicht einmal mehr ein demokratischer Schein aufrechterhalten. Die Welthandelsorganisation WTO ist gar nicht demokratisch gewählt. Ihre Mitglieder werden von den einzelnen Regierungen bestimmt, das heißt, durch ein eigenartiges System des Schacherns ernannt. Ganz ähnlich geschieht es mit dem Internationalen Währungsfonds (IWF), der Weltbank oder der EU-Kommission. Zwar lässt man in Europa bei so genannten Europawahlen die jeweiligen Bevölkerungen abstimmen und ein Parlament bestimmen, das dann auch in Straßburg tagt, aber bekanntlich werden die Weichen in Brüssel gestellt – eben von der EU-Kommission, die frei von jeder demokratischen Legitimation wirken darf.

Als die Korruption unter der letzten EU-Kommission unübersehbar wurde und riesige Summen in undurchsichtigen Kanälen versickert waren, kam die Kommission ins Gerede. Die Hauptpersonen wurden ausgetauscht, und anschließend konnte die demokratisch nicht legitimierte Politik weitergehen. Selbst wenn durchaus ehrbare Politiker wie Romano Prodi für solche Kommissionen tätig sind, kann das das Unbehagen nur mildern, an dem grundsätzlichen Legitimationsmangel ändert es aber nichts.

Ihrem Wesen nach undemokratische Organisationen bestimmen also inzwischen in steigendem Maß unser Leben und das der Welt – mehr, als wir es uns klarmachen. Innerhalb des Gültigkeitsbereichs des amerikanischen Freihandelsabkommens NAFTA können Konzerne die Nationalstaaten verklagen, wenn diese eine Politik machen, die den Freihandel behindert und sie benachteiligt. So verklagte eine US-Firma die kanadische Regierung auf 250 Millionen Dollar, weil diese ein Umweltschutzgesetz beschlossen hatte, das US-Profite schmälerte. Die WTO gab einer Klage gegen ein US-Gesetz zum Schutz der Meeresschildkröten statt, weil es den Krabbenfang einschränkte und damit bestimmte Interessengruppen behinderte. Selbstverständlich haben Umweltschützer in den fast durchweg undemokratisch agierenden Gremien von WTO oder NAFTA keine Stimme und schon gar keine Macht.

Über die Machtverteilung der internationalen Organisationen untereinander kann wenig Zweifel bestehen. Als die EU sich mühsam durchgerungen hatte, ihre Grenzen vor dem hormonbelasteten Rindfleisch des US-Marktes zu schließen, untersagte die WTO dieses Vorgehen schlicht und einfach.

Der vielleicht gravierendste Punkt in dieser Anklageliste bezieht sich auf die Entwicklung einer Art Neokolonialismus, da der IWF inzwischen direkt auf die Regierungsgeschäfte vieler Drittweltländer Einfluss nimmt. »Wer zahlt, schafft an«, nennt sich dieses banale Prinzip in Bayern.

Als der IWF kürzlich Mexiko mit einem Milliardenkredit vor dem Zusammenbruch rettete, sprach der damalige Direktor relativ offen über die Aktion und gab zu, dass sie natürlich den internationalen Spekulanten genutzt habe. Vor allem deren Spieleinsatz hatte man mit Geld gerettet, das dem IWF von allen Nationen anvertraut worden war, um das Weltwährungssystem insgesamt vor Schaden zu bewahren. Resignierend fügte er noch hinzu, dass die Welt in den Händen »dieser Burschen« liege – und meinte damit Spekulanten und internationale Geldhändler. Der französische Regierungschef Jacques Chirac nannte sie kurzerhand das »Aids der Weltwirtschaft«.

Hier erscheinen nun sogar sowohl der IWF mit seinem Direktor als auch die Regierungschefs als arme Opfer des internationalen Finanzmarktes, der weder von den nationalen Notenbanken noch von den Regierungen, nicht einmal von der amerikanischen, zu kontrollieren ist. Dem weltweiten Finanzmarkt aber einfach den Stellenwert von höherer Gewalt zuzubilligen ist sicher keine Lösung des Problems. Er ist nicht aus heiterem Himmel entstanden, sondern von Politikern vorsätzlich und nach sorgfältigem Diktat der Wirtschaft geschaffen worden.

Der seit 1988 entstandene europäische Binnenmarkt ist laut EG-Kommissar Peter Schmidhuber das Ergebnis des größten Deregulierungsprogramms der Wirtschaftsgeschichte. Der unverbrüchliche Glaube an die Kräfte des freien Marktes hat die europäischen Spitzenpolitiker bewegt, alle Hindernisse und eben Regulierungen und Regeln abzuschaffen. Das Ergebnis ist folgerichtig das größte Chaos, da die Gesetze des Geldes jetzt Macht über alles und jeden bekommen. Das renommierte Finanzblatt *The Economist* schrieb am 29. April 1995: »Wenn genug Leute mit genug Geld meinen, dass die Währungsunion (der EU) scheitert, wird sich diese Meinung fast sicher als richtig erweisen. Ihre Prognose wird sich allein durch ihr Tun von selbst erfüllen.«

Nirgendwo sind die Auswirkungen der sich selbst erfüllenden Prophezeiungen wohl so gefährlich wie im weltweiten Finanztheater. Immerhin wurde es da und dort auch schon erkannt, etwa von Oskar Lafontaine, dem kurzzeitig starken Mann der ersten deutschen rot-grünen Regierung. Er war allerdings schneller, als er gekommen war, wieder von der Bühne verschwunden, was möglicherweise auch mit seinen andersartigen Vorstellungen von Finanzpolitik zu tun hatte.

Ein anderer Kritiker aus dem System ist der New Yorker Bankier Felix Rohatyn. Er erkennt durchaus das »tödliche Potenzial, das sich in der Kombination aus neuen Finanzinstrumenten und hoch technisierten Handelstechniken verbirgt, die zur Auslösung einer zerstörerischen Kettenreaktion beitragen können. Die Weltfinanzmärkte sind heute eine größere Gefahr für die Stabilität als die Atomwaffen.«[27]

Das Groteske ist, dass die Finanzjongleure bei ihren zum Teil unverantwortlichen Aktionen zur Gewinnmaximierung nicht einmal die Konsequenzen tragen müssen. Wenn etwas grob danebengeht, muss die Staatengemeinschaft wie im Fall Mexiko einspringen und den Schaden auf ihre Kosten beheben. Allerdings ist die Frage ungeklärt, wie lange die Gemeinschaft solche Katastrophen noch sanieren kann. Ihr geht im Gegensatz zu den Spekulanten längst das Geld aus.

Selbst wenn die Politiker sich wirklich bemühen sollten, wird es oft vergeblich sein. Für einen IWF-Direktor oder Regierungschef macht es nur wenig Sinn, jenen »Burschen« von den Finanzmärkten, die sie selbst oder ihre Vorgänger gefördert, gehätschelt und ermächtigt haben, die Schuld zu geben. Die Zentralen des Finanzkarussells haben sich ihrer Einflusssphäre längst entzogen; sie sitzen in Steuerparadiesen wie etwa den Cayman-Inseln. Der Versuch, diese Steueroasen und Umschlagplätze des Geldes zu kontrollieren, dürfte bereits zu spät kommen, denn wer könnte die internationalen Banken hindern, ihre Computer auf Schiffen zu installieren, um ihren internationalen Geschäften in internationalen Gewässern nachzugehen?

Es gibt aber noch kaum Gegenwehr von den entmachteten Politikern, denn auch direkt unter ihren Augen spielt sich in der Bankendrehscheibe Luxemburg Eigenartiges ab, von Finanzplätzen wie Liechtenstein und der Schweiz ganz zu schweigen. Nationale Politiker laufen dem internationalen Geld ähnlich hilflos hinterher wie nationale Polizisten den internationalen Verbrechern. Bisher versuchen nationale Kleingeister unter den Politikern, den Steueroasen Steuerwüsten in den eigenen Ländern entgegenzusetzen, und bringen damit selbst gutwillige Bürger gegen sich auf und auf Auswanderungsideen. Das Ergebnis ist, dass nur noch ein paar brave Trottel die exorbitant hohen Steuern zu Hause begleichen. Alle anderen suchen sich andere ganz legale (Aus-)Wege.

Sachzwänge

Diese Finanzjongleure und Fondsmanager, über die sich Politiker so ereifern können, sind jene, die sich selbst auch wieder auf eine Reihe von Sachzwängen und auf die Interessen ihrer Anleger berufen, womit sich der Teufelskreis schließt. Leute ihres Schlages haben die Umsätze auf den Finanzmärkten innerhalb der letzten zehn Jahre mehr als verzehnfacht. Sie bewegen heute laut Angaben der Bank für internationalen Zahlungsausgleich täglich und in Lichtgeschwindigkeit eine Summe von 1,5 Billionen DM, was der gesamten Jahresleistung der deutschen Wirtschaft entspricht. Hinzu kommen in ähnlicher Größenordnung Umsätze am Aktienmarkt und mit verschiedensten anderen Anleihen und Titeln wie so genannten Derivaten und staatlichen Schuldtiteln. In der ersten Hälfte der 1990er Jahre verdoppelte sich der Wert der gehandelten Kontrakte im Zweijahresrhythmus, um Mitte der 1990er Jahre die Summe von 41 000 000 000 000 Dollar zu erreichen.[28] Bedenkt man, dass das tägliche Umsatzvolumen des weltweiten Finanzmarktes fast doppelt so hoch ist wie alle Devisenreserven aller Notenbanken insgesamt, bekommt man ein Gefühl für die Ohnmacht der Finanzpolitiker.

US-Fondsmanager verwalten allein 8 000 000 000 000 US-Dollar aus Spargeld und Rentenrückstellungen, also das Geld auch der kleinen Leute. Im Angelsächsischen heißt »an die Börse gehen« aus Firmensicht *going public*. Tatsächlich verteilen Aktiengesellschaften ihren Reichtum theoretisch weit in die Öffentlichkeit. Die Börsen erscheinen bei genauerer Betrachtung allerdings eher wie ein weltumspannendes Spinnennetz im gesellschaftlichen Hintergrund, in dem eine gefangene Menschheit zunehmend hilflos zappelt.

Über den Weg in die Öffentlichkeit, bei der sich die Aktiengesellschaften ihr Geld holen, werden die Bürger und besonders die Angehörigen der gut verdienenden Mittelschicht zu Tätern und Opfern gleichermaßen. Auf der einen Seite gewinnen sie im Idealfall, wenn ihre Anteile steigen. Auf der anderen verlieren sie immer, denn sie müssen in jener Gesellschaft leben, die die Verwalter ihres Geldes auf dem Gewissen haben.

Im krassen Fall könnte ihr angelegtes Geld einem Fondsmanager die Macht geben, in der Firma, in der sie arbeiten, ein neues Management durchzusetzen, das radikal einspart und genau den Arbeitsplatz wegrationalisiert, auf dem sie das Geld verdient haben, mit dem sie das eigene Unheil nun mitfinanzieren.

Privat sind dabei sicher auch Finanzjongleure und Fondsmanager gestresste Familienväter, die darunter leiden, keine Zeit für ihre Familie und letztlich fürs Leben zu haben.

In der Vorstellung der Bevölkerung geht es »denen da oben« gut, und sie scheinen für die Rolle des Sündenbocks prädestiniert zu sein, denn irgendwer muss ja an der unbestreitbaren Misere schuld sein. Aus der Perspektive einer ärztlichen Praxis präsentiert sich das Ganze aber deutlich vielschichtiger. Gerade wegen der enormen Macht, die in ihren Händen konzentriert ist, sind Topmanager alles andere als gesund. Sie können nur zu leicht zu Getriebenen des Systems werden, vor dessen Karren sie sich haben spannen lassen.

Natürlich leiden die Menschen auf den unteren Ebenen der Pyramide, wenn sie ständig unter Druck gesetzt werden. Und natürlich glauben sie zum Beispiel bei einer Entlassung, dass der Abteilungsleiter, der die Kündigung angeordnet hat, für ihr Elend verantwortlich ist. Schließlich hätte er auch jemand anders ausmustern können. Aus der Perspektive des Abteilungsleiters, der ebenfalls mit seinen Problemen in der Praxis erscheint, hatte er aber nur die Wahl zwischen zwei Übeln. Meist hat er es sich nicht leicht gemacht, sondern vor der Entscheidung sogar schlaflose Nächte verbracht. Er kann den entlassenen Familienvätern nicht mehr in die Augen schauen und weiß in seiner Seele, dass er auf dem falschen, weil unmenschlichen Weg ist. Aber in seiner Situation hat er scheinbar keine Wahl. Möglicherweise sieht er das Problem bei den so genannten Controllern, die heute viele Firmen zu wenig gemütlichen Orten machen, oder bei den Einsparern von Beraterfirmen wie McKinsey, die kaum noch einen Großbetrieb ungeschoren lassen und in der Regel um der Produktivität willen einen hohen Kopfzoll an Mitarbeitern fordern.

Wahrscheinlich geht es diesen beiden Gruppen der Controller und Unternehmensberater im Grunde ihrer Seele ebenfalls nicht gut, da sie fortwährend die Ursache für menschliches Leid sind. Doch auch sie können das Gefühl ihrer Verantwortlichkeit dämpfen und sich auf Sachzwänge berufen, denn wenn nicht sie selbst diesen Job erledigen, werden es sicher andere tun. Ein so effizientes Wirtschaftssystem, das über so viel Geld verfügt, findet immer willige Erfüllungsgehilfen, selbst für die menschlich gesehen scheußlichsten Posten. Doch selbst wenn im Bewusstsein der Manager und ihrer Vorstände an erster Stelle nur die Produktivität zählt – und was sonst immer die Analysten der Börse beeindrucken kann, etwa ein Fusionsgerücht –, bleibt das Menschliche doch für die Seele aller Betroffenen die wichtigste aller Ebenen.

In der Arztpraxis, wo man Menschen aus allen Schichten der Wirtschaftspyramide vor sich hat, verwandelt sich das Bild vom bösen Manager schnell zu dem eines Gehetzten. Jedes Vierteljahr muss er gute Zahlen vorlegen; der gemächliche Turnus der Jahresbilanz ist längst passé. Heute sind Quartalsberichte mit voller Bilanz und Ertragsrechnung nach dem US-Standard ein Muss. Ständig wird der EVA *(Economic Value Added)* und der MVA *(Market Value Added)* gemessen und natürlich der *Discounted Cash Flow*, der die finanzielle Entwicklung der Zukunft in die Gegenwart zurückrechnet und in Zahlen umsetzt. In einer (Tor-)Tour werden die Kapitalkosten für jede einzelne kleine Einheit des Betriebes bestimmt, um die Wertschöpfer von den Wertvernichtern zu unterscheiden und gegen Letztere rechtzeitig vorgehen zu können. Und rechtzeitig meint heute sofort.

Das »Spiel« an der Börse

Die Zeiten, da der große Boss auf der Kommandobrücke stand und beim Anblick rauchender Schlote genüsslich an seiner Zigarre zog, sind endgültig vorbei. Der *American Way of Business* hat die Bosse fest im (Würge-)Griff. Der Chef muss ständig mit der Börse in Verbindung stehen, ja er wird zum ersten Verkäufer seines Unternehmens bei den Aktionären und vor allem bei den Analysten der Kapitalmärkte. Liberalisierung und Globalisierung haben diese zu den heimlichen Chefs der Unternehmen gemacht und das Leben der Bosse nachhaltig unter Druck gesetzt. Das Maß aller Dinge ist die Börse, und sie entscheidet über die Stimmung im Betrieb und beim Chef. Dabei ist die Börse alles andere als emotionslos und objektiv. Die tatsächlichen Zahlen des Betriebes zählen oft weniger als Stimmungen und Gerüchte und die Einschätzung der Analysten. Wirtschaftszahlen stehen heute für die Stimmung der Menschen in einem Land, und sie stehen überall – in den Zeitungen und im Videotext, am Ende der Nachrichten in Radio und Fernsehen. Die zwischenmenschlichen Gefühle spielen dagegen in der Bewertung der Gesamtsituation kaum eine Rolle.

Nikolaus Schweickart, Vorstandsvorsitzender im Quandt-Konzern, geht davon aus, dass eine Aktie ohne Analysten tot und chancenlos ist. Sie wird dann nicht wahrgenommen – vielleicht nicht einmal wegen unspektakulärer Zahlen, sondern nur weil die Firma keine *Story* hat.[29] Diese Möglichkeit aber bringt nun sowohl die Manager als auch die Analysten und Geldhändler in eine Grauzone. Beide sind aufeinander angewiesen, die Manager allerdings mehr auf die Börsengurus als umgekehrt. So entwickeln sich offenbar einige Geschäfte nach dem Motto »Eine Hand wäscht die andere«.

Jüngst konnte man darüber staunen, dass der Chef der US-Börsenaufsicht, Arthur Levitt, eine Praxis anprangerte und außer Kraft setzte, von der wohl Kleinaktionäre selbst in ihren schlimmsten Albträumen nichts mitbekamen. Es hatte sich eine Art Informationskartell eingebürgert, das zum Wohl einiger weniger bestens funktionierte. Die Großfirmen gaben selektiv Vorabinformationen über ihren Zustand an bestimmte einflussreiche Stellen, um dafür bei Beurteilungen gut abzuschneiden. Schweickart nennt ein eklatantes Beispiel: Die führenden US-Zeitungen *New York Times, Washington Post* und *Wall Street Journal* bekamen vorzeitig Informationen bezüglich der Übernahme von American Airways durch United Airlines gesteckt – unter der Bedingung, dass sie auf einen Verriss dieser kartellrechtlich umstrittenen Transaktion verzichteten. Wenn man dann noch erfährt, das alle drei Flagschiffe der US-Presse auf den *Deal* eingingen, weiß man auch zugleich, wie es um die freie Presse steht und in welchem Sumpf die mächtigsten Männer unseres Wirtschaftssystems lavieren.

Die Börse ist also für die Wirtschaftsunternehmen, was die Bank für den kleinen Mann darstellt. Auch für eine Privatperson geht es darum, einen guten Eindruck zu machen, wenn sie einen günstigen Kredit will. Ähnlich versuchen Unternehmen bei den Bankern der Börse, den Analysten, Eindruck zu schinden, koste es, was es wolle.

Doch auch die Fondsmanager und die Analysten sind in

keiner beneidenswerten Lage oder guten gesundheitlichen Verfassung. Kapitalmärkte kennen keine Pause, und wenn die eine Börse in Asien schließt, öffnet gerade die andere in Amerika. Wie aber der Bauer sich dem Rhythmus seiner Kühe, passen sich viele Börsenspezialisten dem Rhythmus ihres Arbeitsfeldes an. Sie zerrütten so nachhaltig ihr Nervenkostüm. Natürlich gibt es unter ihnen Stars, die hofiert und unglaublich teuer bezahlt werden, aber wehe, jemand schneidet im *Performance*-Vergleich schlechter ab, dann ist er reif zur Ausmusterung.

Das Gesagte mag nicht ausreichen, um bei einem breiten Publikum Mitleid für die Akteure in den Chefetagen und auf dem Börsenparkett zu erregen, aber es kann doch zeigen, dass selbst die scheinbar so Mächtigen auf der Ebene ihres gestressten Körpers und ihrer geplagten Seele an diesem System leiden und der Rettung bedürfen. Wer aber könnte die Herren des großen Geldes noch retten, wer kann sie überhaupt noch erreichen? Vielleicht nur noch ihre ebenso geplagten Frauen und Kinder.

Die Gefahren des neoliberalen Systems

Betrachtet man die Entwicklung in Wirtschaft und Politik, könnte man meinen, dass Karl Marx auf erschreckende Weise doch noch Recht bekäme. Der Kapitalismus neigt zur immer weiteren Zuspitzung der Verhältnisse und schaufelt sich damit selbst sein Grab. Aus heutiger Sicht tut er es aber nicht, ohne vorher noch einmal richtig aufzutrumpfen. Die Lenker und Manager des modernen Wirtschaftssystems unterliegen dabei demselben strategischen Fehler wie ein Krebsgeschwür, das ebenfalls zusammen mit seinem Wirt zugrunde geht, wobei es vorher über alle Maßen erfolgreich expandiert. Unser Wirtschaftssystem ist dabei, die Gesellschaften zu ruinieren, die es tragen, genauso wie die Umwelt, in der es gedeiht.

Es fragt sich, ob die kurzfristigen Nutznießer sich wirklich ihrer Gewinne erfreuen können. In den USA, der Keimzelle der Entwicklung, müssen sich nach Martin und Schumann[30] heute schon etwas mehr als zehn Prozent der Bevölkerung, nämlich reiche 28 Millionen, in streng bewachten Häusern und Siedlungen verschanzen. Sie geben bereits doppelt so viel für ihren schwer bewaffneten Schutz aus als der Staat für seine Polizei. Man kann hier wohl mit Fug und Recht von einer Privatarmee reden oder von einer Art privatem Polizeistaat. Dem entspricht auch, dass in Kalifornien, dem siebtgrößten »Industriestaat«, die Ausgaben für Gefängnisse die für Bildung längst übersteigen. Nirgendwo außer in Russland ist ein so hoher Prozentsatz der Bevölkerung eingesperrt wie in den USA. Interessanterweise sind die Kosten für einen Delinquenten in einem der Hochsicherheitsgefängnisse, von denen die USA überzogen sind, höher als die für einen Studenten auf einer der Elite-Universitäten.

Wenn Politiker also davon sprechen, dass die Globalisierung letztlich allen nutze, kann das nur aus Ohnmacht, Berechnung oder Dummheit geschehen. In Wirklichkeit entwickelt sie sich zu einer Falle, wie Martin und Schumann es so eindrucksvoll beschreiben. Wer genauer hinhört, erfährt denn auch in beinahe jeder Nachrichtensendung, dass die internationale Konkurrenz als Grund für jene Sachzwänge angegeben wird, die den Politikern nicht erlauben zu tun, wofür sie gewählt wurden und was sie versprochen hatten, nämlich die Interessen ihrer Wähler zu vertreten.

Aus der sich ergebenden Ausweglosigkeit folgt eine nicht ungefährliche Situation. Im Augenblick ist durchaus offen, ob das Experiment »freier Weltmarkt« zuerst an der heraufbeschworenen Umweltkatastrophe oder an der politischen Radikalisierung der Opfer scheitert. Hier liegt jedenfalls wohl auch eine nicht unerhebliche Quelle für die Ausländerfeindlichkeit immer größerer Bevölkerungskreise. Die transnationalen Konzerne spielen die Länder und ihre Bevölkerungen gegeneinander aus, während die Politiker mehr oder weniger hilflos zuschauen oder das Geschehen eloquent moderieren.

Auch Tendenzen zu Abspaltung und Isolierung, die sich in Ländern des ehemaligen Ostblocks, aber ansatzweise auch im Baskenland oder in Norditalien abzeichnen, dürften hier ihre Wurzeln haben. Selbst wenn sich ein Land wie Afghanistan völlig von der Welt abschottet und zu einer Festung wird, um nach dem Willen seiner fundamentalistischen Führer zurück ins Mittelalter zu streben, ist das ein schlechtes und zugleich warnendes Zeichen für die Welt insgesamt.

Die von der Globalisierung heraufbeschworene Situation ist auf vielen Ebenen zur Falle geworden, und wie hypnotisiert tappen wir immer weiter hinein. Auch die Schweizer, die sich politisch der Falle zu verweigern suchten, sitzen längst darin. Fast die gesamte Schweizer Politikergilde wollte in die EU eintreten und tut nun alles, um wenigstens die Gesetze so EU- und weltmarktkonform zu beschließen, dass Kapital und Konzerne die Schweiz weiterhin als angenehme Spielwiese betrachten. Im Wettbewerb um höchste Produktivität und niedrige Löhne steht sie in Mitteleuropa gar nicht so schlecht da.

Konsequenzen

Dem Gesetz der Polarität folgend, verläuft die Geschichte in Wellen. Schon in der Bibel wird darauf verwiesen, dass es sich um ein zyklisches Geschehen handelt und dass auf die sieben fetten sieben dürre Jahre folgen. Das Pendel schwingt hin und her – insofern ist die jeweilige Situation prinzipiell gar nicht so neu, und wir könnten mehr aus der Vergangenheit lernen.

Der sich brutal durchsetzende Kapitalismus des 18. und 19. Jahrhunderts bewirkte beispielsweise eine so schlimme Verelendung, dass sozialreformerische Tendenzen die Oberhand gewannen. Das führte langfristig wiederum zu einer Bürokratisierung und Verkrustung der Gesellschaft in gewaltigen Beamtenapparaten, wie man sie heute noch in Österreich und Deutschland bestaunen kann. Darauf folgt nun wieder als Gegenbewegung die sich zur Springflut steigernde Welle der Privatisierungen, die kaum mehr aufzuhalten ist.

Das Ende der starken Regierungen ist längst gekommen. Die Souveränität geht – wie Charles Derber es ausdrückt – von den Regierungen auf die Konzerne über, und diese haben nur ein Interesse: die Maximierung ihrer Gewinne in möglichst kurzer Zeit. Milton Friedman, Nobelpreisträger für Wirtschaft, schrieb 1970, dass die alleinige und einzige soziale Verantwortung der Wirtschaft darin bestehe, ihre Gewinne zu vergrößern.

Die Konsequenzen dieser einfach gestrickten und von Friedman auf den Punkt gebrachten Ideologie, die nichts anderes ist als eine Neuauflage der Laisser-faire-Politik früherer Zeiten, bekommen wir allmählich zu spüren. Selbst die Konzerne können in diesem groß angelegten Teufelskreis noch darauf verweisen, dass die Gesetze des Marktes und die sie gnadenlos exekutierenden Manager der übermächtigen Fonds sie zur Rücksichtslosigkeit nötigen. Diese wiederum bekommen ihre Macht gleichsam direkt vom Volk und von der Politik über die Geldanlagen, die sie über die Börsen der Welt verwalten.

Ein weiteres Beispiel für die großen Zyklen der Geschichte: Vor hundert Jahren verließen Millionen armer Europäer die Alte Welt in Richtung Amerika oder Australien. Allein Großbritannien exportierte 18 Millionen Arme nach Übersee. Heute drängen ungleich größere Millionenheere zurück. Nur gibt es jetzt leider weniger Platz auf der Erde, um sie aufzunehmen.

Auch die moderne Wirtschaft bleibt von den Umschwüngen des Pendels nicht verschont. Waren vor kurzem noch die großen Mischkonzerne der letzte Schrei, wird heute der Gegenpol betont und von der Börse belohnt: *Purity* – Reinheit – ist nun angesagt.

Wenn wir unermessliches menschliches Leid und politisches Unglück vermeiden wollen, müssen wir die Kluft zwischen Arm und Reich, die überall rapide wächst, wieder schließen. Sonst wird es auf dem Boden der Polarisierung eine soziale und politische Radikalisierung geben, wie sie schon einmal in eine Katastrophe geführt hat. Populistische Volkstribune, die ihr giftiges Süppchen in dieser Situation köcheln könnten, stehen schon bereit, wenn man an den rechtsradikalen Le Pen in Frankreich, an Haider in Österreich oder Blocher in der Schweiz denkt. Zum Glück hat der Rechtsradikalismus in Deutschland, wo er schon wieder Todesopfer fordert, bisher keine populistische Führerfigur gefunden.

Doch auch in Deutschland werden mit dem Argument des sozialen Schmarotzertums zunehmend sozial Schwache physisch und seelisch an den Rand der Gesellschaft gedrängt. Behinderten, Arbeitslosen und Sozialhilfeempfängern entzieht man zunehmend das Mitgefühl und die Solidarität. Während sie selbst bereits vom Abwärtsstrudel bedroht sind, machen sich ohnmächtig fühlende Bürger, die hart um ihre materielle Existenz kämpfen, nach dem Modell der Projektion gegen jene Front, denen es noch schlechter geht.

Viele Jahrzehnte haben gezeigt, dass noch so gut gemeintes Herumdoktern an der Kluft zwischen Arm und Reich keine Trendwende bringt. Herausragende und engagierte Köpfe wie der Schwede Olof Palme und der Deutsche Willy Brandt haben sich an der Verringerung des Nord-Süd-Gefälles auf der Welt vergeblich versucht. Dutzende Regierungen mussten erleben, wie auch sie trotz sozialer Programme die Kluft nur verstärkt haben. Es wäre Zeit für eine Trendwende. Bei Lage der Dinge kann sie wohl nur noch von innen kommen, auch wenn alle äußere Unterstützung natürlich mehr als nur willkommen ist.

Selbst den Firmen zuliebe muss sich etwas ändern, denn auf Dauer kann man in einer Gesellschaft im Krieg keine guten Geschäfte machen. Bob Dunn, der frühere Vizepräsident von Levi-Strauss, wird mit der für einen Industrieboss denkwürdigen Feststellung zitiert: »Letztendlich ist der Erfolg eines Unternehmens mit dem Wachstum und der Stabilität der Gesellschaft, die es beherbergt, verbunden.« Solche Einsicht setzt allerdings im Zeitalter des *Shareholder Value* die Bewusstseinsänderung vieler voraus, um zu gesellschaftlichen Konsequenzen zu führen.

Aus der Wirtschaft kommen aber zunehmend Stimmen, die erkennen, dass wir uns auf dem Direktflug in eine Sackgasse befinden. Schon der Urvater des Kapitalismus, Adam Smith, der nicht nur Wirtschaftswissenschaftler war, sondern auch Moralphilosoph, ging vor über zweihundert Jahren davon aus, dass alle Märkte auf Vertrauen und auf gemeinsamen Werten aufbauen, die über reinen Eigennutz hinausgehen. Er nahm sogar an, das der Markt aus sich heraus moralisch sei und von unsichtbarer Hand geleitet werde. Die raue Wirklichkeit hat allerdings Adam Smith vollständig widerlegt, insofern ist es Zeit, die Irrtümer des Gründervaters zu erkennen und schnellstmöglich zu korrigieren.

Der Markt kennt keinerlei Werte. Waffen finden genauso ihren Absatz wie Medikamente; Kriminelle können seine Möglichkeiten genauso nutzen, wie sich an den prosperierenden Branchen des Drogen-, Organ- und Menschenhandels zeigt. Außerdem fördert der Markt, wie sich immer deutlicher abzeichnet, kurzfristiges und unökologisches Wirtschaften. Gegenüber Kranken und Behinderten verhält er sich gnadenlos, wenn er nicht durch entsprechende Gesetze gezähmt wird. Vor allem aber ignoriert der Markt die Sinnfrage. Was Absatz findet, wird ohne jede Rücksichtnahme produziert oder herangeschafft. Wenn es eine Nachfrage nach Arbeits- oder Sexsklaven gibt, wird sich ein Markt auftun, und er wird keineswegs moralisch reagieren.

Nachdem nun lange genug die Wirtschaft die Politik bestimmt hat, wäre es an der Zeit, das Primat der Politik über die Wirtschaft wieder zurückzugewinnen. Zwischenzeitlich gab es immer auch schon Politiker wie den deutschen Exfinanzminister Lafontaine, der das Dilemma erkannte und den weltweiten Devisenströmen Hindernisse und echte Kontrollen in den Weg stellen wollte. Lafontaines Nachfolger war dann wieder linientreu und wurde zum Dank von der Wirtschaftpresse als *»Mr. Shareholder Value«* gefeiert, eine Ehrung, die dem Minister einer rot-grünen Regierung eigentlich die Schamesröte ins Gesicht treiben müsste.

Immerhin stimmt es hoffnungsvoll, dass auch auf der obersten Ebene der gesellschaftlichen Pyramide, dort, wo nur noch einige Milliardäre zu Hause sind, die Erkenntnis zumindest bei einigen nicht ausbleibt, dass es keinesfalls wie bisher weitergehen darf. Was Ted Turner für die USA ist, könnte Rolf Gerling, Milliardär und Hauptaktionär des Gerling-Konzerns, des größten Industrieversicherers Europas, für Deutschland sein. Er sagt uns einen Epochenwechsel wie vom Mittelalter zur Neuzeit voraus und will einen Teil seines riesigen Vermögens dafür verwenden, wirklich zukunftsträchtigen Unternehmen zum Durchbruch zu verhelfen, um insgesamt einen ökologischen Umbau in den modernen Industrieländern zu bewirken. In Frankreich äußern Unternehmensleiter bis hin zum Staatspräsidenten Unwillen über die Effekte der Globalisierung. In Ländern wie Italien, wo sich der Kapitalismus auf dem Boden des Katholizismus immer schwerer tat und die Familie oft noch höher als der *Shareholder Value* angesehen wird, hat die Unzufriedenheit ebenfalls die höchsten Sprossen der Gesellschaft erreicht, und sogar Agnelli, der alte Herr von Fiat, lässt Zweifel am gegenwärtigen Kurs durchblicken.

In Italien und Griechenland ist zudem die Stimmung in der Bevölkerung schon so gedämpft, dass diese traditionell familienfreundlichen Länder die geringste Heirats- und Kinderzahl der EU aufweisen und – von heute aus hochgerechnet – innerhalb einer Generation ein Drittel ihrer Bevölkerung verlieren werden.

Mit gebetsmühlenartiger Regelmäßigkeit beklagt auch der Papst den Mangel an Menschlichkeit im Reich der Wirtschaft, ohne natürlich Ross und Reiter beim Namen zu nennen. Der damalige Wiener Erzbischof und heutige Kardinal Schönborn nimmt diesbezüglich weniger Rücksicht und sagte für einen kirchlichen Würdenträger untypisch direkt zur Fusion von Sandoz und Ciba Geigy am 25. Mai 1996 im *Standard*: »Wenn zwei der weltgrößten Chemiekonzerne fusionieren, obwohl es beiden bestens geht, und dabei 15 000 Arbeitsplätze ›freisetzen‹, so ist das nicht ein Sachzwang, den der allmächtige Gott ›Freier Markt‹ dekretiert hätte, sondern die Dividendengier einiger weniger.«

Sogar einige der großen US-Konzerne merken bereits selbst, dass ihr Konzept von *Downsizing* und *Outsourcing* an Grenzen stößt. Zwar spart es kurzfristig enorm Kosten, aber langfristig ruiniert es nicht selten die Konkurrenzfähigkeit der Firma, da kaum mehr zukunftsträchtige Strategien und langfristige Konzepte mit Mitarbeitern umzusetzen sind, die schnell nach dem *»Hire and fire«*-Prinzip an Bord geholt wurden und dieses Konzernschiff durchaus nicht als ihres betrachten. So fahren Konzerne wie der Autogigant General Motors heute schon geradezu schizophrene Doppelstrategien. Einerseits versuchen sie – inspiriert von japanischen Konzernen, die traditionell mehr auf familiäre Atmosphäre und eine lebenslange Bindung der Mitarbeiter setzen – Programme zu verwirklichen, die Loyalität fördern, andererseits setzen sie noch weiter auf *Downsizing* und *Outsourcing*, was den ersten Ansatz konterkariert.

Die auf Loyalität setzende Gegenbewegung gegen die Kälte und Härte der jüngsten Vergangenheit ist auch in guter Übereinstimmung mit dem Gesetz der Polarität. Sie findet sogar unter Managern viele Anhänger, denn selbst deren Positionen gerieten zunehmend in Gefahr. Darüber hinaus ist es psychologisch für sie viel einfacher und erfüllender, Mitarbeiter menschlich zu behandeln und längerfristig mit ihnen zusammenzuarbeiten. Außerdem durchschauen gerade auf dieser Gesellschaftsebene viele die drohenden Gefahren. Manager sind oft auch Familienväter und haben als solche keine Lust, die Zukunft ihrer Kinder quasi am Roulettetisch zu verspielen.

Tatsächlich sind viele Chefs widerwillig in den Wirbel des Turbokapitalismus geraten und empfinden sich durchaus als gehetzte Opfer der großen Investmentfonds, das heißt der Börse. In den USA und in Japan ist inzwischen längst eine groteske Lage entstanden. Millionen von Menschen haben ihre Altersvorsorge den Investmentfonds übertragen, die ihnen hohe Zuwachsraten versprechen. Dadurch entstehen aber genau jene übermächtigen Finanzgiganten, die selbst noch Konzerne zwingen und die genau jene Kommunen und deren Umwelt ruinieren, in denen die Menschen sich einmal als Pensionisten wohl fühlen wollen.

Die deutsche Situation

Die Situation in Deutschland unterscheidet sich nur graduell von der internationalen. Es gibt praktisch keine deutschen Konzerne mehr, auch wenn eine Mehrheit der Bevölkerung das noch nicht realisiert. Deshalb sollte man sich auch allmählich von der Vorstellung einer so genannten Deutschland AG mit ihrem rheinischen Kapitalismus verabschieden. Mercedes ist nicht erst seit der Fusion mit Chrysler kein deutsches

Unternehmen mehr, auch wenn viele Schwaben das noch gar nicht glauben. Die Aktien sind zu über einem Drittel in ausländischer Hand. Selbst die Konzernsprache in der Zentrale im Schwabenländle ist schon auf Englisch umgestellt. Die Deutsche Bank als Hauptaktionär ist anteilsmäßig ebenfalls bereits zu 43 Prozent in ausländischem Besitz. Die Löhne sind noch auf deutschem Niveau, aber nicht mehr die der Chefs: Sie wurden nach US-Vorbild gleich nach der Fusion gewaltig nach oben gefahren. Eine Senkung der Arbeiterlöhne ist in Deutschland bislang tabu. Die Löhne werden aber dem US-Modell folgend langfristig eher stagnieren, wenn nicht nach unten abrutschen.

Wo die Entwicklung in Deutschland hinführen wird, zeigt ein Firmenvergleich mit den USA. Der US-Telekommunikationsgigant AT&T machte 1995 einen ganz ähnlichen Jahresumsatz wie die deutsche Telekom; allerdings lag der Gewinn zwei Milliarden über dem der Deutschen. Der Grund dafür war, dass AT&T dieses Ergebnis mit 77 000 Mitarbeitern zustande brachte, während die Telekom mit 210 000 Mitarbeitern annähernd dreimal so viele beschäftigte. Folglich muss nach der wahnwitzigen Marktlogik ihr Chef Ron Sommer das Ziel verfolgen, mindestens 150 000 davon auf die eine oder andere Art loszuwerden. Das wird ihm aber nur mittelfristig weiterhelfen, denn AT&T sieht bereits Möglichkeiten, weitere 40 000 Stellen zu streichen.

Aus deutscher Sicht kann man nur mit Schrecken auf den Vorreiter USA blicken, aber mit ebenso viel Abscheu lässt sich erkennen, wie schnell deutsche Konzerne lernen und sich den brutalen Mechanismen des Raubtierkapitalismus anpassen. So ließ Siemens in seiner malaysischen Chip-Fabrik sechshundert indonesische Fließbandarbeiterinnen wie Leibeigene für 350 DM im Monat sechs bis sieben Tage die Woche schuften. Das zum Werk gehörige Wohnheim wurde nachts verschlossen wie andernorts Gefängnisse. Damit die Arbeitssklavinnen nicht vor Ablauf ihres Dreijahresvertrages fliehen konnten, ließ ihnen der zuständige örtliche Siemens-Chef zur Sicherheit die Pässe abnehmen.[31] Ausgerechnet in der so genannten Volksrepublik China sollen die Zustände aber noch entsetzlicher sein, und all die internationalen Konzerne kommen gern, auch die deutschen. Hier machen sie sogar Ausnahmen von der Doktrin der Deregulierung und rücken selbst vom Anspruch unbedingter Privatisierung ab. Plötzlich gilt wieder das alte olympische Ideal »Dabeisein ist alles«.

Auch wenn es mit uns in Deutschland noch nicht so weit wie mit den US-Amerikanern gekommen ist, leben Mitte der 1990er Jahre doch auch schon über acht Millionen Deutsche unterhalb der Armutsgrenze. Der immer wieder aus Wirtschaftskreisen gebetsmühlenartig wiederholte Vorwurf, der Sozialstaat sei zu teuer geworden, ist dagegen falsch. Er ist objektiv nicht teuerer geworden, lediglich das Klima wurde weltweit unsozialer. Alle Sozialleistungen verschlangen 1995 nicht ganz ein Drittel des Bruttosozialprodukts, genau so viel wie zwanzig Jahre früher im Jahr 1975. Wäre die DDR nicht eingemeindet worden, lägen die Sozialleistungen sogar drei Prozent niedriger als vor zwanzig Jahren. Die Krise unseres Sozialstaates ist also gar nicht hausgemacht, sondern durch den Vergleich mit weniger sozialen bis unsozialen Systemen entstanden.

Auch Parolen wie die des ehemaligen Arbeitgeberpräsidenten Henkel, dass Arbeitsplätze der größte deutsche Exportschlager seien, halten einer Prüfung nicht stand. Martin und Schumann belegen, dass deutsche Industrieunternehmen im Ausland genauso wenig neue Arbeit wie im Inland schaffen.[32] Es fällt auf, dass sie vorrangig in Ländern wie Großbritannien, Frankreich, Spanien und den USA investieren, also nicht in Drittweltländern. In anderen Industrienationen verfolgen sie aber selbstverständlich dieselben Ziele der Rationalisierung wie zu Hause. Tatsächlich haben sie zwar einige Arbeitsplätze im Ausland geschaffen, Anfang 1990 innerhalb von vier Jahren zum Beispiel 190 000 Stellen. Sie kauften jedoch im gleichen Zeitraum ausländische Unternehmen mit über 200 000 Beschäftigten. Letztlich streichen sie also draußen wie drinnen Arbeitsplätze. Rationalisierung und Konzentration sind weltweit die ersten Forderungen, auch für deutsche Unternehmen.

Hinzu kommt, dass manche Auslandsinvestitionen lediglich der so genannten Marktbereinigung dienen, das heißt, bald nach der Übernahme wird der Laden geschlossen. Das erlebten die Deutschen schmerzlich im eigenen Land, als Ausländer die Sonderangebote der Treuhand wahrnahmen, ohne die veralteten Industrieanlagen in den neuen Bundesländern dann wirklich in Betrieb zu nehmen oder zu modernisieren. Unter dem Strich bleibt also wenig bis nichts von den angeblich beglückenden Geschenken fürs Ausland und schon gar nicht für die Not leidende Dritte Welt.

Die Situation in Deutschland ist noch lange nicht so brisant wie in den USA. Aber dort können wir sehen, wo wir hinkommen, wenn wir dem US-Weg weiter hörig bleiben. Bereits um die Jahrtausendwende ist die langsame, aber sichere Verarmung der unteren Mittelschicht bemerkbar. Ein weiteres Indiz ist der Abstieg, was Bildung und Ausbildung angeht. *Die Zeit* stellt in ihrer Ausgabe vom 31. Mai 1996 fest, dass die reichste Gesellschaft Europas ihre Jugend verkommen lasse, und belegt das mit der Zahl von über einer Million Kinder, die von Sozialhilfe leben müssen. Die Kinder- und Jugendkriminalität steigt seit der Wende drastisch an. Viele Jugendliche haben offenbar die Kurve nicht gekriegt und fallen aus dem gesellschaftlichen Zusammenhang.

Die deutsche Einheit ist, kaum gewonnen, schon fast wieder zerronnen. Ganz wenige aus dem Osten schafften es hinauf in die Oberschicht. Der große Rest sinkt über einen Zwischenstopp in der Mittelschicht langfristig in die Unterschicht ab. Zwar ist der Eiserne Vorhang gefallen, aber überall tauchen neue Grenzen auf. Sie gehen jetzt durch alle Gemeinden und Städte. Wenn wir so weitermachen, wird sich als Zeichen sozialer Apartheid eine neue Art von Ghettos bilden, bei der sich die Reichen vor dem andrängenden Elend mit seiner Kriminalität verschanzen. Wohlstandsenklaven werden immer schwerer gegenüber den Bedürftigen zu verteidigen sein.

Der US-Romancier Mike Davis liefert in seinem Buch *City of Quartz*[33] ein erschreckendes Szenario am Beispiel von Los Angeles, der Stadt der Engel, die zur Festung geworden ist. Reiche verbarrikadieren sich dort gegen Arme. In einer unsäglichen spirituellen Wüste sind die Parkbänke mit Stacheln bewehrt, um die Armen und Wohnungslosen am Schlafen zu hindern; Restaurants vergiften ihre Abfälle, um die Hungrigen auf Distanz zu den Esstempeln der Reichen zu halten. Sich rechtzeitig mit solchen möglichen Horrorvisionen zu beschäftigen kann vielleicht verhindern, sie Wirklichkeit werden zu lassen.

Aus der deutschen Perspektive ließe sich besonders gut verfolgen, dass es der freie Markt und die starke Demokratie waren, die den autoritären Kommunismus in die Knie zwangen. Seit der Wende aber hat der freie Markt die Demokratie zunehmend abgehängt und sich verselbstständigt. Das deutsche Wirtschaftswunder und in Folge fünfzig Jahre Stabilität sind der sozialen Marktwirtschaft eines Ludwig Erhard zu verdanken, die sich in vieler Hinsicht weiterentwickeln ließe, etwa hin zu einer ökosozialen Marktwirtschaft, wie sie der ehemalige österreichische Vizekanzler Josef Riegler schon vor Jahren vorschlug. Das Buch *Ökokapitalismus*[34] liefert eine Fülle von wirtschaftlichen Konzepten für nachhaltige Entwicklungen in diese Richtung, die in der Bundesrepublik durchaus fruchtbaren Boden fänden.

Die Be-Deutung der Globalisierungsphänomene

Schuldzuweisungen haben noch nie Sinn gemacht, und im Fall der negativen Auswirkungen der Globalisierungsprozesse sind sie besonders lächerlich, denn es ist die Gier von uns allen, eben auch die der kleinen Leute, die sich über Fonds und Börsen verheerend auf das ganze System auswirkt.

In Deutschland wurden gerade durch die Teilprivatisierung der Altersvorsorge die Weichen in eine von den USA und Japan vorgegebene Richtung gestellt. Was dabei herauskommt, könnten wir uns in beiden Ländern bereits ansehen. Der ohnehin bestehende Trend zur Börse wird sich verstärken und die Zockermentalität einen weiteren Sprung nach vorn machen. So werden alle zu Spielern im negativsten Sinn des Wortes: die *Global Player* mit den großen Einsätzen und die Rentner mit den kleinen. Besonders niederträchtig dabei ist, dass die Gewinner schon vorher feststehen. Es ist also ein Spiel mit ungleichen Bedingungen.

Dabei wäre das *Spiel* ein wunderbares Abbild des Lebens im Sinn von Lila, dem kosmischen Spiel, wie die Inder das Weltgeschehen nennen. Allerdings ist Bewusstheit in diesem Zusammenhang die wesentliche Forderung und spirituelle Entwicklung das Ziel, aber eben auf einer immateriellen Ebene. Wir verwechseln heute die Ebenen in immer gleicher Weise. Statt unsere seelische Flexibilität zu erhöhen, unsere geistige Beweglichkeit zu steigern und die Geschwindigkeit unserer Bewusstseinsprozesse zu vergrößern, lassen wir uns von der Wirtschaft auf deren materieller Ebene zu genau diesen Erfahrungen zwingen. Auf der falschen oder zumindest einer fraglichen Ebene und unter Zwang werden aber aus Wachstumsreizen leicht Tragödien.

Wachstum an sich wäre ein Lebensthema aller Menschen. Wirtschaftswachstum ist dagegen eine Sonderform, die zumindest großer Achtsamkeit und Kontrolle bedarf, um andere Wachstumsbereiche nicht zu behindern oder zu kurz kommen zu lassen. Der Mensch muss ein Leben lang wachsen, aber wenn er mit der Adoleszenz das körperliche Wachstum nicht in ein geistig-seelisches wandelt, droht es – weiterhin in den Körper gezwungen – zu Krebs zu werden. In Bezug auf unser Wirtschaftssystem gilt Vergleichbares.

Das moderne Zauberwort *Mobilität* ist an sich alt und kommt schon in Heraklits »*Panta rhei*« (»Alles fließt«) zum Ausdruck. Wir müssten wiederum nur die richtige Ebene finden. Ein geistig äußerst beweglicher Mensch kann sich seines

Lebens freuen und ist für seine Umwelt ein Gewinn. Nur wenn er ins Extrem des Ideenflüchtigen geriete, würde er zum Problem. Selbst auf sozialer Ebene ist Mobilität nur von Vorteil. Aber wenn sie in Richtung Hypermobilität tendiert, wie es heute immer mehr zu beobachten ist, kann sie den Familien und damit der Gemeinschaft große Probleme bereiten. Wahrscheinlich können Familien auf Dauer in den hypermobilen bis haltlosen Strukturen, die die Globalisierung erzwingt, gar nicht überleben.

Auch der Gedanke der *Selbstverantwortung*, wie er immer wieder von oben aus der Hierarchiespitze gefordert wird, wenn es darum geht, Mitarbeiter in die (Schein-)Selbstständigkeit zu entlassen, hat auf der Bewusstseinsebene seine Berechtigung. Selbstverwirklichung in Eigenverantwortung ist natürlich das Ziel aller traditionellen Entwicklungswege. Was wir aber heute erleben, ist die Verwirklichung nur eines kleinen Teils des Selbst, nämlich des Ego. Egozentrik muss jedoch in die Krise führen, denn das Ego lebt von Abgrenzung und Sicherheiten und kann gerade die moderne äußere Grenzenlosigkeit nicht ertragen; diese löst im Gegenteil extreme Ängste aus. Außerdem ist der immer stärker aufkommende Egoismus noch nicht einmal mehr in der Lage, so banale Dinge wie das Solidarprinzip bei Versicherungen zu tragen. Diese werden immer mehr ausgenutzt, um nicht zu sagen betrogen, was zur Beitragserhöhung führt und so letztlich wieder allen schadet.

Der moderne Hyperindividualismus führt zu Störungen in allen Bereichen des Menschseins, weil er alle Menschen zu Einzelkämpfern macht. Vom Familien- über das Arbeitsleben, wo er den Teamgeist verhindert, fördert die hyperegoistische, rastlose Gesellschaft gerade die unerlöstesten und unreifsten

Verhaltensweisen in den Menschen und gefährdet letztlich ihr friedliches Zusammenleben.

Der längst geschwächte Bezug zur *Qualität*, vor allem auch im Umgang mit Geld, nimmt durch die Börsenmentalität noch weiter Schaden. Der Siegeszug des Geldes wird sich auch bei uns insgesamt weiter beschleunigen. So zählt bald nur noch die Quantität: Egal wo das Geld herkommt, Hauptsache, ich bekomme viel davon.

Ein Beispiel mag das erhellen. Kürzlich ging als erster deutscher Fußballklub Borussia Dortmund an die Börse. Natürlich wird der Wert solch einer sportlichen Aktiengesellschaft durch ihre Spieler bestimmt. Würde deren Star zum Beispiel an Leukämie erkranken, müssten die Aktionäre ihn abschreiben, und der Wert ihrer Investition würde insgesamt beträchtlich sinken. Es ist schon makaber genug, einen Menschen abzuschreiben, weil er in Not geraten ist. Sollte aber einer der Aktionäre frühzeitig von der Diagnose Wind bekommen, würde er seine Aktien wohl sofort abstoßen, um damit einen finanziellen Flop zu vermeiden. Einen Kranken aber aus finanziellen Gründen abzuschreiben oder abzustoßen oder zu verkaufen, gilt bisher zum Glück noch immer als unmenschlich.

Der Unterschied zu anderen Aktiengesellschaften ist dabei gering. Immer stehen dahinter arbeitende Menschen, die scheinbar nur noch als Mittel zum Zweck der Gewinnmaximierung dienen. Jene »Gesellschaftsspieler«, die mit Aktien handeln, haben diesen Bezug zu den Menschen, mit deren Arbeitskraft und Glück sie schachern, in der Regel verdrängt. Da sich das Aktienspiel vor allem auf Bildschirmen abspielt, der direkte menschliche Kontakt zu den Betroffenen praktisch immer fehlt und sich alles auf Zahlen reduziert, fallen jene

Hemmschwellen weg, die sich im Lauf der Evolution aufgebaut haben. Ähnlich wie ein Bomberpilot kaum mit dem Messer Auge in Auge jene Menschen töten könnte, die seine Bomben auf dem Gewissen haben, dürfte es auch bei den Börsentätern sein. Den Blick für die menschlichen Schicksale hinter den Aktienkursen zurückzugewinnen könnte das Aktienspiel wieder seriöser werden lassen, denn tatsächlich könnte man auch auf diesem Parkett mit Verantwortungsbewusstsein positive Entwicklungen unterstützen.

Bei der Betrachtung der einzelnen Phänomene moderner Industriegesellschaften fallen immer wieder Parallelen und Analogien auf, die den Blickwinkel erweitern und die Tiefe und Grundsätzlichkeit der Probleme verdeutlichen helfen. Was auf der Beziehungsebene der *one night stand,* ist auf der Berufsebene die Zeitarbeit. Beides aber sind gleichermaßen Karikaturen eines *Lebens im Hier und Jetzt.* Beide sind nicht auf die Zukunft gerichtet und lassen den Betroffenen auch keine Zukunftsperspektive. Sie zwingen gleichsam in den Augenblick. Das wäre für Meditationsexerzitien durchaus wünschenswert und bewusstseinsbildend, wird im Beziehungs- und Arbeitsbereich dagegen kaum Glück bringen. Wenn wir diese Themen auf der Bewusstseinsebene üben, werden wir in aller Regel auf anderen Ebenen von ihnen verschont bleiben. Selbst wenn wir sie durchleben müssen, werden wir besser gerüstet sein und weniger unter ihnen leiden.

Perspektiven

Statt aber einen Sündenbock zu suchen, macht es Sinn, *Verantwortung zu übernehmen* – nicht in dem Sinn, dass alle Politiker werden, um es besser zu machen, sondern indem wir auch bei kleinen Entscheidungen immer das Ganze mit im Auge behalten.

Natürlich gibt es die Möglichkeit, sich am Aktienrummel zu beteiligen und damit kurzfristig reicher zu werden, aber vom medizinischen Blickwinkel ist ein solches Engagement den meisten nicht zu empfehlen. Wer die *Gesundheit in den Mittelpunkt stellt*, kommt sowieso zu klaren Entscheidungen, die sowohl ihm selbst als auch seiner Familie und dem Gemeinwohl nutzen. Aus eigener Erfahrung kann ich sagen, dass es befriedigender ist, sich aus dem allgemeinen Konsumrausch herauszuhalten, als an ihm teilzunehmen; für die Börse gilt das noch in verstärktem Maß. Man hat dann nichts zu verlieren, was eine große innere Freiheit mit sich bringt. Und man gewinnt auch nicht ohne eigenes Dazutun, was sich bestens ertragen lässt.

In dem Maß, wie die Macht der Konzerne zunahm, ist die des einzelnen Menschen zurückgegangen. Wer als winziges, jederzeit ersetzbares Rädchen in einem Konzern arbeitet, dessen Wirtschaftsmacht größer ist als die ganzer Nationen, wird sich unbedeutend fühlen und glauben, auf ihn käme es nicht an. Dem Aufstieg der Konzerne entspricht der Abstieg der Religionen, allen voran der christlichen. Deren Meister Jesus lehrt jedoch, *dass es auf jeden, auch auf den Schwächsten und Ärmlichsten, ankommt.*

Natürlich wäre es immer sinnvoll, *mit der Suche nach Lösungen bei sich selbst zu beginnen.* Aber viele moderne Menschen suchen gar keine Lösungen mehr, sie haben sich von einer tendenziösen und weltweit amerikanisierten Medienindustrie einlullen lassen. Während die übermächtigen Konzerne ihren prägenden Einfluss verstärken, finden wir heute bei vielen

Menschen, die sich selbst als ohnmächtig erleben, einen Rückzug ins Private.

Entsprechend der Lehre des Paracelsus können wir aus den verbreitetsten Krankheitsbildern, wie Allergien und Krebs, Herz-Kreislauf-Erkrankungen und Tinnitus, Grippewellen und Karies, auf unsere Gesellschaft schließen; sie macht diese Symptomgruppen im Sinn von *Krankheit als Weg* notwendig. Die Krankheitsbilder-Deutungen in Büchern wie *Krankheit als Symbol, Krankheit als Sprache der Seele* oder *Frauen-Heil-Kunde* werfen so auch ein bezeichnendes Licht auf den Zustand unserer Gesellschaft. Andererseits bestimmt im Sinn von Paracelsus natürlich auch das Umfeld die Probleme, die in ihm auftreten. Wir können uns dem Thema also von beiden Seiten nähern und auch von beiden Seiten Lösungen anvisieren. Dabei geht es aber eben nie um Schuld, sondern immer um *Verantwortung als der Fähigkeit, Antworten zu finden.* Andere Sprachen machen den Zusammenhang deutlicher: Beim englischen *responsibility* (frz.: *responsabilité,* ital.: *responsabilità*) haben wir es mit der *ability to respond* zu tun, mit der Fähigkeit zu antworten.

Wir sind also aufgerufen, sowohl auf die persönlichen als auch auf die gesellschaftlichen Fragen und Herausforderungen Antworten zu finden. Der Rückzug vor den Fernseher ist in diesem Sinn verantwortungslos, da aus der Glotze keine persönlichen Antworten kommen können. Natürlich kann man hier auf Anregungen hoffen, aber suchen und finden müsste man schon selbst.

Der Ausstieg aus dem Teufelskreis von Lethargie und Rückzug kann nur beim Einzelnen beginnen und über ihn gelingen, er wäre aber natürlich über entsprechende Bildungs- und

Kulturprogramme nachhaltig zu unterstützen. Aus Meditation und Gebet, Kontemplation und Besinnung auf die wirklich wesentlichen Fragen und Dinge des Lebens könnte zudem wieder die Kraft erwachsen, den Schulterschluss mit anderen zu suchen und ein Gefühl von menschlicher Solidarität zurückzugewinnen.

Neue Bewusstseinsfelder, durch die Wandel möglich wird, beginnen immer mit einem Kristallisationspunkt. Einzelne aufgewachte Menschen weisen den Weg und leben vor, dass es im Leben auch um andere Dinge als um materielle Ziele geht.

Ein weiterer Erfolg versprechender Weg aus der Sackgasse läge in der *Aufwertung der zwischenmenschlichen Beziehungen*. Hier könnte sich auch eine Brücke zwischen materieller und spiritueller Ebene ergeben. Nicht nur die wirtschaftliche Entwicklung, sondern auch die zunehmende Emanzipation der Frau hat zu einer Verarmung dieses Bereichs beigetragen. Frauen waren immer das soziale und seelische Gewissen des Zusammenlebens. Seit sie vermehrt in den Karrierek(r)ampf einsteigen, um ebenfalls Anerkennung zu bekommen, bleibt weniger Energie für die Seele und ihre Bedürfnisse.

Der Neoliberalismus karikiert auf wirtschaftlicher Ebene das Ziel aller Spiritualität, nämlich alle *Grenzen zu überwinden*, alle Barrieren aus der Welt zu schaffen und *frei zu werden*. Was aber auf Bewusstseinsebene von allen Traditionen als wundervoll erkannt und beschrieben wird, ist auf der materiellen Wirtschaftsebene in seinen Konsequenzen furchtbar. Die absolute Freiheit des Kapitals stürzt die Menschen in Unfreiheit, ja versklavt sie. Meditationen und Exerzitien wie auch intellektuelles Verständnis wären ein Weg, das zu erkennen und in der Folge dem Geld wieder Zügel anzulegen, um geistige Freiheit zu gewinnen.

Ganz abgesehen von der dringend notwendigen Bewusstwerdung auf allen Seiten, liegen die Lösungsansätze natürlich auch auf der wirtschaftlich-politischen Ebene, nur verlangen sie Mut zu unpopulären Maßnahmen. Die Stichwörter sind hier unter anderem Besteuerung des Geldverkehrs, ökologische Steuerreform, kostendeckende Energiepreise, achtsamer Umgang mit nicht erneuerbaren Ressourcen, um einige Beispiele zu nennen. Finanzierbar wäre das leichter denn je, aber beim jetzigen Stand der politisch-wirtschaftlichen Machtverhältnisse und des Bewusstseins der Bevölkerung sind solche Reformen bis hin zu einem Paradigmenwechsel noch nicht realisierbar. Bildungsoffensiven könnten hier sicher etwas ändern, aber solange wir in dem beschriebenen wirtschaftlichen Teufelskreis stecken, bleibt nur der Weg über das Bewusstsein verschiedener zwar jetzt noch kleiner, aber stetig wachsender Bevölkerungskreise.

Fundamentalismus

Der Fundamentalismus will zurück zu Fundamenten, die noch verlässlich und sicher waren. Meist entwickelt er sich aus dem Gefühl, dass früher alles besser gewesen sei. Diese Einstellung, die von den Älteren gern und oft vertreten wird, hat wohl mit der allgemein menschlichen Tendenz zu tun, bei zurückliegenden Dingen das Unangenehme zu vergessen und nur das Gute zu bewahren. Nach dieser Methode erzählen beispielsweise Kriegsveteranen immer wieder von ihren Erlebnissen im Schützengraben. Wer ihnen länger zuhört, bekommt den Eindruck, als schilderten sie die beste Zeit ihres Lebens. Die Idealisierung der Vergangenheit rückt immer dann in den Vordergrund, wenn schwierige Zeiten zu bewältigen sind, und diese scheinen uns in Form von sozialen und wirtschaftlichen Umbrüchen bevorzustehen.

Der in der Naturwissenschaft längst vollzogene Paradigmenwechsel bahnt sich unaufhaltsam auch im sozialen Bereich an, aber er liefert einer Mehrheit noch kein verlässliches Weltbild. So entsteht Unsicherheit. Der heutige Fundamentalismus entwickelt sich zudem in einer Epoche, die den Bezug zu ihren Wurzeln weitgehend verloren hat, sowohl in religiöser wie ethischer Hinsicht.

Das sichere Fundament ist für alle Neuentwicklungen überaus wichtig. Da man nur auf einer festen Grundlage aufbauen kann, ist das solide Fundament sogar das Wichtigste bei jedem Neubau. Je länger der Bezug zu den eigenen Wurzeln ignoriert wurde, desto unsicherer ist jedoch die Basis, und desto kleinkarierter und buchstabengetreuer meldet sich in der Regel der Fundamentalismus zu Wort. Das macht ihn dann besonders gefährlich.

Der aktuelle religiöse Fundamentalismus ist auch als Konsequenz des Zusammenbruchs der klassischen Werte schaffenden Institution Kirche zu verstehen. Wenn gar keine Werte mehr verlässlich erscheinen, weicht man auf die gute alte Zeit aus, in der sie angeblich noch unumstößlich galten. Das kann die Angst vor dem noch unbekannten Neuen kurzfristig besänftigen, wenn es auch die alten Werte nicht zukunftstauglich macht.

Außerdem dürfte der Fundamentalismus heute auch als Reaktion auf den modernen Konsumgott zu sehen sein. So wie ein Teil der von den Kirchen spirituell allein gelassenen Menschen nach vorn in die Esoterikszene ausweicht, tendiert ein anderer zurück in die religiöse Vergangenheit. Als Antwort auf den materiellen Konsum kann man sich diesem auch verweigern und auf immaterielle Ebenen flüchten, wie es in der spirituellen Szene zuhauf angeboten wird. Die andere Richtung weist zurück in eine Zeit und Geisteshaltung, die weder Konsum noch ausufernden Materialismus kannte. Besonders der islamische Fundamentalismus, der bezeichnenderweise bei uns als das größte Problem gilt, weil er unsere Freunde, die US-Amerikaner, so sehr herausfordert, folgt diesem Weg.

Da der Fundamentalismus die Gegenwart als fehlerhaft ablehnt und die Zukunft als gefährlich erachtet, ist er bei dem Versuch, das Heil in der Vergangenheit zu suchen, besonders streng mit sich und seinen Zeitgenossen. Man tendiert dazu, die heiligen Schriften wörtlich zu nehmen, um ja keinen neuerlichen Fehltritt zuzulassen.

Heilige Kriege

Wer aber so streng, fast unerbittlich mit sich selbst umgeht, läuft besonders schnell Gefahr, dem bekämpften Schatten aufzusitzen. So ist es nicht überraschend, dass die meisten Fundamentalisten ein ausgesprochen materielles Verständnis ihrer heiligen Bücher haben und es auch vehement vertreten. Sie nehmen nichts mehr symbolisch, sondern alles für bare Münze. Bei ihrem Bestreben, der heiligsten aller Schriften, den höchsten Werten der Nation oder der besten und strengsten Familienordnung zum Durchbruch zu verhelfen, geraten sie auf geradezu groteske Weise auf die falsche Ebene.

Schnell wird dann der Heilige Krieg zu einem äußeren Krieg, und Kreuzzüge richten sich gegen andere Gruppen oder Nationen. Alle großen Religionen kennen die Idee des Heiligen Krieges in der einen oder anderen Form, und ihre jeweiligen esoterischen Traditionen halten das Wissen davon lebendig. Es wäre durchaus heilsam, den Heiligen Krieg zu führen und Kreuzzüge zu beginnen, aber es muss in der inneren Seelenwelt geschehen. Die Verwechslung der Ebenen ist das Hauptproblem des Fundamentalismus und macht ihn so bedrohlich.

Im Sufismus, der esoterischen Strömung des Islam, wird der Heilige Krieg als Kampf gegen das eigene Ego begriffen. Wenn das Ego besiegt und vernichtet wird, löst es sich mit all seinen Grenzen und Beschränkungen gleichsam in Wohlgefallen auf, und die größere Wirklichkeit der Befreiung tritt ein. Man erkennt, dass alles eins ist und man schon immer mit allen und allem verbunden war. Für das Bewusstsein gibt es nun keine Grenzen mehr.

So heißt es im Koran, dass, wer in diesem (inneren) Krieg fällt, zur Belohnung in den siebten und damit höchsten Himmel gelangt. Ein Krieger des Lichts, der sein Leben der Erleuchtung weiht und dabei heldenhaft fällt, wird das nicht umsonst getan haben. Er bekommt bei nächster Gelegenheit die beste Chance, sein Werk zu vollenden. So oder so ähnlich lehren es auch andere Religionen. Daraus nun die Vorstellung abzuleiten, man käme in den höchsten Himmel, wenn man sich als Selbstmordterrorist in die Luft sprengt und dabei noch ein paar Gegner mit in den Tod reißt, ist geradezu lächerlich. Aber nicht so für islamische Fundamentalisten, wie man Anfang des dritten Jahrtausends wieder auf so schreckliche Weise in Palästina sehen kann.

Fundamentalisten versuchen, in der konkreten Welt etwas zu erreichen, das für die Bewusstseinsebenen bestimmt ist. Diese Verwechslung sollte uns eigentlich Nähe und Solidarität zu ihnen spüren lassen, denn wir machen ja ständig genau denselben Fehler, wenn wir versuchen, Einheit und Allverbundenheit, Grenzen- und Schrankenlosigkeit in der Welt zu organisieren. Naiv wundern wir uns dann – ähnlich wie wohl die Terroristen unter den Fundamentalisten –, dass die Ergebnisse so miserabel ausfallen und alles schlimmer statt besser wird.

Fundamentalisten leben in der besonderen Gefahr, dass sie sich sicher wähnen, Gott auf ihrer Seite zu haben. Selbst wenn sie gegen den Rest der Welt stehen – und dazu noch gegen die Mehrheit der eigenen Glaubensbrüder wie etwa die Taliban in Afghanistan –, fühlen sie sich stark und jeder Herausforderung gewachsen. Aus dieser Verwechslung der Ebenen stammt wohl auch der Todesmut, mit dem sie bis zum letzten Blutstropfen für ihre Ziele kämpfen, die sie immer auch als die Gottes (miss-)verstehen.

Fundamentalisten denken nicht mehr nach, sie wähnen sich sicher. Aber machen wir es besser mit unserer modernen Idee, durch eine Freihandelszone die ganze Welt zu befreien? Bezogen auf den Liberalismus eines Adam Smith sind auch wir Fundamentalisten. Muss die Welt denn unbedingt am Liberalismus genesen, auch wenn sie dabei so unübersehbar Schaden nimmt? Wir hätten jede Menge Anschauungsmaterial, das uns eines Besseren belehren könnte. Wir brauchten nur hinzuschauen.

Unsere eigene wie auch die Chance aller Fundamentalisten wäre es, aus dem gut gemeinten Traum, der sich längst zum

Albtraum für die Welt entwickelt hat, aufzuwachen und wieder nachzudenken. Die Grundannahmen gilt es neuerlich zu überprüfen.

Sicher glaubten die Globalisierungspolitiker, mit ihrer Selbstentmachtung und der Zurücknahme des starken Staates etwas Gutes auf den Weg zu bringen, doch das Ergebnis straft sie Lügen. Solange wir aber diesen Schritt nicht schaffen, neuerlich nachzudenken und unsere alten Grundannahmen neu und unvoreingenommen zu prüfen, haben wir jedes Recht verloren, auf die Taliban, die palästinensischen Selbstmordterroristen oder welche Fundamentalisten auch immer zu schimpfen. Es wäre reine Projektion. Daher stammt natürlich auch unsere Wut. Die Taliban sprengen nur Steinfiguren, wir aber sind dabei, die ganze Welt in die Luft zu jagen, wenn auch nicht mutwillig, sondern unwissend. Das aber müssen wir eigentlich auch den Taliban zubilligen.

Im Russland der Jahrtausendwende eine Art kommunistischen Fundamentalismus auszumachen und zu verurteilen ist wahrlich keine Kunst. Der rückwärts gewandte Kommunismus, den die ewig gestrigen Apparatschiks um den Vorsitzenden der KP Gennadij Sjuganow anstreben, ist auch zu offensichtlich von der Geschichte widerlegt worden. Zu kommunistischen Zeiten ist es wahrscheinlich der großen Masse der Bevölkerung materiell besser gegangen als heute, und sicher haben Apparatschiks vom Schlage Sjuganows besser gelebt. Ist es verwunderlich, dass sie vor dem Neuen, das sie enttäuscht hat, zurückschrecken und zurückwollen in ein System, dessen unübersehbare Fehler sie im Rückblick verdrängt haben, dessen Vorteile sie nun aber idealisieren?

Auch bei der anderen Supermacht zeichnen sich restaurative Bestrebungen mit fundamentalistischem Einschlag ab, wenn etwa rechte Republikaner mit der Bibel in der Hand Front gegen Emanzipationsbestrebungen der Frauen und Minderheiten machen. Oder wenn Republikaner mit ihrem Thronräuber als Präsidenten die zaghaften Umweltbestrebungen der Weltklimakonferenz torpedieren, weil sie zur nationalistischen guten alten Zeit des »Amerika über alles« zurückwollen.

Kirche

Generell finden wir in dieser Umbruchzeit überall auf der Welt Tendenzen, dem grenzenlosen, als bedrohlich erlebten Fortschritt durch Rückschritte zu bekannten alten Werten zu entgehen. Bei der katholischen Kirche und ihrem amtierenden greisen Papst sind ebenfalls fundamentalistische Züge unübersehbar. Schließlich ist es kein Wunder, dass die Vergangenheit glorifiziert wird, wenn sich in der Gegenwart die Gläubigen scharenweise abwenden.

Die Kirche leidet natürlich wie keine andere Institution unter dem um sich greifenden Materialismus. Wie die Gewerkschaften hätte sie durchaus wirksame Gegenmittel bezüglich der Nebenwirkungen der Globalisierung anzubieten, aber sie verpackt sie auf so wenig zeitgemäße Weise, dass die Menschen die darin liegende Hilfe nicht wahrnehmen können. So wie die Gewerkschaften die so sehr fehlende Idee der Solidarität nicht mehr verkaufen können, misslingt es der Kirche mit der Hinwendung zur Seele und damit nach innen.

Nur diese beiden Themen können letztlich das Ruder herumreißen: die Solidarität mit den Mitmenschen und der Erde und die Wiederentdeckung unseres eigentlichen Auftrags hier auf Erden. In beiden Fällen könnte es durchaus sehr hilfreich sein, zurückzublicken und zu erkennen, was in alten Zeiten besser war. Möglicherweise kommen die Kirchenoberen ja zu dem Schluss, dass in Zeiten, als die Religion noch lebendig war und die Gläubigen religiöse Erfahrungen machten, die Menschen sich nicht abwandten. Vielleicht folgt daraus, sie wieder zu eigenen Erfahrungen zu ermutigen. Immerhin ging ihr Meister davon aus, dass das Himmelreich Gottes in uns liegt, dass wir unseren Nächsten wie uns selbst und obendrein unsere Feinde lieben sollen. Was läge also näher, als wieder innen auf die Suche zu gehen? Das Außen wäre dann die ideale Projektionsfläche, auf der wir erkennen könnten, wie weit wir innen gelangt sind.

So verständlich es ist, zurück in die Vergangenheit zu fliehen, wenn die Zukunft dunkel und bedrohlich wirkt, so wenig wird es langfristig bringen. Dass die alten Werte sich damals oder sogar bis heute gut gehalten haben und das Leben in sinnvoller Weise regelten, scheint zwar ein überzeugendes Argument zu sein, aber Rückblicke taugen nicht für die Zukunft, die Neues fordert. Machen wir uns klar, dass die Geburt von Neuem immer mit Schwierigkeiten und auch mit Schmerzen verbunden ist. Es gibt jedoch eine Alternative, einen dritten Weg: den in die Gegenwart. Hier hört die Zeit auf, wie es jeder erlebt, der in der Meditation einmal im Augenblick des Hier und Jetzt eingetaucht ist.

Medizin und Psychotherapie

Sehr deutlich wird die Tendenz, das Heil in alten Ordnungen zu suchen, auch in Medizin und Psychotherapie. Die traditionelle Naturheilkunde wird für viele Menschen zum Hafen der

Hoffnung in einer Zeit, in der die moderne Schulmedizin sich in Widersprüche und Schwierigkeiten verwickelt. Aber was wir wirklich brauchen, ist eine neue Medizin, die das Gute der alten Heilkunde mit den Chancen der modernen Schulmedizin verbindet und Versöhnung zwischen den Lagern stiftet. Der Ausdruck Komplementärmedizin ist deshalb auch viel treffender als Alternativmedizin, da es nicht um ein Ersetzen der Schulmedizin, sondern nur um ein Ergänzen gehen kann.

Ähnliches geschieht in der Psychotherapie. Die Psychoanalyse hat zwar viel erklären können, aber in der praktischen Therapie eher versagt. Vor allem kann sie den Menschen bei der Flut von neuen oder verstärkt auflebenden psychosomatischen Beschwerden wie dem Hörsturz oder der Depression kaum weiterhelfen. Die klassische Verhaltenstherapie vermag nicht einmal die Welt der Seele zu erklären, beschränkt sie sich doch auf das Verhalten und dessen Modifikation. Beide versuchen letztlich mit Mitteln des männlichen Pols – im einen Fall der (intellektuellen) Analyse, im anderen sogar mit Lernprogrammen und mathematischen Mitteln wie Statistik –, etwas so archetypisch Weibliches wie die Seele in den Griff zu bekommen. Inzwischen hat sich aber sogar unter Hilfesuchenden herumgesprochen, dass die Seele gar nicht in den Griff zu bekommen ist, weil das viel zu »männlich« gedacht ist. Methoden der humanistischen Psychologie oder spirituelle Therapien wie vor allem die Reinkarnationstherapie haben das Vakuum gefüllt.

In dem Spannungsfeld zwischen sicherem altem und noch nicht ausgegorenem neuem Weltbild ist es aber kein Zufall, wenn die Welle der Familienaufstellungen auch eine Rückbesinnung auf das alte Weltbild mit sich bringt. In der Orientierungslosigkeit erscheint jede Ordnung, selbst eine alte, besser als gar keine. Die von der systemischen Familientherapie nach Hellinger propagierte Ordnung, wonach zuerst der Mann, dann die Frau, dann der Erstgeborene usw. kommt, hat sicher lange gut funktioniert. Sie entspricht jedoch dem alten Weltbild, das jetzt allmählich kippt. Dass es kurz vor seinem Abdanken noch einmal so breit propagiert wird, ist gut verständlich und für viele auch sehr hilfreich.

Die Lösung liegt wohl wie immer in der Mitte. Die Vergangenheit ist vorbei, und die Zukunft gehört uns noch nicht. Auf der Zeitachse können wir weder vorn noch hinten leben. Ein Verweilen im Augenblick, eine Art großes Moratorium, das auf eine Neubesinnung zielt, wäre ein Traum, der dann die Zukunft befruchten könnte.

Moderne Mythen der Konsumgesellschaft

American Way of Life

Über die Finanzmärkte wirkt sich die Globalisierung als eine Amerikanisierung der Welt aus; weite Bereiche der Weltwirtschaft geraten in Abhängigkeit vom US-Binnenmarkt. Aber nicht nur die Wirtschaftswelt ist von amerikanischen Mythen, Entscheidungen, Einflussnahmen und Trends abhängig, Gleiches gilt auch für geistige Vorstellungen, für Konsumverhalten, Moden und vor allem für das Lebensgefühl der Jugendlichen.

Ohne die Macht der amerikanischen Medien zu verstehen, ist es gar nicht mehr möglich, politische Zusammenhänge zu durchschauen. Ohne den US-Starkult zu kennen, kann man die jeweiligen Jugendbewegungen nicht verstehen. Ohne den amerikanischen Materialismus, den als Erstes an einem Menschen interessiert, wie viel Dollar er macht, zu kennen, wird es schwer, unsere heutigen Karriere- und Beziehungsmuster einzuschätzen. Ohne Hollywood und seine inszenierten und überall vorgeführten Ideale und Idole wird man den herrschenden Körperkult von der Wellness-Welle über Designerdrogen bis zum modernen Schönheitsideal nicht begreifen.

Die USA gelten heute als Vorbild für die übrige Welt. Es lohnt sich also, dem Phänomen der weltweiten Amerikanisierung nachzugehen, wenn man die moderne Welt mit ihren Problemen besser verstehen will.

Trendsetter USA

Die USA sind tatsächlich ein *tolles* Land in des Wortes Doppelsinn. Zwischen Traum und Albtraum, aber jedenfalls im Reich der Zukunft und Moderne angesiedelt, lässt es kaum jemanden unberührt. Die einen wittern in seiner Kommerzkultur das kulturelle Tschernobyl schlechthin. Die anderen erwarten von ihm die Rettung und feiern die *New Economy* als Universallösung, starren gebannt auf die Jobmaschine, die am laufenden Band neue Arbeitsplätze ausspuckt. Die Kommentare schwanken zwischen Verachtung für die puritanische Prüderie, die bornierte Oberflächlichkeit, die mittelalterliche Unsitte, reihenweise Straffällige hinzurichten und einen großen Teil der schwarzen Jugend hinter Gitter zu stecken auf der einen Seite und Bewunderung für das Selbstvertrauen, die Risikobereitschaft, die Eigenverantwortung und das positive Lebensgefühl der Amerikaner auf der anderen Seite. Bei der Wahl deutscher Intellektueller zwischen Frankophilie und Anglomanie hat letztere ganz eindeutig das Rennen gemacht und zu einer Idolisierung der USA beigetragen.

Die Analyse jener modernen Trends, die das Leben von immer mehr Menschen bestimmen, wird – bevor man sich versieht – zu einer Betrachtung ihrer gemeinsamen Quelle USA. Wenigstens in diesem Punkt sind sich Verfechter wie Verächter amerikanischer Lebensmuster einig. Im Kristallisationszentrum moderner Bilder, in Hollywood, werden nicht nur die Lichtbilder und -gestalten entworfen, die die Jugend weltweit vergöttert, dort ergeben sich auch die Trends und Themen, die – mehr oder weniger unkritisch übernommen – die Welt von der Mode und Geschmacksfragen über die Ökonomie bis zum Militärischen bestimmen. Nicht nur die alten europäischen Kulturen, aus denen die Vereinigten Staaten von Amerika hervorgegangen sind, lernen jetzt umgekehrt auf allen Ebenen von ihrem Kind und integrieren zum Beispiel immer mehr Amerikanismen in ihren Wortschatz, auch die Menschen in Asien und natürlich in Lateinamerika haben den *American Way of Life* entdeckt und zu ihrem Lebensstil erkoren. »Von Amerika lernen heißt siegen«, lautet die entsprechende Devise. Dabei übernehmen wir vieles wohl nur, weil es vom Trendsetter USA kommt.

Was macht die Anziehungskraft aus? An der Qualität der gebotenen Nahrungsmittel kann es zum Beispiel keinesfalls liegen, wenn die *Fastfood*-Lokale sich in Windeseile in die Welt fressen und sogar Länder wie Italien und Frankreich erobern, deren Esskultur berühmt ist. *McFood* und *McJobs* regieren zunehmend *McWorld.*

Die Faszination, die von diesem neuen Zentrum der Welt in der Vergangenheit ausging und die bis heute stetig wächst, ist gerade deshalb so überwältigend, weil es seine Eroberung der Welt im Wesentlichen nicht militärisch bewerkstelligte wie das alte Rom, wie die europäischen Kolonialmächte oder wie die Sowjetunion. Die USA sind die *neue Welt,* und sie geben den Ton und die Tonart an, die auf Erden gespielt werden. Die alte Welt folgt willig, und dazu ist heute nicht einmal viel Druck notwendig. Aus über fünfhundert noch funktionierenden Weltraumsatelliten dröhnt der *American Way of Life* zu uns herunter. In allen Teilen der Welt gelten dieselben US-Ideale, überall sieht man dieselbe Reklame, hört man dieselben Songs, sieht dieselben Filme. »Völker hört die Signale ...« – diese Hoffnung der Kommunisten hat sich durchaus erfüllt, nur eben auf dem gesellschaftlichen Gegenpol.

Die Leichtigkeit des Selbstbewusstseins

Die Botschaft ist simpel und offenbar weltweit überzeugend: *easy going* – die Leichtigkeit des Seins in Kalifornien, die Oberflächlichkeit von McDonald's und MTV versprechen an allen Problemen vorbei ein schnelles Glück. Sie wird zur idealen Botschaft für die moderne *Fun*- und Freizeitgesellschaft, die von komplexen und differenzierten Lösungsvorschlägen wenig hält. Schnell muss es gehen, einfach und leicht! Disney über alles!

Wir erinnern uns dunkel, dass es sich hier zugleich um jenes Land handelt, das mehr für Gefängnisse als für Bildung ausgibt, das Energie maßlos vergeudet, das die Erdatmosphäre beispiellos gefährdet, dessen *Junkfood* die wesentliche Ursache für die Schäden von 100 Milliarden DM ist, die allein in Deutschland aufgrund der Fehlernährung jährlich zu beklagen sind. Die Schattenaspekte des amerikanischen Lebensstils und damit auch jene der modernen Welt werden aber kaum noch mit den USA in Verbindung gebracht.

Natürlich könnte man tiefer schürfen und würde auch weniger ansprechende amerikanische Legenden und Mythen finden. Aber sogar diese Makel und hässlichen Geschichten wurden geschickt in das positive Gesamtbild integriert. Die Amerikaner taten das kindlich naiv und völlig skrupellos für ihre Vorstellung von Freiheit: das Recht auf Glück nach eigener Fasson. *America first* heißt es bei ihnen nicht nationalistisch, sondern ganz selbstverständlich. Auch darin liegt eine ihrer Stärken. Sie haben üble Schattenseiten in ihrer Geschichte wie alle Nationen, aber irgendwann machen sie auch die zu ihrem Thema und fangen an, sie aus eigener Kraft zu bearbeiten und zu integrieren.

Die US-Nation hat hier den Vorteil, dass sie so vielschichtig oder multikulturell ist, dass sich meist einer ihrer Teile bereit findet, auch unerfreuliche Schattenarbeit zu übernehmen. Vielen Deutschen gilt beispielsweise der Ausdruck Multikulti, der für die Komplexität der Gesellschaft wirbt und auch Fremdes integrieren will, als negatives Reizwort. In den USA aber findet alles seit langem seinen Platz.

Der sittenstrenge Puritanismus, der dazu führte, dass der eigene Präsident wegen einer privaten Sexgeschichte über Monate hinweg öffentlich an den Pranger gestellt wurde, kennt zwar keinerlei Pardon bei so gottlosen Vergehen wie Glücksspiel, Pornografie und Prostitution. Aber irgendwo in dem weiten Land gibt es für alles Raum, eine Ausnahme im Namen der Freiheit, und so finden sich die größten Spielhöllen sowie die brutalste Pornoindustrie und Prostitution in »Gottes eigenem Land«, wie die Amerikaner es manchmal etwas unbescheiden nennen. Sie machen damit nebenbei gleich klar, dass sie den Rest der Welt eigentlich für gottlos und daher missionsbedürftig halten.

Wenn wir nun von außen den Schatten des amerikanischen Lebens- und Freiheitstraumes untersuchen, dann nicht, um die USA schlecht zu machen, sondern um im Gegenteil zu zeigen, dass Schattenarbeit zu großen Ergebnissen führt und dazu befähigt, frei und unbefangen von der eigenen Geschichte zu leben. Außerdem ist es notwendig, die Wurzeln des Phänomens USA im Hinblick auch auf Schattenseiten anzuschauen, denn dort werden sich die hauptsächlichen Gefahren manifestieren, die der Welt im Augenblick drohen. Wenn amerikanische Ideale die Welt bestimmen, muss es folglich auch ihr Schatten sein, der sie beeinflusst.

Puritanismus, Freiheit und Selbstverantwortung

Die USA sind aus englischen und französischen Kolonien entstanden. Die Kolonialherrschaft hatte man der einheimischen Urbevölkerung aufgezwungen, wie damals überall üblich und mit großer Brutalität ebenso in Afrika und Asien, aber auch Australien und Südamerika geschehen. Die Kolonialisten, die sich später im Unabhängigkeitskrieg unter Washingtons Führung selbstständig machten, waren eine bunte Mischung, aus der die frommen Pilgerväter herausragten, die auf der *Mayflower* und deren Nachfolgeschiffen in die neue Welt kamen, weil ihnen das autoritäre religiöse Klima in Europa nicht mehr passte.

Aufgrund der eigenen schlechten Erfahrungen in ihrem Heimatland legten sie nun größten Wert auf religiöse Freiheit. Diese bestimmt bis heute das religiöse Leben der USA, das von kleinen bis mittleren Sekten geprägt ist, die keinerlei Benachteiligung oder gar Diskriminierung erdulden müssen. Sekte ist anders als im deutschsprachigen Raum bis heute in den USA kein Schimpfwort. Das ist auch der Grund, warum sich die Scientologen nirgendwo so wohl fühlen können wie in den USA.

Das religiöse und gesellschaftliche Leben – mehrheitlich puritanisch geprägt – spielt sich in verschiedensten Gruppierungen und in größter Freizügigkeit ab. So konnte der Ku-Klux-Klan ziemlich unbehelligt seine Ritualmorde an selbstbewussten Schwarzen begehen, während gleichzeitig auch der Buddhismus Aufnahme und zunehmend Anhänger fand. Die USA sind nicht zufällig eines der wenigen Länder, das sich nie eine handgreiflich werdende Judenverfolgung zu Schulden kommen ließ, obwohl es auch hier über lange Zeit erhebliche

Diskriminierungen gab. Das ist wohl zum Teil der Grund, warum in keinem anderen Land der Welt, Israel eingeschlossen, mehr Juden leben.

Die Freiheit des Glaubens ist immer eines der Fundamente der amerikanischen Politik geblieben und war auch ein entscheidender Grund zum Eintritt der USA in den Zweiten Weltkrieg. Roosevelt sah mit Recht die Freiheit des Einzelnen in Europa durch den Faschismus bedroht und nutzte das als Argument, seine Landsleute zu diesem unglaublichen Opfer zu motivieren.

Den überwiegend puritanischen Gründervätern verdanken die USA auch ihre strenge Sexualmoral, was aber nicht daran hinderte, über die in den USA entstandene Hippiebewegung entscheidenden Anteil an der Entrümpelung der europäischen Spießermoral zu nehmen.

Ein Kernstück der puritanischen Moral ist Selbstverantwortung, die davon ausgeht, dass ordentliche Menschen auch ordentliche Arbeit finden und guten Lohn erhalten, vor allem Gotteslohn. Stillschweigend wird dabei unterstellt, dass harte Arbeit gottgefällig ist. Christus stand jedoch im Gegenteil auf der Seite der Schwachen, der Unterdrückten, wohingegen er mit den selbstgerechten Schriftgelehrten der Orthodoxie hart ins Gericht ging. Auch versprach er den Reichen keinerlei Vorteile. Vielmehr zeigte er ihnen deutlich auf, wie schwer es für sie wird. Der Ausspruch, dass eher ein Kamel durch ein Nadelöhr als ein Reicher in den Himmel käme, müsste eigentlich auch für Puritaner wenig Interpretationsspielraum lassen.

Die Einstellung der Puritaner gegenüber Schwächeren ist trotzdem in mancher Hinsicht gnadenlos und wurde so zur idealen Basis des Kapitalismus, der seinen fruchtbarsten Boden immer in protestantisch-puritanisch geprägten Gegenden fand, von der deutschsprachigen Schweiz bis in die USA. Auf katholischer Grundlage gedeiht er dagegen viel weniger, wie auch überall dort nicht, wo tief verwurzelte Religiosität den Menschen wichtigere Erfahrungen vermittelt, als es materielle Errungenschaften vermögen.

Der Puritanismus lässt den Gläubigen das Gefühl, sie könnten sich den Himmel (auf Erden) durch Fleiß, Disziplin und harte Arbeit verdienen. Da er kaum Gnade kennt, macht es für seine Anhänger auch keinen Sinn, darauf zu warten. Folglich neigen sie dazu, wenn sie Hilfe brauchen, sie am Ende ihrer eigenen Arme zu suchen. Sie nehmen die Dinge selbst in die Hand. Ihre Devise »Jeder ist seines Glückes Schmied« wurde zu einer wichtigen Triebfeder des Kapitalismus, der natürlich davon lebt, dass Unternehmer in eigener Regie aktiv werden und etwas wagen. Allerdings hat der Puritanismus auch eine gefährliche Schattenseite, wenn er nämlich dazu führt, dass die weniger Glücklichen oder Unglücklichen als faul und unwillig eingestuft werden. Dann bekommt die puritanische Geisteshaltung jene Gnadenlosigkeit, die auch den modernen Raubtierkapitalismus kennzeichnet.

Aus psychologischer Sicht ist Selbstverantwortung im Hinblick auf seelisches Wachstum und spirituelle Entwicklung unverzichtbar. Wahrscheinlich fand die New-Age-Bewegung deshalb nirgendwo so fruchtbaren Boden wie in den USA, wenn dort auch der Tiefgang spiritueller Ansätze jeweils recht bald von der Sehnsucht nach einfachen Patentlösungen im Sinn des positiven Denkens abgelöst wird. Hier zeigt sich wieder die bereits mehrfach angesprochene Verwechslung von materieller und geistig-seelischer Ebene.

Selbstverantwortung ist immer ein Bewusstseinsthema, und sie sollte vor allem »nach oben« in spirituelle Bereiche zielen. Allerdings ist sie auch im konkreten alltäglichen Leben von Nutzen, wenn sie nicht dazu missbraucht wird, Menschen zu degradieren und ihrer sozialen Netze und Sicherheiten zu berauben. Charles Derber kommt aus seiner amerikanischen Sicht zu dem Schluss, dass sich dort eine Welt entwickelt, in der eine Moral von persönlicher Verantwortung einen Schulterschluss mit einer Kultur der Gier und schreiender sozialer Verantwortungslosigkeit eingeht.[35]

Ein anderer wichtiger Teil der ursprünglichen Siedler waren Sträflinge, die man in ihrem Heimatland schlicht loswerden wollte und die ebenfalls bis heute das amerikanische Lebensgefühl mitbestimmen. Man ist in amerikanischen Großstädten nirgendwo seiner Haut wirklich sicher, denn jeder freie Amerikaner darf eine (auch schwere) Waffe tragen. Zwar darf er sich damit nicht das Recht auf Vorfahrt herausschießen, aber er tut es immer wieder, auch wenn es ihn auf den elektrischen Stuhl bringen kann. Die vielen Gewalttaten werden aber die Gesetzeslage nicht beeinflussen, denn die Freiheit, die eigene Waffe zu tragen, steht so ziemlich über allem. Auch junge Amokläufer, die den herrschenden Egokult dahin verstehen, dass sie – nur um für Momente im Scheinwerferlicht der Öffentlichkeit zu stehen – auf ihre Schulkameraden ballern, können daran nichts ändern. Der amerikanische Traum vom Freiheitskämpfer, der sich mit der Waffe in der Hand sein (gutes?) Recht nimmt, bleibt unantastbar. Zugleich steigt aber die Angst der Bürger vor Gewalt, und die Aggression gegen solche Art von Freiheitsinterpretation wächst.

Die gnadenlose puritanische Rechtsauffassung des alten

Testaments, die kein Verzeihen kennt, hat dazu geführt, dass es in den USA immer noch die Todesstrafe gibt. Die Hinrichtungen sind halböffentlich, damit die Hinterbliebenen der Opfer ihre Rachegelüste beim Anblick des Verschmorens auf dem elektrischen Stuhl oder der letzten Zuckungen des per Strick oder Spritze Hingerichteten befriedigen können.

Die Vorfahren der heutigen Kriminellen bekamen seinerzeit im Land der Freiheit die Chance zum Neuanfang, aber viele blieben dann doch lieber bei ihren angestammten Geschäften. So ist die unter zivilisierten Nationen eher untypische Leidenschaft für drakonische Strafen bis hin zur Hinrichtung vielleicht auch eine Notwehrmaßnahme bei dem Versuch, sich des enorm hohen kriminellen Potenzials der eigenen Bevölkerung zu erwehren. Andererseits ist längst erwiesen, dass harte Strafen nicht abschrecken, sondern das Klima weiter verrohen lassen. Aber auch dagegen gibt es im Land der Cowboys keine grundsätzlichen Bedenken.

Das gelobte Land

All das geschieht auf gestohlenem Grund und Boden. Falls die indianischen Völker, die Ureinwohner und ursprünglichen »Eigentümer« des Landes, nicht schon gleich zu Beginn von weißen Siedlern niedergemacht wurden, kamen sie anschließend langsam unter die Räder der amerikanischen Fortschrittsmaschinerie und verloren nach und nach alles, auch ihre Würde. Kaum eine Urbevölkerung ist über so lange Zeit so systematisch betrogen und entwürdigt worden. Während aber der Kolonialismus in Afrika und Asien weitestgehend überwunden werden konnte, steht er in Amerika (und Australien) genau genommen noch immer in höchster Blüte. Aber nicht nur gegen die indianische Urbevölkerung setzten die Amerikaner sich und ihr Verständnis von Freiheit mit der Waffe in der Hand durch.

Gegen die fast zwingende Ambivalenz, die sich aus solcher Geschichte ergibt, haben die Amerikaner immer wieder nur ihr Verständnis von Freiheit gestellt, der Freiheit des Einzelnen, sich auf seine Art zu verwirklichen. Auf lange Sicht hat sich das bewährt. Es gibt deshalb beispielsweise auch keine Freiheitsbewegungen im heutigen Texas oder Kalifornien. Die dortigen mexikanischstämmigen Bürger dürften im Gegenteil sehr froh sein, dass sie seinerzeit eingemeindet wurden. An der Grenze im Süden nämlich warten noch Millionen ihrer vormaligen Landsleute, die nicht vereinnahmt wurden und nun darunter leiden. Nur zu gern würden auch sie in das gelobte Land einwandern. Doch um das zu verhindern, haben die US-Behörden einen eisernen Vorhang in Gestalt eines gewaltigen Stahlzaunes errichtet, der diese anderen dem Land der unbegrenzten Möglichkeiten fern hält. Dieser eiserne Vorhang konnte fast unbemerkt von der Weltöffentlichkeit entstehen, denn diese starrte damals wie gebannt auf den von den Sowjets und ihren Vasallen errichteten Wall. Während dort Mauer und Stacheldraht verhindern sollten, dass die eigenen Leute vor dem Kommunismus und der damit verbundenen Unfreiheit flohen, wurde der amerikanische Grenzzaun als Schutzwall gegen die Einwanderungswilligen errichtet. Beide haben viele Menschen das Leben gekostet.

Würde man weltweit abstimmen lassen, würden sich unter dem Banner der Stars und Stripes wohl noch viele andere freiwillig versammeln. Die USA mussten deshalb eine Art Einwanderungsstopp erlassen, von dem sie jedes Jahr lediglich einige Ausnahmen per Losentscheid machen. Diejenigen allerdings, die dem Land auch etwas zu bieten haben wie gesuchte Fachleute, dürfen immer kommen und erhalten ihre *Green Card.* Diese Regelung führt dazu, dass sich die wissenschaftliche Elite der Welt an amerikanischen Universitäten versammelt. Die meisten Nobelpreise gehen so in die USA, wenn auch nicht unbedingt an US-Amerikaner.

Auch die Regel des gezielten Einwanderns beziehungsweise des Anwerbens von Fachkräften setzt sich allmählich weltweit durch. Nur fehlt den meisten reichen Industrieländern die Attraktivität der USA. Die Deutschen haben ebenfalls ein entsprechendes Kontingent freigegeben, aber die fremden Elitemenschen bewarben sich gar nicht so zahlreich. Außerhalb der Labors, Büros und Fabriken wären sie in Deutschland nämlich diskriminierte Ausländer, die damit rechnen müssten, von Banden ungebildeter und geistig verarmter deutscher Michel mit *Baseball*schlägern attackiert zu werden. Die Vereinigten Staaten, wo nur der Erfolg und der daraus resultierende materielle Reichtum zählen, sind zwar auch nicht ihr Zuhause, aber es bestehen alle Chancen, dass sie es tatsächlich über kurz oder lang werden.

Jedes der in historischer Zeit von den USA hinzugewonnenen Länder, ob erobert wie Kalifornien oder als billiges Schnäppchen erworben wie Alaska, wurde sogleich zu einem gleichberechtigten Stern im Banner. Es konnte unter dem groß(zügig)en Mantel von Onkel Sam seine Eigenheit entwickeln. Kalifornien wurde so zum *Golden State* und sicherte sich eine wirklich goldene Zukunft. Bei Mexiko geblieben, läge es wohl noch heute in vieler Hinsicht jenseits des eisernen Vorhangs, und seine Zukunft sähe weniger strahlend aus.

Bei all den Eroberungen waren es immer wieder die in der Verfassung garantierte Freiheit und das Recht, sein Glück auf seine Art zu suchen, die sich auch auf den *battlegrounds* der modernen wirtschaftlichen und politischen Auseinandersetzungen bewährten – selbst wenn dabei Umwelt und Ressourcen gleichermaßen auf der Strecke blieben. Die Mittel waren meist sehr konventionell, die Strategien und Ziele haben dagegen dem amerikanischen Traum zu seiner Faszination und seinem weltweiten Siegeszug verholfen.

Träume zu verkaufen

Im Verkaufen sind die Amerikaner (Welt-)Meister. Der alte europäische Verkaufsstil war von Dingen wie Angebot und Nachfrage geregelt. Die Amerikaner aber begannen früh damit, zuerst einmal die Nachfrage zu schaffen, um sie dann zu befriedigen. Die wahre Kunst besteht nach dieser Strategie darin, jemandem etwas zu verkaufen, das er nicht braucht, aber willig mit Geld bezahlt, das er nicht hat, aber willig bei dem leiht, der ihm dann die Ware dafür verkauft, die er nicht braucht.

Nach diesem Konzept haben die USA die halbe Welt aufgerüstet, und sie fahren munter damit fort. In verblüffender Weitsicht schaffen sie es – wenn man bösen Zungen glauben darf –, auch gleich noch die passenden Kriege anzuzetteln, damit es bei der Waffenproduktion gar nicht erst zu lästigen Absatzkrisen kommt. Ein Schelm, wer Böses dabei denkt oder nur den schnöden Mammon dahinter vermutet. Offiziell dreht sich alles immer um die Freiheit, die verteidigt werden muss. Nicht selten stammen die Waffen beider Kriegsgegner aus amerikanischer Produktion. Das hat sich ökonomisch besonders bewährt und entspricht dem heute von den US-Konzernen übernommene *Sponsoring*modell, klugerweise allen Beteiligten Zuwendungen zu machen, um in jedem Fall der Gewinner zu sein. Es gibt eben verschiedene Freiheiten oder Ansichten der einen Freiheit.

Die Kunst des Verkaufens ist heute oft wichtiger als die Qualität der Produkte. Die Werbung, die man auch als die Kunst des Verkaufens bezeichnen könnte, hat in den USA laufen gelernt. Sie hat weniger mit Ehrlichkeit oder Information zu tun als mit Show und Wirbel. Und schon längst geht es nicht mehr nur darum, Güter und Waren zu verkaufen wie in alten Zeiten, sondern inzwischen muss man vor allem sich selbst verkaufen können, wenn man etwas erreichen will. Selbst an der Börse, wo handfeste wirtschaftliche Interessen auf dem Spiel stehen, geht es nicht um die Qualität der Firmen und deren Potenzial, sondern um Stimmungen. Dabei kann der eine zuweilen sehr schnell sehr reich werden und ein anderer natürlich gleichzeitig sehr arm. *That´s life*, würden die Amerikaner sagen, die dafür die neuen Spielregeln erfunden haben.

Niemand käme im Land der Pokerspieler auf die Idee, die Börsengurus zu verklagen, wenn deren Seifenblasen platzen. Die Deutschen dagegen, die das Börsenspiel gerade erst schätzen lernen, verklagen bereits nach der ersten richtigen Pleite, die neudeutsch längst *Flop* heißt, ihre Verführer. In amerikanischen Augen sind sie einfach nur schlechte Verlierer.

Cowboy-Mentalität

Ähnlich locker gehen Amerikaner mit ihrem Geschichtsbild um. Man weiß gerade noch, dass es einen Unabhängigkeitskrieg gab, um auf die eigenen Füße zu kommen, und danach einen Bürgerkrieg, um die Vereinigung zu besiegeln, aber damit reicht es den meisten auch schon. Sonst neigt man dazu, auch die größten Scheußlichkeiten der eigenen Vergangenheit zu glorifizieren und positiv umzudeuten.

Die *Cowboy*-Helden, die den wilden Westen eroberten, waren in der Realität wohl eher ziemlich unreife Rüpel und auch kaltblütige Mörder. Was als Helden- und Edelmut in späteren Hollywoodklamotten verfilmt wurde, ist wohl eine der frechsten Geschichtsfälschungen. Der *Cowboy* war – wie der Name schon sagt – ein unbedarfter Kuhjunge. Er trieb die Rohstofflieferanten für die späteren *Fastfood*-Ketten auf Weiden, die ihm nicht gehörten, und wenn die rechtmäßigen Besitzer sich wehrten, griff er zur Waffe.

Bis heute verknüpfen US-Amerikaner ihre jeweilige waffentechnische Übermacht – ob seinerzeit gegen die indianischen Ureinwohner oder heutzutage gegen die Iraker – mit moralischer Überlegenheit und keinesfalls mit Unfairness oder wenigstens Unsportlichkeit. Dieses Muster einer kühn behaupteten moralischen und das der tatsächlichen waffentechnischen Überlegenheit hat sich durch die Zeiten gehalten und eine Art Pax Americana befördert. Jeder Krieg mit US-Beteiligung wurde noch auf dieser Basis entschieden. Nur in Vietnam ging es schief. Hier war die moralische Überlegenheit sogar den eigenen Landsleuten und den eigenen Truppen nicht immer vermittelbar, und auch treue Verbündete wie Deutsche oder Engländer konnten ihrer eigenen jungen Generation diesen Völkermord nicht plausibel machen und folglich auch nicht als Rettung der (freien) Welt verkaufen. Doch selbst liberale US-Politiker, die als junge Idealisten auf der anderen Seite standen, trauen sich bis heute nicht, stolz auf ihren Widerstand zu sein.

Der *Cowboy* oder Kuhjunge hat einen ziemlich unerlösten archetypisch weiblichen Schatten. Die Kuh wird als Muttersymbol genauso dem weiblichen Pol, also der Yin-Seite der Wirklichkeit, zugerechnet wie das Kind und so eben auch der Junge. Der Kuhjunge arbeitet heldenhaft daran, erwachsen und ein richtiger Mann zu werden. Da das auch der Traum aller kleiner Jungen dieser Welt ist, haben sie kein Symbol so gern und imitieren es so lebhaft wie den amerikanischen *Cowboy*. Der schwingt heute fast überall auf der Welt, von München bis Yokohama, seine blinkenden Colts in kleinen ungeschickten Patschhändchen.

Einen guten Teil der Faszination der amerikanischen Ideale, von denen bei näherer Betrachtung wenig Eindrucksvolles bleibt, dürfte auch in dem jugendlichen Charme liegen, mit dem eigene Fehler wieder korrigiert werden. So wirksam sie ihre Geschichtsklitterung über Hollywoods Indianerfilme in Szene gesetzt hatten, so nachhaltig haben sie das in Gestalt von Kevin Kostner, *der mit dem Wolf tanzte*, wieder in Ordnung gebracht. Sie lassen jedem die Freiheit, seine Sicht mit den Mitteln, die er hat, zu präsentieren; sogar die Wahrheit darf ans Licht kommen. Kevin Kostner hat sich in seinem Namen und dem seiner Landsleute, die seinem wundervollen Film massenweise huldigten, bei den Indianern entschuldigt. Hollywood macht so etwas möglich und verabschiedete sich damit würdevoll und einfühlsam von einer unglaublichen Flut dümmlicher geschichtsverfälschender Indianerfilme, die jahrzehntelang das genaue Gegenteil gezeigt hatten.

Die Tatsache, dass sich die Fälschungen genau so gut verkaufen ließen wie die Richtigstellung, zeigt, dass es weniger um Wahrheit als um Verkaufsstrategien geht. In diesem Bereich aber kann niemand den Amerikanern das Wasser reichen. Hier wäre unbedingt von ihnen zu lernen. Wer etwas gegen das Rauchen unternehmen will, müsste lernen, diese Position mindestens so gut zu verkaufen wie die Zigarettenindustrie ihre Glimmstängel. Wer der Umwelt eine Chance einräumen will, muss dieses Anliegen der Bevölkerung verkaufen. Die Zeiten des Predigens sind offenbar vorbei. Verkaufen steht an, aber das will gelernt sein.

Pionier und Weltmacht

Wenn man sich mit Amerika beschäftigt, bleibt einem ein Wechselbad der Empfindungen – wie sie sich hoffentlich in diesem Kapitel spiegeln – nicht erspart. Nicht umsonst spricht man vom *melting-pot,* dem Schmelztiegel, in dem alles Platz hat und sich miteinander vermischt. Dass dabei viel Neues und Faszinierendes herauskommt, ist offensichtlich. Biologen wissen, dass sich in der Welt des Lebendigen Neukombinationen besser bewähren als der immer gleiche Aufguss des Alten.

Der Schmelztiegel USA hat eine moderne Führungselite von Hightech-Spezialisten und Spitzenforschern, Hochleistungssportlern und weltweit operierenden Managern, brillanten Künstlern und Unternehmern hervorgebracht. Sie sind zum Maß aller Dinge geworden. Wenn man eine Aussage unterstreichen will, beginnt man sie am besten mit »Amerikanische Wissenschaftler haben herausgefunden, dass ...« Wer heute in der Wissenschaftsszene etwas werden will, muss zumindest fließend englisch sprechen; besser noch, er zieht dorthin.

All diese Koryphäen finden in der Neuen Welt eine Freiheit für ihre Unternehmungen, die uns in der Alten oft erschreckt. Umgekehrt sind sie oft ganz erstaunt, wie empfindlich und konservativ wir Europäer in Bezug auf unsere Werte sind. Als US-Forscher den ersten menschlichen Embryo geklont hatten, waren sie stolz und nicht entsetzt. Das Entsetzten bleibt uns, aber es wird uns nichts nutzen. Die amerikanischen Pioniere, die das Motto »Der Zweck heiligt die Mittel« erschreckend weit auslegen und sich oft obendrein über den Zweck keinerlei Gedanken machen, sondern das ihren Geldgebern überlassen, werden ungerührt weiterforschen – an allen europäischen Bedenkenträgern vorbei. Und sie finden in den USA die größte Freiheit für ihre Ideen und Konzepte.

Bei allen düsteren Schatten, die die USA heute werfen, gilt es nie zu vergessen, was der amerikanische Traum auch für Nichtamerikaner geleistet hat – selbst wenn für dieses Buch der Schatten wichtiger ist. Wenn wir verstehen wollen, warum Umweltschutz nicht funktioniert und nicht schon längst ein so starkes, positives Bewusstseinsfeld wie Fußball auf dieser Welt hat, müssen wir uns mit amerikanischen Denkmustern und (Wirtschafts-)Politik auseinandersetzen.

Heute erobern die USA die Welt ungleich müheloser über das Internet oder die Bilder aus Hollywood, die das amerikanische Lebensgefühl in (fast) jedes Wohnzimmer und in jede Hütte dieser Welt bringen, als in den Tagen kriegerischer Auseinandersetzungen. Neben der Kommunikation, der Wirtschaft und der Kriminalität ist auch der amerikanische Traum grenzenlos geworden.

Nach ersten Schlappen haben die USA den Weltraum erobert, und genau genommen hatten sie diesbezüglich immer die Nase vorn, denn ihren Bildern und Mustern hatte die Sowjetunion nie etwas Relevantes entgegenzusetzen. Ihre Kommunikationssatelliten strahlen heute überall hin, genau wie ihre Spionagesatelliten alles im Auge haben. Die USA haben das freie Spiel der Kräfte für sich entdeckt und bestimmen jetzt, wie die Welt zu funktionieren hat. Ihrem Verantwortungsgefühl ist der arme Rest ziemlich ausgeliefert, ob ihm das gefällt oder nicht. Es ist besser, das rechtzeitig zu erkennen, besonders wenn man etwas daran ändern will.

Aus dem Schmelztiegel USA kommt neben viel Bedenklichem auch viel Zukunftweisendes. Die *health-stores* haben hier ihre Wurzeln und wurden zu den Vorläufern unserer Bioläden. Kalifornien entwickelte sich in den letzten Jahren zu einer fast nikotinfreien Zone. Die Hippiebewegung nahm in San Francisco ihren Anfang, bevor sie über die Welt schwappte, und auch die 68er-Bewegung wäre ohne die amerikanische Antikriegsbewegung nicht denkbar gewesen.

Die Amerikanisierung der Welt wird wohl weitergehen. Ob es allerdings überall zu einer durchgängigen Coca-Cola-Kolonisation und McDonaldisierung kommen muss, haben wir vielleicht noch mit in der Hand. Vielleicht können wir uns nämlich auch à la carte amerikanisieren und müssen gar nicht das ganze Menu wählen. Claus Leggewie[36] beschreibt in diesem Zusammenhang vier Wellen der Amerikanisierung bis zu *McWorld*: Die erste folgte auf den Zweiten Weltkrieg und erfasste West- und Mitteleuropa und einen kleinen Teil Ostasiens. In den 1970er Jahren kamen Lateinamerika und Südeuropa in einer zweiten Welle dran, in den 1990er Jahren waren drittens die Sowjetunion und ihr Imperium reif. In der vierten Stufe wird nun die Volksrepublik China erobert, und wahrscheinlich wird sich auch die Kette der islamischen Staaten in absehbarer Zeit ergeben. Deren Jugend ist bereits zum amerikanischen Weltbild übergelaufen und wiegt sich zu amerikanischen Songs, auch wenn es die traditionalistischen Mullahs noch so ärgert.

Die Vorstellung, dass am deutschen Wesen die Welt genesen könne, ist zum Glück vom Tisch. Am amerikanischen Wesen scheint sie nun allerdings auch weniger zu genesen als Schaden zu nehmen. Wir sollten uns anschauen, warum das so ist. Allerdings lässt sich den Amerikanern fairerweise nicht einmal unterstellen, dass sie den Export ihrer Werte auch nur annähernd so penetrant oder brutal betreiben, wie das etwa von anderen mit militärischer Gewalt versucht wurde. Sie haben eine Idee in die Welt gesetzt, deren Faszination alle bezaubert und der wir immer schneller und widerstandsloser verfallen. Es scheint geradezu eine von den USA verkörperte Sucht nach Selbstverwirklichung und Freiheit zu geben, deren Faszination die Menschheit kollektiv erliegt.

Selbstverwirklichung entspräche an sich dem Ideal so ziemlich aller Religionen, allerdings lehren sie sie auf geistig-seelischer Ebene. Das Problem ist auch hier – wie schon so oft – eine Verwechslung der Ebenen. Was das US-Ideal auf äußerlicher oberflächlicher und materieller Ebene verkörpert, könnte nur auf tieferer innerer und spiritueller Ebene die Lösung für alles sein. Im spirituellen Sinn ist die Freiheit des Geistes das letzte Ziel. Solche Freiheit wird aus sich heraus die Freiheit der anderen respektieren. Für die schamanistische Tradition beschreibt Castaneda zum Beispiel den verwirklichten Menschen als einen, der sich vor niemandem mehr beugt, der aber auch niemandem erlaubt, sich vor ihm zu beugen. Er erkennt in allem das Eine.

Die Optimierung des Lebens

Schlanksein – die männliche Linie

Die Tendenz, auf einer sehr körperlichen Ebene für eine Optimierung des Lebens mit allen verfügbaren Mitteln zu sorgen, hat wie so viele moderne Mythen und Modetrends ihre Heimat in den USA. Der uralte Traum der Menschheit von Jungbrunnen und Unsterblichkeit feiert hier neue Urstände, allerdings nur bezogen auf den Körper. Während in der Antike zwar auch ein hohes Körperideal herrschte, war es dort aber eng an Geist und Seele gebunden. Der heute die ganze zivilisierte Welt erobernde Traum vom perfekten *Body* ist hingegen losgelöst von jedem höheren Bewusstsein, Hauptsache, die äußeren Maße stimmen.

Das weibliche Schönheitsideal ist in etwa durch die Barbie-Puppe vorgegeben: hochgewachsen und extrem schlank mit großen, festen Brüsten, deren Knospen am besten zu allen Zeiten und entgegen aller physikalischen Logik nach oben weisen. Einige Supermodels, auch von respektlosen Betrachtern als Hungerhaken (v)erkannt, und die Gilde der spindeldürren Hollywood-Aktricen geben ein erschreckend magersüchtiges Vorbild für Millionen Frauen ab.

Die dünnen Extremitäten müssen dabei von straffer Gewebeart sein, Cellulite gilt als *megaout*. Ihr wird mit Diät und *Workouts* erbarmungslos der Kampf erklärt.

Die solcherart reduzierte und völlig durchtrainierte Frau hat trotzdem nur eine sehr begrenzte Chance, dem Ideal nahe zu kommen. Meist fehlt ihr die geforderte Größe, und daran lässt sich selbst im Land der unbegrenzten Möglichkeiten bis jetzt nur sehr schwer etwas ändern. Die chirurgische Streckungsprozedur, bei der die Beinknochen mehrfach gebrochen werden, um dann in einem schmerzhaften, sich über Monate ziehenden Prozess ständig in immer weiter vergrößertem Abstand wieder zusammen- und dabei eben auch in die Länge zu wachsen, wird bisher nur bei sehr kleinen Menschen vereinzelt angewandt – mit *noch* sehr schlechten kosmetischen und funktionalen Ergebnissen.

Selbst wenn eine Frau dem Schlankheitsideal nahe kommt, wird sie sich dabei nicht wohl fühlen, da sie unter ständigem Hunger zu leiden hat. Einziger Trost mag die Bewunderung der anderen sein. Der Hunger ist in dieser Situation natürlich, da die erkämpfte hagere Kunstfigur meist nicht dem eigenen Typ entspricht. Die Models greifen schon deshalb häufig zu Kokain, weil es den Hunger unterbindet. Früher war die Droge Bestandteil vieler Appetitzügler. Der Rest der Frauen, die es nicht schaffen, sich an die Idealfigur heranzuhungern, und ihr aufgrund ihrer Konstitution nicht einmal nahe kommen, werden sich miserabel fühlen. In einem zentral wichtigen Punkt modernen *Lifestyles* müssen sie sich als gescheitert betrachten. Dass das angestrebte Ideal eher männlich als weiblich ist, zum Beispiel in der Forderung nach schmalen Hüften, und dass es am ehesten als krank oder magersüchtig zu bezeichnen ist, ändert wenig für die von der Natur großzügig mit Rundungen ausgestatteten Frauen.

Wie auch in anderen Bereichen des modernen Lebens wird am menschlichen Körper alles auf die Yang-Form hingetrimmt. Danach müssen Frauen, die von Natur aus mit einem biologisch als wertvoll erachteten Fettpolster unter der Haut gesegnet sind, dieses abtrainieren. Mit Ausnahme des Busens hat demnach überall das Fett zu verschwinden; der Bauch muss weg. Wenn dann der Körper der Frau schlank, durchtrainiert und archetypisch männlich erscheint, muss die Brust wohl in so grotesk übertriebener Form das Weibliche vertreten. Doch ein künstlicher Siliconbusen ist unweiblich fest und ähnelt beinahe mehr einem männlichen Muskel als der natürlich weichen weiblichen Brust. Aussichtslos ist letztlich auch der Versuch, die Hüften zu schmälern und die Schultern auszuweiten. Bios, das Leben, wird das weibliche Ideal immer verteidigen.

Wie konnte sich jedoch ein dermaßen verdrehtes Ideal überhaupt entwickeln? Der Grund ist in der Bedeutung der Muster zu suchen. Ehrgeiz macht schlank und rank. Eine Ranke, die hoch hinaus will, muss federleicht und wendig sein. Die puritanisch-protestantische Moral mit ihren Forderungen nach ständiger Buße sowie erhöhter Anstrengung und Arbeitsleistung, um einem strengen Gott gefällig zu sein, ist der Boden, auf dem auch asketische Körperideale gedeihen. Lebensfrohe Barockgemälde scheinen hingegen üppige Formen samt Cellulite geradewegs zu verherrlichen; die dargestellten Frauen wären heute allesamt Kandidatinnen für permanente Schlankheitskuren.

In der Tiefe unserer Seele wissen wir entgegen dem heutigen Schlankheitsideal, dass rund gesund ist. Wir lieben runde Formen, und fast alle Männer lieben somit auch Rundungen bei Frauen. Einen Marienkäfer finden wir süß, weil er einen relativ großen runden Körper und kleine Beinchen hat. An einem kleinen Körper und langen dürren Beinen erkennen wir die Spinne und mögen sie in der Regel nicht. Wenn wir menschliche Eigenschaften betrachten, die wir mit Dürre assoziieren, kommen wir neben Ehrgeiz noch auf Geiz, Gier und Misanthropie. Dass die Dicken dagegen gemütlich sind, spürt der Volksmund genau. Außerdem würden wir auch heute noch fette Jahre dürren Zeiten vorziehen.

Früher galt Fett allgemein als positives Zeichen, zum Beispiel dafür, dass es einem gut genährten Menschen auch gut ging. Aber all diese Erkenntnisse nutzen wenig gegen den Zeitgeist, der aus Hollywood herüberweht. So haben auch wir volle Fitnessstudios und eine auf Hochtouren laufende Wellness-Welle, die allerdings durch das verschrobene Ideal bei den Frauen das Gegenteil von Wohlfühlen heraufbeschwört. Genau das aber würde Wellness eigentlich bedeuten.

Auf der männlichen Seite ist das Elend geringer, denn das herrschende Ideal entspricht mehr dem männlichen Archetyp. Hier geht es zwar auch um Schlankheit, aber nicht um Dürre und Magerkeit. Muskeln sind durchaus gefragt. Vor allem der harte Waschbrettbauch, bei dem sich jeder Muskel unter der Haut abzeichnet, ist ein Muss. Im Gegensatz zu den ausgehungert wirkenden weiblichen Pendants wirken solch durchtrainierte muskulöse Figuren, wie sie beispielsweise Brad Pitt vorweisen kann, in keiner Weise krank. Im Gegenteil kommt hier der männliche Archetyp voll zur Geltung mit seinen breiten Schultern, den schmalen Hüften und kräftigen Extremitäten. Solange dieses Ideal nicht bis zu extremen Muskelbergen überzogen wird, wirkt es ästhetisch und schadet den Männern auch nicht, die sich den entsprechenden Trainingsprogrammen unterziehen und sich nicht aus Bequemlichkeit *dopen*, um sich die Mühsal des Trainings zu ersparen. Wenn außerdem das Herzkreislaufsystem in das Training einbezogen wird – im Sinne eines sanften Bewegungsprogramms im so genannten Sauerstoffgleichgewicht –, sind die Ergebnisse auf der Körperebene sogar ausgesprochen gesund. Doch dass Geist und Seele dabei in der Regel viel zu kurz kommen, hat mit unserer modernen Vorliebe für Äußerlichkeiten und Form zu tun. Inhalt und Sinn spielen nur eine untergeordnete Rolle, oder anders ausgedrückt: Quantität schlägt Qualität um Längen, Schein geht über Sein.

Das alles wäre – jedenfalls in Bezug auf die Gesundheit – noch kein gravierendes Problem, wenn nicht die Bequemlichkeit dazukäme. Denn eigentlich ist der moderne Mensch eher faul und die Fitnesswelle bereits eine Reaktion auf das kollektive Problem der Verfettung aufgrund von Bewegungsmangel und Überernährung.

Fett war die längste Zeit für den Menschen der wichtigste und wertvollste Nahrungsbestandteil. Unsere frühen Vorfahren nahmen von dem erlegten Mammut wegen seines hohen Brennwertes nur das Fett mit auf ihre Wanderungen. Das Muskelfleisch ließen sie liegen, weil es die Mühe eines langen Transports gar nicht lohnte. So wurde Fett zu einem Symbol des Überflusses und des Wertvollen an sich, ähnlich wie wir das bis heute noch in Indien oder im Orient finden. Mit der Zeit aber wurden wir so reich, dass wir uns einen Überfluss an diesem wertvollen Material leisten konnten, und fingen an, ihn auf Hüften, Bauch, an den Oberschenkeln und im Gesäßbereich ständig mit uns herumzuschleppen.

So war es an der Zeit, dass das Pendel wieder umschlagen musste. Und heute bestimmt bereits die Fettwaage die Gemütslage vieler Menschen. Dabei ist sie ein denkbar überflüssiges Instrument, denn ein Blick in den Spiegel würde genügen, um anzuzeigen, wie gewogen einem das Leben mit seinem neuen Schlankheitsideal ist. Der Kampf gegen das Fett ist in den USA zu einer fast nationalen Pflicht geworden, ähnlich wie der Kampf gegen Nikotin.

Für unser Thema ist die ganze Situation mehr als typisch. Wir überfressen uns nicht nur konkret im Kleinen, sondern auch symbolisch im Großen. Wir Menschen der Industrienationen verbrauchen viel zuviel von den Ressourcen der Erde, nehmen mehr, als uns zusteht, und mehr, als uns gut tut. Mit dem Übergewicht der Deutschen könnte man rein kalorisch die Hungernden der Dritten Welt ein ganzes Jahr lang ernähren. Das zeigt genau das Dilemma und Ungleichgewicht, das wir uns und der Welt zumuten. Es tut niemandem gut, dass wir uns auf Kosten anderer so überfressen. All das Fett, das wir in den männlich betonten Yang-Bereichen der Welt am liebsten mittels Diätpräparaten wie Xenical in den Abort verbannen würden, fehlt den Menschen auf der Yin-Seite zum Leben. Beiden Seiten geht es auf diese Weise schlecht. Der in Völlerei Versinkende und der Hungernde leben beide ein hohes Risiko und sterben lange vor ihrer Zeit. Allerdings hat der Übergewichtige viel bessere Chancen, die gemeinsame Misere zu beenden, als der hungernde Untergewichtige. Das rechte Maß wäre unser aller Chance.

Fitness, Potenz und Fruchtbarkeit: das Beispiel Viagra

Verlangt ein Bizeps recht viel Einsatz, bis er etwas hermacht, so ist ein ansehnlicher Waschbrettbauch nur über die Qual von ungezählten Trainingsstunden zu verwirklichen. Das brennende Verlangen nach einem Schönheitsideal und teuflisch brennende Bauchmuskeln sind aber durchaus zweierlei und nicht jeder*mann*s Sache. So kommen schnell andere Angebote ins Spiel des anstrengenden Lebens, und damit auch Gefahren.

In den USA und inzwischen auch bei uns gibt es einen riesigen Markt an Nahrungsergänzungsmitteln, die einem die Mühsal wenn nicht abnehmen, so doch erheblich erleichtern sollen. Der alte Denkfehler aus den 1950er und 1960er Jahren, wonach hoher Eiweißkonsum zu großen Muskeln führt, wird wiederholt. Wenigstens ist man heute dabei einen Schritt weiter und propagiert Eiweißpulver statt Fleisch, das sich – ganz abgesehen von der BSE-Gefahr – in solch großen Mengen als gesundheitsschädigend erwies. Sportler, die mit zwanzig noch fit und stark wirkten, mussten als Dreißigjährige dafür zahlen und waren mit vierzig schon oftmals Invaliden.

Allerdings ist die Eiweißzusatznahrung kein wirklicher Trumpf für moderne Muskelhelden, denn sie nimmt einem keinerlei Training ab. Ganz anders die entsprechenden Dopingmittel wie vor allem Anabolika und Wachstumshormone. Diese führen zu beeindruckendem Muskelzuwachs, allerdings durch die androgynen Stoffe auch zu baldiger Impotenz.

Hier erkennen wir den ersten Schattenaspekt, denn während die Muskelberge rein äußerlich faszinierende Kraft verkünden, ist die korrespondierende Schwäche sexueller Art ein erheblicher Wermutstropfen. Letztlich geht es ja bei all den Bemühungen darum, Eindruck zu machen, und wo wäre das für den Mann wichtiger als bei der Frau? Hier zeigt sich die Diskrepanz zwischen äußerer Form und Inhalt besonders krass: *Sie* wählt sich, nichts Böses ahnend, einen besonders starken Mann für eine besonders starke Erfahrung und muss dann erkennen, dass sein kleiner Mann schon seit langem im Dauerstreik herumhängt. Wenn sie den biochemischen Zusammenhang nicht kennt, wird sie das Malheur vielleicht sogar noch auf sich beziehen. Dabei wird *er* einfach – beim besten Willen und Gefühl – nicht können.

Nun könnte er versucht sein, über eine moderne Designerdroge wie Viagra das eine Malheur durch ein anderes zu kompensieren. Damit beginnt aber schon die gefährliche Spirale des Doping, das uns mit einem weiteren Dilemma der modernen Gesellschaft konfrontiert: Leistung um jeden Preis, auch um den der Gesundheit und des Lebens.

Wollte man in den vergangenen Jahren das Problem der nachlassenden Potenz ansprechen, schlug einem gewöhnlich schroffe Ablehnung entgegen. Da wir männliche Probleme auch heute noch kaum öffentlich diskutieren, ist die Wissensverbreitung in diesem Punkt relativ gering. *Man* kann zwar in jeder Illustrierten über die weiblichen Symptome nachlesen, die auftreten, wenn *frau* die Kurve in der Lebensmitte nicht kriegt. Über die mindestens ebenso deutlichen und oft drastischeren männlichen Symptome findet *man* aber nicht einmal in Fachbüchern besonders viel Material.[37] Das Tabu bezüglich männlicher Probleme schadet natürlich zuerst einmal den betroffenen Männern, die es eigentlich gerade schützen soll; sekundär (be)trifft es aber auch die Frauen. Denn wenn er nicht mehr kann, wird er das lieber auf seine Partnerin projizieren, als sich selbst als therapiereif einzustufen.

Die betroffenen Männer und auch ihre Ärzte fürchteten lange Zeit, Bewusstheit auf das Thema Potenz zu lenken. Hier gäbe es gar kein Problem, wurde man gemeinhin beschieden. Dem entsprach, dass sich in den Arztpraxen kaum Männer wegen Potenzproblemen meldeten. Allerdings ließen zunehmend mehr Frauen durchblicken, dass sie diesbezüglich ein

Problem mit ihrem Partner hatten. Der Tenor in der Eheberatung war innerhalb von zwanzig Jahren von einem Extrem ins andere umgeschlagen. Bezogen sich jahrzehntelang die Klagen der weiblichen Ratsuchenden auf zu viele und vor allem zu häufige sexuelle Wünsche ihres Partners, hat sich der Wind inzwischen gedreht. Früher hieß es tendenziell: »Herr Doktor, er will immerzu, viel zu kurz, viel zu oft!« Heute gehen die Klagen eher in die Richtung: »Er ist immer so müde. Wenn er heimkommt, kann er gar nicht mehr! Gibt es denn kein Stärkungsmittel für ihn?« Nun scheint dieses Wundermittel endlich gefunden zu sein: Viagra soll den Betroffenen, die es sich leisten können, neue Manneskraft schenken.

Interessant ist, dass offenbar eine Vielzahl von Männern den Siegeszug des Yang in der Welt mit einem Niedergang bei der eigenen Potenz ausgleichen (müssen). Während es in der Welt triumphiert, sinkt das Yang bei ihnen in Gestalt ihrer Manneskraft in den Schatten. Dieser Zusammenhang ist auch schon vor Viagra aufgefallen, ohne dass es – wie bei der Henne und dem Ei – jemals eindeutig zu klären war, was zuerst kam. Während die österreichische Sexualtherapeutin Rotraud Perner den Standpunkt vertrat, »Management macht impotent«[38], ließ sich in Psychotherapien auch die andere Seite belegen, dass sich impotente Männer die ihnen auf dieser Ebene versagt bleibende Anerkennung im Beruf holen. Sie erklimmen die Karriereleiter mit besonderer Hingabe und stellen dabei die wirtschaftliche Potenz über die sexuelle. Sicher liegt die Erklärung wie so oft in der Mitte zwischen den Extremen: Sowohl die Überkompensation sexueller Impotenz kann zu wirtschaftlicher Potenz führen, vergleichbar dem durchsichtigen Versuch, Impotenz durch starke Motorräder oder überhaupt Motoren zu kompensieren. Andererseits wird auch der Stress einer Managerkarriere auf der sexuellen Ebene das Stehvermögen unterminieren.

Ein vergleichbares Dilemma kann sich auf der rein körperlichen Ebene entwickeln, wenn überdimensionierte, auf dem Boden von Doping mit männlichen Hormonen oder ihnen ähnlichen Stoffen herbeigezauberte Muskelberge sich mit Impotenz verbinden. Dieser Zusammenhang ist über die pharmakologischen Wirkungen natürlich klar; trotzdem scheint es, dass einem nur ein bestimmtes Maß an Potenz zusteht und *man* die Wahl hat, auf welcher Ebene *man* es sich nimmt. Dem entspricht auch die Erfahrung, dass archaische Naturmenschen über eine verblüffend hohe sexuelle Potenz verfügen. Mit wirtschaftlicher Potenz sind sie dagegen so gut wie gar nicht gesegnet.

Die Tatsache, dass ein Mittel wie Viagra einen so sensationellen Erfolg hat – es ist ökonomisch das erfolgreichste Medikament aller Zeiten –, muss damit zu tun haben, dass moderne Männer in modernen Gesellschaften entgegen allen Beteuerungen doch unter massiven Problemen mit der sexuellen Potenz leiden. Denn warum sollten all die Männer, die nach Viagra lechzen, so viel Geld ausgeben, wenn alles zum Besten stünde?

Dass von Männern zum Thema Sexualität kaum ehrliche Angaben zu erwarten sind, zeigte eine Untersuchung, bei der eine Gruppe nach der Häufigkeit ihres Geschlechtsverkehrs gefragt wurde. Sie gaben an, durchschnittlich jeden zweiten Tag mit ihrer Ehefrau zu schlafen. Als man ohne ihr Wissen gleichzeitig die zugehörigen Frauen interviewte, sank die Frequenz plötzlich auf weniger als einmal pro Woche.

Wir haben es hier offensichtlich mit einem schwierigen, ja heiklen Thema zu tun. Denn auch die Verkaufszahlen von Viagra liefern keine sehr verlässlichen Aussagen. Es spricht einiges dafür, dass sich ungezählte Männer die Pillen besorgen, die sie eigentlich gar nicht nötig hätten. Sie erhoffen sich davon eher den besonderen Kick.

Einen relativ ehrlichen Überblick zur Potenz gewinnt man über den Umweg einer Analyse der Fruchtbarkeit, über die wir viel genauer informiert sind. Potenz und männliche Fruchtbarkeit dürften sich weitgehend entsprechen. Wo die Fruchtbarkeit dahin ist, wird die Potenz zumindest auf dem absteigenden Ast sein, denn bio*logisch* macht sie dann gar keinen Sinn mehr.

Die Spermaproduktion kann mit dem atemberaubenden Lebenstempo der modernen Gesellschaft schon lange nicht mehr Schritt halten. Die Zahl der Spermien im Ejakulat hat sich in den letzten Jahrzehnten dramatisch verringert – seit Kriegsende ist sie in Deutschland um mehr als die Hälfte gesunken, und auch die Qualität nimmt rapide ab. Immer mehr missgebildete und bewegungsunfähige Spermien können ihr Ziel nicht erreichen, wenn sie sich überhaupt noch auf den Weg machen.

Die Gründe sind vielfältig: Einerseits ist es jenes alle Ebenen der Moderne beherrschende Phänomen *Stress*, das die Männer immer mehr auf Hochtouren und ihre Samenproduktion zugleich herunterbringt. Andererseits schlägt sich hier auch die Überschwemmung unserer Umwelt mit dem weiblichen Hormon Östrogen nieder. All die Tonnen von Antibaby- und Wechseljahrspillen, die die Pharmaindustrie produziert und die Millionen Frauen täglich willig schlucken, verlassen den

Organismus über den Urin und sind danach biologisch durchaus noch aktiv. Hinzu kommt, dass viele Pestizide und Herbizide in der Umwelt auch hormonähnliche Wirkungen entfalten, ganz zu schweigen von hormonverseuchtem Fleisch und jenen Hormonen, die geschluckt werden, um Muskeln aufzubauen oder das Alter(n) aufzuhalten. Ob wir wollen oder nicht, wir nehmen über die Nahrung zunehmende Mengen an Hormonen auf.

In den USA beobachten Biologen seit einiger Zeit, wie Wassertierarten in Bedrängnis geraten, weil die männlichen Tiere keine fortpflanzungsfähigen Spermien mehr produzieren können. Bei den Alligatoren in Florida geht das Drama bis zu Penismissbildungen; männliche Fische verlieren die Fähigkeit der Samenproduktion. Selbst Landlebewesen und Vögel, die überwiegend vom Verzehr von Wassertieren leben wie die Seeadler, kommen bereits durch die Unfruchtbarkeit der männlichen Tiere bei der Fortpflanzung in ernste Schwierigkeiten.

Nun ist es zwar von den Wassertieren zum Menschen ein weiter Schritt, aber die Entwicklung geht bei den Männern doch unübersehbar in eine ähnliche Richtung wie bei ihren Geschlechtsgenossen im Wasserreich. Und was von den einzelnen Männern als individuelles Problem erlebt wird, ist in Wirklichkeit längst ein gesellschaftliches und wird von Fachleuten bereits als sanfte Ausrottung der Ersten Welt beschrieben. So waren in den USA Anfang der 1990er Jahre bereits über 42 Prozent der jungen Männer zeugungsunfähig. Der Zeitpunkt, zu dem es kaum noch zeugungsfähige männliche US-Bürger geben soll, lässt sich für die nähere Zukunft errechnen.

Zum Glück für die Amerikaner und die anderen Männer der

Industrienationen verlaufen aber natürliche Entwicklungen nie linear. Einige zeugungsfähige männliche Individuen werden aller Wahrscheinlichkeit übrig bleiben. Über deren sich aus dieser Situation ergebende Rolle darf man schon heute spekulieren. Beim derzeit bestehenden Trend spricht alles dafür, dass sie die Zuchthengste oder -bullen zur Erfüllung der Kinderwünsche und zur Erhaltung der Art werden könnten – hoch bezahlt, wie das bei amerikanischen Samenbanken schon jetzt gang und gäbe ist.

Da es sich bei ihnen um die biologisch robustesten Exemplare der Gattung handeln dürfte, wird ab diesem Zeitpunkt dann – evolutionär betrachtet – eine Hochzucht der menschlichen Art beginnen, wie sie sich wohl die Nazis in ihren Ordensburgen erträumten, aber zum Glück nicht realisieren konnten. Dabei wäre das, wie schon zu Beginn des Buches deutlich wurde, nur ein Aspekt der Optimierung des menschlichen Erbgutes.

So erschreckend dieses Szenario auch sein mag, es wird von den Männern der Industrienationen mit erstaunlicher Gelassenheit zur Kenntnis genommen beziehungsweise einfach ignoriert. Das wiederum dürfte vor allem daran liegen, dass sie sich nicht klar machen, wie sehr hier neben ihrer Fruchtbarkeit auch ihre Potenz in Gefahr ist. Der Sexualforscher Bornemann sagte sogar bereits das Ende der Heterosexualität voraus, womit er zwar radikal übertrieben haben dürfte, aber doch einen Trend traf.

So wird denn die Krawatte immer mehr zum typischen Symbol des modernen Mannes. Als ein eindeutiges Penissymbol hängt sie deutlich sichtbar allzeit schlaff herunter. Natürlich spricht nichts dagegen, wenn Männer, insbesondere nach der Lebensmitte, nicht mehr so oft wollen und können. Problematisch wird es aber, wenn fehlende Potenz dem Betroffenen und seiner Partnerin die Lebenslust raubt. In dieser Situation erschien Viagra wie ein Retter in der Not; der Verkaufsboom nach Einführung des Medikaments spricht Bände.

Dabei ist die Einnahme einer Pille natürlich eine rein funktionelle Maßnahme, die an den Hintergründen nicht rührt. Viagra verhilft *ihm* dazu, dass er öfter und länger kann. Aber ist das nicht eigentlich ziemlich unwichtig, verglichen mit dem, was dabei innerlich geschieht? Die meisten Männer, die jetzt Viagra nehmen, hätten *Ecstasy*, die Modedroge, die das Herz(chakra) öffnet, viel notwendiger, scheint es sich doch eher um ein Herzensproblem im übertragenen Sinn als um ein Penisproblem im Konkreten zu handeln. Am besten wäre natürlich, wenn man weder für das eine noch das andere Dopingmittel brauchte, sondern aus eigener Kraft von innen heraus zur Erfüllung der anstehenden Wünsche käme. Das allerdings setzte wieder das Einlassen auf tiefere seelische Ebenen voraus.

Wenn nur Pillen oder Drogen geschluckt werden, muss man davon ausgehen, dass die Grundproblematik weiter eskaliert, während auf der Oberfläche der Leidensdruck verschwindet. Das Mittel wird einen Schein aufrechterhalten – genauso wie die Mehrzahl der betroffenen Männer auch bisher den Schein aufrechterhielt und weder einen Arzt noch einen Therapeuten konsultiert hat. Damit liegt Viagra voll im Trend, der ja auch den schönen Schein für viel wichtiger erklärt als das schnöde Sein.

Solch eine physische Vorspiegelung falscher oder doch chemisch geschönter Tatsachen kann für die einzelnen Schauläufer aber ausgesprochen unangenehme und sogar gefährliche Konsequenzen haben. Letztlich ist Viagra eine Art sexuelles Doping. Nun kann man über Doping geteilter Meinung sein. Im Sport wird es offiziell entschieden abgelehnt und verurteilt, aber hinter den Kulissen laufend praktiziert. In der Medizin und im Alltag ist Doping unbestritten im Einsatz; es wird nur anders benannt. Wenn jemand die zum Schlafen notwendige Ruhe in sich nicht mehr findet, holt er sie sich chemisch über Pulver oder Tabletten. Wer die notwendige Leistung – auf welchem Gebiet auch immer – aus eigener Kraft nicht mehr bringen kann, greift zu chemischen Hilfen.

Ob die Pop- und Showstars auf der Bühne ihre Hochstimmung mit Koks herbeizaubern oder die klassischen Orchestermusiker sich mit Betablockern auf ihren Dirigenten »einstellen«, bleibt sich im Prinzip gleich. Der Ausdruck *»mother's little helpers«*, wie die Amerikaner so verniedlichend all die Psychopharmaka nennen, mit deren Hilfe die amerikanische Durchschnittshausfrau ihren Alltag bewältigt, umschreibt letztlich einen Tatbestand des Doping. Insofern brauchen wir also nicht zu staunen, wenn nun auch sexuelles Doping möglich wird.

Schließlich ist es nichts im Vergleich zu all den Pillen, mit deren Hilfe heute schon Kinder für die Anforderungen der Schule gedopt werden. Tausende von Tonnen Psychopharmaka werden in den USA und auch in Deutschland routinemäßig Minderjährigen verabreicht, damit sie so funktionieren, wie das in einer modernen Großstadt in einem ehrgeizigen Elternhaus, das auf beste Ausbildung Wert legt, für notwendig erachtet wird. Hier haben wir es ebenfalls mit Doping zu tun, und das ist wohl auch der Grund, warum wir über den Mechanismus der Projektion, der Verschiebung der Verantwortung auf andere nach der Sündenbockmethode, solch gesteigerten Wert darauf legen, dass die Dopingsünder im Sport hart bestraft werden.

Jedes Doping hat aber seinen Preis. Wer im Sport Doping betreibt, zahlt dafür, wie es uns immer wieder scheinbar unerklärliche Zusammenbrüche und leider auch Todesfälle vor Augen führen. Diese Tatsache ist der wesentliche medizinische Grund für das Dopingverbot im Sport.

Das Wesen oder die Absicht des Doping ist, etwas zu leisten, ohne dafür die körperlichen Voraussetzungen geschaffen zu haben. Der Bodybuilder will eben nicht so viel trainieren, wie es für außergewöhnliche Muskelberge nötig wäre. Also greift er zu Hormonen, die dann das Muskelwachstum erleichtern. Dass dabei auch sein Kinn wachsen mag und sich ein männliches Körpermuster herausbildet, das in keinem Verhältnis zu seiner seelischen Innenwelt steht, nimmt er meist unwissend in Kauf. Das merkt oft erst seine Freundin im Bett, wo er ziemlich bald nicht mehr viel aufstellt. Nun könnte er in Zukunft auch Viagra schlucken und würde seine *Performance* dann auch auf dieser Ebene noch eine Zeit lang verbessern, die Frage ist allerdings, wo führt (ihn) das hin?

Goethes Faust erkennt, dass er für alles zahlen muss. Die Frage ist nicht, ob, sondern wann. Beim Doping sind wir in derselben Situation und hoffen offenbar, dass es mit dem Bezahlen später einmal leichter und günstiger geht. Im Finanzbereich ist aufgrund der gängigen Zinspolitik jedenfalls das Gegenteil der Fall. Beim Doping ist ebenfalls zu beobachten, dass das spätere Bezahlen immer teurer kommt, als man es sich vorgestellt hat. Bei einem Hauskauf auf Raten ist das hoffentlich noch jedem klar. Wer gleich bezahlt, zahlt viel weniger als jener, der sich über dreißig Jahre hinweg mit all den Zinsen belastet. Er muss im Grunde zwei bis drei Häuser bezahlen. Leider wird das auch beim sexuellen Doping so kommen, und Viagra dürfte hier erst der Anfang sein, denn sicher wird das entsprechende Mittel für Frauen bald folgen. Diese Pille wird allerdings deutlich schwieriger zum Erfolg zu bringen sein, denn Frauen geht es im Allgemeinen weniger um die äußere Show als um das seelische Erleben, und hierbei bringen derlei Mittel bis jetzt (noch) nichts.

Beinahe selbstverständlich eröffnet sich dennoch mit »Viagra für die Frau« die nächste Dimension für forschende Pharmazeuten. Es muss doch möglich sein, die rein körperliche Leistungskomponente mit den entsprechenden psychisch wirksamen Mitteln zu koppeln, sodass *er* dann auch außergewöhnlich begeistert von seiner außergewöhnlichen Darbietung und *sie* ungewöhnlich erfüllt von ihrem ungewöhnlich tiefen Erlebnis ist! Dann wird die Gefahr, sich zu übernehmen, allerdings noch größer. Denn der Körper hat mit Sicherheit schwer wiegende Gründe, wenn er in einzelnen Bereichen den Dienst einstellt.

Eine über zwanzigjährige Erfahrung der Krankheitsbilder-Deutung belegt, dass in Gefahr gerät, wer die seelische Ebene ständig übergeht, um mehr zu leisten und seine natürlichen Grenzen zu überschreiten. Dass der übergewichtige, bis an die Grenzen gestresste und schon »fertige« Typ plötzlich durch das biochemische Wunder(mittel) Viagra wieder kann, ist nur ein Aufflackern von Vitalität, die aus einem endlichen Reservoir von Lebenskraft geborgt werden muss. So etwas wird langfristig auf Kosten der Lebenszeit gehen, wie es sich auch schon abzeichnet, zum Beispiel bei Patienten mit Durchblutungsstörungen am Herz. Das Blut, das ihm dort unten fehlt, um seinen Mann zu stehen, ist offenbar nicht mehr zur freien Verfügung. Wenn es nun mittels Viagra chemisch genötigt wird, muss es dafür woanders abgezogen werden und wird dort fehlen.

Es gibt *natürlich* nicht beliebig viel Blut in einem Organismus. Wenn es für den Körper eng wird, fängt er an einzusparen, was er für sein Überleben nicht unbedingt braucht, zum Beispiel die Potenz. Wird diese dann chemisch gleichsam wieder erzwungen, wird es für das Überleben prekär.

Von der Evolution her betrachtet ist die Fortpflanzung der Art von entscheidender Wichtigkeit und wird gleich nach dem Überleben des Individuums sichergestellt. Wenn schon für die zweitwichtigste Funktion kein Blut mehr zur Verfügung steht, sieht es offenbar für die Betroffenen sehr schlecht aus. Sie kämpfen bereits mit dem Rücken zur Wand ums Überleben.

Trotzdem sollte man Viagra deshalb nicht verbieten, dann müssten wir ja auch Reizwäsche verbieten, denn auch sie ist zumindest bei einigen in der Lage, letzte Reserven zu mobilisieren. Im Übrigen weist die Herstellerfirma Pfizer schon von sich aus in durchaus verantwortlicher Weise auf Gefahren bei Patienten mit Herzkranzgefäßverengungen hin. Ihr ist bei all dem sowieso kein Vorwurf zu machen, bedient sie doch den Zeitgeist in geradezu vorbildlicher Weise.

Zu begrüßen ist Viagra im Übrigen aus der Sicht der letzten Nashörner dieser Erde und all der Robben, die bisher aus (Im-) Potenzgründen dran glauben mussten. Denn auch impotente asiatische Männer werden nun hoffentlich von Nashorn- und

Robbenschwanz-Pulver auf Viagra umsteigen, und das sei ihnen im Gegensatz zu den »Hilfen« aus dem Reich der bedrohten Tierarten auch von Herzen gegönnt.

Insgesamt gesehen werden aber alle schon vorhandenen und die noch zu erwartenden Designerdrogen Probleme nur oberflächlich und im funktionalen Bereich angehen können, die seelische Dimension der Problematik werden sie ihrer Natur gemäß eher verstärken. Damit aber liegen sie durchaus im Trend, der die Quantität über die Qualität stellt und die Gegenwart über die Zukunft. Letzteres aber ist nur im spirituellen Bereich eine Lösung, sonst verantwortungslos und lebensgefährlich.

In der Analogie heißt die neue Lust am Doping für den Makrokosmos, dass wir wohl auch zukünftig der Erde mehr abpressen und zumuten werden, als es ihr und uns gut tut. Schon jetzt leben wir deutlich über unsere Verhältnisse. Auf nichts anderes aber zielt Doping, das mehr Potenz, Kraft, Kondition zur Verfügung stellt, als natürlicherweise vorhanden ist.

An sich macht das Problem wunderbar ehrlich. Uns fehlt insgesamt gesehen die Potenz, was ja auch für Fähigkeit steht. Statt uns aber um die Wurzeln des Problems zu kümmern, versuchen wir mit »immer mehr vom selben«, das heißt mit noch mehr Yang-Einsatz, doch noch zu erzwingen, was eigentlich schon längst über unsere Kräfte geht. Diese Situation gilt gleichermaßen für Mikrokosmos und Makrokosmos. Auch auf der Welt haben wir längst die Grenzen des noch Vertretbaren im Yang-Bereich überschritten und peitschen uns trotzdem weiter, statt innezuhalten und uns und der Welt die notwendige Atempause zu gönnen.

Leben gelingt langfristig nur im Gleichgewicht, die Mediziner sprechen in diesem Zusammenhang von Homöostase, dem Fließgleichgewicht. Genau dieses aber verliert die Mutter Erde gerade, und wir als ihre Kinder erleben ein ähnliches Ungleichgewicht über unseren Körper und unsere Seele.

Wo immer aber ein Pol ins Extrem geht, zerstört er sich selbst. Das lässt sich am Beispiel ganzer Kulturen und einzelner Menschen, zum Beispiel dopender Sportler, zeigen. Wir müssten es jetzt eigentlich nicht nochmals individuell oder kollektiv durchleben.

Notwendig wäre ein Gegengewicht für Mutter Erde und uns Menschen. Wir brauchen mehr bewusstes Yin, mehr Ruhe und weniger Hektik, mehr Regeneration und weniger Anspannung, mehr Muße und weniger Effektivität, mehr Genuss und weniger Leistung. Genau das wäre auch das ideale Programm, um der Impotenz zu entkommen. Eine Verlangsamung aller gesellschaftlichen Abläufe wäre kollektiv ebenso notwendig wie individuell eine Beruhigung des durchgedrehten autonomen Nervensystems.

Die Verlangsamung der Zeit, wie sie beispielsweise der ORF-Redakteur Franz Köb[39] anmahnt, wäre so wichtig und überfällig, allein der Turbokapitalismus gibt diesem Ansatz noch wenig Chancen. Wahrscheinlich muss alles noch hektischer und schlimmer kommen, bis eine Mehrheit zum Umkehren und Verlangsamen bereit ist. Wer nicht mehr kann und dem mörderischen Fortschrittstempo nur noch hinterherhinkt, wird automatisch langsamer und sich dann vielleicht der seelischen Entwicklung und dem innerem Fortschritt widmen, der im Augenblick so vernachlässigt wird.

Makellosigkeit: das Beispiel Schönheitsoperationen

Wo Bequemlichkeit das Training behindert, Pillen und Diäten die Erwartungen enttäuschen, bleibt immer noch die Operation. Allmählich werden Schönheitsoperationen in den USA schon selbstverständlich. Auch in Deutschland wächst die Akzeptanz schnell. Die Zeitschrift *Elle* berichtet 2000, dass 10 Prozent der deutschen Frauen Operationen vorbehaltlos bejahen, um erfolgreich zu sein und makellos auszusehen; 46 Prozent halten sie für vertretbar, wenn Schönheitsfehler echte Probleme wie etwa Minderwertigkeitsgefühle erzeugen. Nur noch 24 Prozent halten sie für unnötig, 10 Prozent lehnen sie wegen medizinischer Risiken ab, und insgesamt nur 3 Prozent sind grundsätzlich und entschieden dagegen.

So wie jemand, der es sich leistet, seinen *Body* nicht zu trainieren, milde Verachtung zu spüren bekommt, weil er den Zeitgeist verpasst und das Auge des Betrachters beleidigt, ergeht es allmählich auch denen, die die Möglichkeiten der plastischen Chirurgie grundsätzlich verschmähen. Zwar gibt es auch Gegenströmungen, etwa in Form einer Gruppe von Models, die mit natürlicher, nicht zurechtoperierter Schönheit werben. Solche kleinen, eher belächelten Initiativen können aber dem Trend nichts anhaben. Wer es sich leisten kann, lässt sich zurechtoperieren, um eine gute Figur zu machen und dem Alter zu trotzen.

Auf diesem Weg ändert sich bereits ausgehend von den USA das Figurbild, vor allem in Bezug auf die weibliche Brust. Riesengroße, unnatürlich feste Brüste sind das Ideal. Die große Brust symbolisiert jedoch das Mütterliche und ist in einer kindlichen bis kindischen, von Männern dominierten Gesellschaft wie der amerikanischen besonders wichtig. Der mütterlich-weibliche Gefühlsbereich, der in unserer Gesellschaft immer mehr fehlt, wird hier ersatzweise überbetont. Auch das ist ein Zeichen dafür, wie weit *man* aus dem Gleichgewicht geraten ist. Das Mondprinzip, dem es um das Bemuttern und Versorgen geht und das auf der körperlichen Ebene in der *Mamma* (lat.: weibliche Brust) symbolisiert ist, kommt in der Kälte der globalisierten, hart rechnenden Welt der Wirtschafts- und Finanzmärkte zunehmend unter die Räder. Notgedrungen muss es an anderer, unpassender Stelle überbetont werden.

Bei den Schönheitsoperationen wird hierzulande das *Lifting* immer beliebter. Wir lassen uns mit der Zeit ja überall mehr oder weniger hängen, und der Chirurg soll wieder hochziehen, was wir nicht mehr hochhalten können. Er bleibt aber bis jetzt noch auf Spezialgebiete beschränkt, auch wenn diese allmählich ausgeweitet werden. Die müder und welker werdende Gesichthaut – man bekommt sozusagen mit der Zeit mehr Platz in seiner Haut – wird beim Facelifting wieder gestrafft und gespannt. Auch Männer lassen sich zunehmend neu verspannen, um die Spuren des Alterns zu verwischen. Solche Runderneuerungen haben aber *natürlich* ihre Grenzen, denn irgendwo kommt der Übergang zum alten Körper mit seiner von den Jahren angestrengten Haut zum Vorschein. Dieser wird unweigerlich durch die Überarbeitungen an einigen besonders vordergründig sichtbaren Stellen betont. Der Blick zum Hals oder ins Dekolleté kann so überraschende Abgründe der Zeit enthüllen. Die Ganzkörpernachstraffung ist jedoch noch nicht im Angebot der Operateure.

Was beim ersten Mal noch reizvoll sein mag, wird mit der Zeit und den notwendigen Wiederholungen auch im Gesicht immer schwieriger auszuhalten. Wenn die Gesichtslage dann schon extrem angespannt ist und langsam die Haut in der Mitte ausgeht, wird es schwerer, nachts noch die Augenlider zu schließen. Das Gesicht ist schon längst zur Maske geworden und enthüllt statt makelloser jugendlicher Frische nur noch Peinlichkeit, kann doch spätestens jetzt jeder sehen, dass hier jemand nicht zu seinem Alter steht, keine Reife erlangt hat und sein Leben nicht bewältigt.

Hier wird das Drama auch wieder typisch für unsere Situation in der Welt. Uns fehlt die Reife, zu dem zu stehen, was wir angerichtet haben und was uns immer deutlicher ins Gesicht geschrieben steht. Wir sind längst müde geworden und müssten ausspannen, aber stattdessen verspannen wir alles neu, um einen äußeren Schein zu wahren, der immer leichter zu durchschauen ist und uns selbst mehr schadet als nutzt. Anfangs kommt man damit noch durch, aber dann läuft einem immer erkennbarer die Zeit davon. Genau das beschreibt auch unsere Lage im globalen Sinn.

Die Schönheitschirurgie des Gesichts könnte uns zeigen, wie sehr es in der Welt nur noch um Fassade geht und wie viel wir vor uns und anderen vertuschen wollen. Die Vortäuschung falscher Tatsachen ist auch zum Tagesgeschäft von Politik und Wirtschaft geworden. Die Wahrheit ertragen wir scheinbar nicht mehr, dabei wird sie immer deutlicher an den Bruchstellen unserer Gesellschaft sichtbar, genau wie an den Übergängen zwischen alter und runderneuerter Gesichtshaut.

Oscar Wildes Erzählung *Das Bildnis des Dorian Gray* macht das Problem symbolisch deutlich. Wo das Äußere (Gesicht) unverändert jung bleibt, wird es zur Maske, und innen besteht die Gefahr, dass sich ein hässlicher Schatten bildet. Wahre

Schönheit kommt von innen, sagt der Volksmund und hat wie so oft Recht. Eine schöne, das heißt eine entwickelte Seele macht auch ein faltiges Gesicht schön.

Wer ein inhaltlich ausgefülltes Leben hatte und innerlich jung geblieben oder wieder jung geworden ist, kann sich äußerlich die Spuren und Zeichen des Lebens leisten. Eine Indianerin, die – eingebunden in ihre Stammestradition – den Kreis ihres Lebens in Würde bewältigt hat, wäre eher beleidigt, wenn man sie jünger einschätzte. Wie zu ihrem Leben kann sie auch zu ihrem Alter und Aussehen stehen. Das aber fällt naturgemäß denjenigen schwer, die ein ausschließlich nach außen orientiertes Leben führten, das inhaltlich leer blieb. Die Seele ist dann nicht jung, sondern ohne Erfahrungen; sie hat keinen Reichtum an inneren Bildern angesammelt, sondern ist arm, und diese Armseligkeit soll hinter einer glatten Fassade versteckt werden. Einige Menschen wissen das, andere spüren es instinktiv im Kontakt mit solchen renovierten Fassaden.

Schönheitschirurgie ist längst nicht mehr auf den weiblichen Körper beschränkt. Vierzig Prozent der Eingriffe werden an Männern durchgeführt. Allerdings verheimlichen Männer eine Schönheitsoperation öfter als Frauen, die heute – zumindest in den USA – schon stolz darauf sind.

Durch das bei ihnen häufiger ins Spiel kommende Peinlichkeitsgefühl lassen Männer viele Eingriffe wie Gesichtsstraffungen, Haarverpflanzungen oder Fettabsaugungen gern in mehreren Etappen vornehmen, sodass der Unterschied nicht so krass auffällt. Für sie bietet sich besonders die so genannte *lunch time surgery* an, die kosmetische Operation in der Mittagspause. Aber auch ein an Zulauf gewinnender Schönheitschirurgie-Tourismus kann helfen. Zuerst ein oder zwei kleinere Eingriffe und dann anschließend eine Safari bieten südafrikanische Chirurgen zum Sonderpreis an. Die Urlauber kommen in diesem Fall offensichtlich verjüngt (und auch mit schon halbwegs abgeheilten Wunden) nach Hause.

Sogar bezüglich eines Waschbrettbauchs können Männer heute schon auf Chirurgen setzen. Diese bauen ihnen ein *Goretex*gerüst ein, das sie anschließend mit an anderer Stelle abgesaugtem Fett unterspritzen. Vielleicht wirkt dieses als Muskel verkleidete Fett am Bauch tatsächlich attraktiver denn als Doppelkinn oder Hüftspeck, allerdings bleibt es als Muskelersatz peinlich. Nach spätestens zehn Jahren zeigt der Bauch zudem erneut Verfallserscheinungen. Der unerbittliche Zahn der Zeit nagt auch an den schönsten Kunst(hand)werken, die dann zur erneuten Überarbeitung anstehen.

Auf diese Weise werden bei Männern Bäuche abgeflacht, Hüften oder Kinnpartie reduziert und sogar der Bizeps, der Stolz schon der kleinen Jungen, mittels Fetteinlage aufgepolstert. Das gehasste Fett wird zur Modelliermasse in den geschickten Händen chirurgischer Kunsthandwerker.

Deutlich zeigt sich hier, dass auf der männlichen Seite noch mehr manipuliert und noch weniger dazu gestanden wird. Wir machen uns und der Welt etwas vor; die Manipulationen, die im Mikrokosmos vorgenommen werden, werfen ein entsprechendes Licht auf jene im Makrokosmos. Auch dort wird die Schönfärberei und Vertuschung mit allen Mitteln betrieben. Deren Ergebnis kann ebenfalls nicht lange halten und wird dann noch krasser hervortreten und schwerer zu beherrschen sein.

Wir haben zudem keinerlei Erfahrungen mit den Langzeitwirkungen der retuschierten Wirklichkeit – weder in Bezug auf gestraffte Bäuche noch auf die Ökobilanz unserer Erde. Wir leben völlig ins Blaue hinein und werden wohl oder übel unser blaues Wunder erleben. Beim Absaugen überschwappenden Fettes um die Leibesmitte werden beispielsweise auch die Energiekanäle des Körpers, die Meridiane oder Nadis, wie sie in der chinesischen beziehungsweise indischen Medizin heißen, geschädigt. Diese Bahnen verlaufen nicht nur äußerlich auf der Haut, sondern auch im Körperinnern. Von den Risiken der jeweils notwendigen Narkose und der Giftigkeit der eingesetzten Mittel ganz zu schweigen.

Hinter der Welle der Schönheitsoperationen steckt die Idee des »Mehr scheinen als sein«. Was aber hierzulande in der klassischen Erziehung als unseriös verworfen wurde, kommt jetzt allmählich als letzter Schrei aus den USA zu uns zurück. Insofern könnte man vermuten, dass dort auch viel europäischer Schatten gelebt wird. Was wir noch Bestechung nennen, heißt dort längst *Sponsoring*. Was wir als frech empfinden, ist dort schon selbstverständlich, und es würde geradezu als dumm gelten, wenn es unterbliebe. Der Ehrliche ist in der modernen Welt tatsächlich der Dumme, wie Ulrich Wickert es so treffend beschreibt.[40]

Wie im Mikrokosmos neigen wir natürlich auch im Makrokosmos dazu, vieles unter den Teppich zu kehren und in Sondermülldeponien und Zwischenlagern zu verstecken, was wir an der Oberfläche nicht ertragen können. Wir versenken im Meer und vergraben in der Erde, den beiden archetypisch weiblichen Elementereichen, was der männliche Verstand zwar geschaffen hat, aber nicht lösen kann und womit er sich nicht konfrontieren mag. Er will es sich dann wenigstens aus dem Gesichtsfeld schaffen. Das ist eine Politik, die auf beiden Ebenen, im Mikro- wie im Makrokosmos, den Tatsachen nicht ins Auge schaut und die Konsequenzen der eigenen Lebenswirklichkeit nicht erträgt. Aus der Psychotherapie wissen wir hinlänglich, dass Verdrängung nichts nutzt, sondern dass im Gegenteil die Probleme unter der geschönten Oberfläche nur weiter eskalieren und so gefährlicher werden.

Die wohl einzige Lösung ergibt sich ebenfalls aus der Psychotherapie: Es führt auf Dauer einfach kein Weg an der Auseinandersetzung mit der Wirklichkeit vorbei. Wer das aber weiß, kann sich und seiner Welt jeden Aufschub von vornherein ersparen und damit einiges an überflüssigem Leid. In einem zyklischen Weltbild, wie es von den archaischen Völkern tradiert wird, muss der Mensch immer wieder zurück zum Ausgangspunkt seines Weges. Es ist naiv, wenn wir in unserem linearen Weltverständnis hoffen, ungeschoren davonzukommen. Wir haben ja längst angefangen, unter unserer Ignoranz zu leiden. Außerdem ist das lineare Weltbild sicher falsch, schon weil es in dieser Schöpfung gar keine geraden Linien gibt.

Irgendwann werden wir unausweichlich mit den Ergebnissen unserer Verdrängung konfrontiert. Wer mit Hilfe plastischer Chirurgie das Altern aufhalten will, wird eines Tages umso heftiger und unsanfter erwachen und dann unvorbereitet und erschreckt seinem Tod ins Auge schauen müssen. Das führt zu der relativ spät entstandenen, aber umso moderneren Überzeugung, dass Gevatter Tod ein schreckliches Antlitz habe.

Das Erwachen, wenn die sich bereits jetzt abzeichnenden Umwelt- und Wirtschaftskatastrophen nicht mehr zu vertuschen sind, wird wohl kein bisschen angenehmer werden. Der Börsenkrach vom Schwarzen Freitag 1929 dürfte da nur eine kleine Vorübung gewesen sein, wie wohl auch Tschernobyl oder die BSE-Krise.

Unsterblichkeit

Bei einem Leben, das ganz auf äußere Form, auf Aus- und Ansehen ausgerichtet ist, nimmt es nicht wunder, wenn man es am Ende nicht loslassen kann. Es war in seiner Konzentration auf Materielles so ungeheuer anstrengend und in letzter Konsequenz so erfolglos, dass schließlich oft das Gefühl bleibt, das könne noch nicht alles gewesen sein. So gesehen ist die extreme Verleugnung des Todes, wie sie vor allem in den USA zu beobachten ist, wieder verständlich. Da werden Leichen von speziellen Visagisten jugendlich geschminkt, sodass man ihnen den Tod nicht ansieht. Andere verfügen, dass ihre Leiche eingefroren wird – in der irr(ig)en Hoffnung, irgendwann in ferner Zukunft wieder aufgetaut zu werden und weiterleben zu können.

Den Tod überlisten

Für einen Materialisten, der sich nie um Bewusstseinsentwicklung gekümmert hat, ist der Unterschied zwischen einem Körper und einer Leiche vielleicht nicht einmal nachvollziehbar. Solchen Menschen mag es durchaus auch als Hoffnungsschimmer erscheinen, dass es Forschern gerade gelungen ist, menschliche Zellen zu klonen. Wenn man zudem daran denkt, was in Steven Spielbergs Dinosaurierfilm *Jurassic Park* glückte, nämlich die Regeneration eines Lebewesens aus einer uralten Zelle, dann wird sogar die Wiederbelebung längst gestorbener Menschen zumindest wissenschaftlich denkbar.

Würden wir tatsächlich so weit gehen? Wenn Wissenschaftler die entsprechende Technik erst beherrschen, werden sie sie wohl auch anwenden. Das liegt in der Logik des Zeitgeistes. Natürlich hatten die Politiker die Atombombe bauen lassen, um sie nie einzusetzen, aber sie wären keine Politiker, wenn sie sich an ihre Vorgaben und Versprechen halten würden. Und wir wären keine Menschen, wenn wir nicht letztlich unseren Ängsten beinahe jedes Opfer brächten. Insofern werden auch bei der Technik des Klonens Besserwisser bald nachfolgen, wenn der Damm erst einmal gebrochen ist. Auch entsprechende Gesetze, die einen Missbrauch der Technik verhindern sollten, lassen sich dann schnell ändern.

Entgegen dem Trend zur Vielfalt der Evolution täten wir damit einen weiteren Schritt in Richtung der sich auch sonst überall abzeichnenden Eintönigkeit. Es gäbe sozusagen dauernd Neuauflagen alter menschlicher Genprogramme. Aber selbst ohne solche Zukunftsszenarien ist die kollektive Verdrängung des Todes schon weit genug vorangeschritten, um massive Probleme zu schaffen.

Die Vorstellung, dem Tod ein Schnippchen schlagen zu können, passt bestens zur modernen Macherideologie, die sich gern selbst zum Maß aller Dinge *macht*. Aber selbst wenn wir dem Tod heute noch in letzter Minute einige Organe entreißen, um sie Sterbenden einzupflanzen, die damit weiterleben, bleibt seine Macht ungebrochen. Auch in den modernsten Intensivstationen sind keine wirklichen Siege über den ältesten »Feind« der Menschen, speziell der Ärzte, zu feiern, und so haben moderne Menschen eine andere Strategie entwickelt.

Wir verdrängen den Tod und schieben ihn, so weit es irgend geht, aus unserem Gesichtsfeld. Wir übersehen dabei aber die großen Chancen, die dieser letzte Übergang des Lebens bietet. Da wir auch mit allen anderen Übergängen von der Empfängnis über die Geburt und die Pubertät bis zu den Wechseljahren heute im Konflikt leben, mögen unsere Probleme mit dem letzten großen Übergang lediglich weniger auffallen. Der Tod jedenfalls erscheint immer weniger modernen Menschen als Lösung oder gar Erlösung.

Offensichtlich glaubt außerdem eine Mehrheit der Deutschen gar nicht mehr daran, überhaupt sterben zu müssen. Auf die Frage, ob sie lieber zu Hause oder in der Klinik sterben würden, antworteten etwa neunzig Prozent der Befragten sinngemäß: »Wenn schon, dann zu Hause!« Mit diesem »Wenn schon …« lassen sie durchblicken, wie wenig sie eigentlich an die Realität des Todes glauben. Was auf den ersten Blick wie eine kollektive Verblödung wirkt, dürfte eher mit der massiven Verdrängungsstrategie der modernen Gesellschaft zu tun haben.

Das Problem bei allem Verdrängten ist, dass es im Schattenreich umso aktiver wird. So taucht auch der Tod dort wieder auf, wo wir ihn am wenigstens vermuten: in der freien und damit angeblich schönsten Zeit des Tages, am Feierabend, zur besten (Sende-)Zeit. Im Fernsehen tobt er in möglichst spektakulärer Weise auf allen Kanälen und feiert seine ungezählten, zum größten Teil grausamen Auftritte. Die Film- und Fernsehmedien zelebrieren allabendlich den Tod, und in verschiedensten Varianten dringt er heimlich, doch für den Fernsehbürger auf eher beruhigende Weise ins gemütliche Wohnzimmer. Er kann sich nämlich lässig zurücklehnen und denken: Das kann mir alles nicht passieren! Weder muss er als Zuschauer damit rechnen, von den Maschinengewehrsalven durchsiebt zu werden, noch wird er bei einer Autojagd auf der Strecke bleiben. Doch wer sich über Jahre und Jahrzehnte allabendlich solche Szenen zu Gemüte führt, wird am Ende des Lebens – mit vielen Tausenden von spektakulären Todesbildern im letzten Gepäck – dennoch fürchterlich unvorbereitet an der Schwelle zum Jenseits stehen. Kino und Fernsehen fungieren als Erfüllungsgehilfen des Schattens, der bei einem Verbot von Krimis und Horrorfilmen mit Sicherheit andere Ebenen des Eindringens finden würde.

Die zunehmende Verbannung des Todes ins Krankenhaus führt darüber hinaus dazu, dass immer weniger Menschen das Sterben von Angehörigen miterleben. Entgegen dem ausdrücklichen Wunsch von neunzig Prozent der Befragten findet Sterben heute überwiegend in Kliniken statt. Die Mehrheit der Betroffenen erlebt dort den Anfang vom Ende nicht im Einzel-, sondern im Mehrbettzimmer. Sobald ein Mitpatient das Nahen des Todes bemerkt, wird eine Schwester herbeigeklingelt, die dann das Bett mit dem Sterbenden aus dem Zimmer schiebt. Wenn auch meist nicht bewusst, werden die Sterbenden im wahrsten Sinn des Wortes abgeschoben: aus ihrem eigenen Zimmer daheim ins Klinikzimmer und dann von dort ins Badezimmer oder auf einen der Gänge.

Sterbezimmer sind in modernen Kliniken auch weiterhin nicht vorgesehen oder bleiben die Ausnahme. Leere Zimmer sind mit den Amortisationsbestrebungen der heutigen Zeit nicht vereinbar, und so wird das Badezimmer nicht selten zum *letzten Ausweg* und der Tod immer mehr verfremdet. Wenn auch noch die Angehörigen – obwohl verständigt – nicht gleich erreichbar sind, ist manchmal niemand da, um den letzten großen Übergang zu begleiten.

Ärzte und Schwestern haben für die Begleitung eines Sterbenden meist keine Zeit. Außerdem sind sie dafür nicht ausgebildet. Im ganzen Medizinstudium beschäftigt sich keine einzige Seminarstunde mit Sterbebegleitung. Sterben wird ärztlicherseits als Niederlage empfunden und gar nicht zum eigenen Zuständigkeitsbereich gerechnet. Schon die sprachlichen Verrenkungen der Mediziner verraten das Dilemma mehr, als dass sie es verhüllen könnten. Da ist die Rede von *moribunden* Patienten und dass es auf Zimmer xy einen *Exitus* (lat.: Ausgang, Ende) gegeben habe.

Organverpflanzung

Der Tod ist in den letzten Jahrzehnten durch die Organtransplantationen auf eine andere Art in den Mittelpunkt ärztlichen Interesses gerückt. So werden manche Sterbende, das heißt ihre noch funktionierenden Einzelteile, doch wieder wichtig. Bezeichnenderweise werden von der Pharmaindustrie, die die für Transplantationen nötigen Medikamente wie Immunsuppressiva produziert, Ärzteseminare gesponsert, bei denen gelehrt wird, wie man den Angehörigen am taktvollsten und effizientesten die Zustimmung zur »Ausschlachtung« abringt.

Wer aber sollte bei uns Seminare für Sterbebegleitung sponsern? Zwar haben vor allem die Hospizbewegung und die Publikationen von Elisabeth Kübler-Ross zur Sterbebegleitung und zum Verständnis von Sterbeprozessen Pionierarbeit geleistet, aber die Initiative liegt nach wie vor beim Einzelnen. Hin und wieder finden sich auch Ärzte, die aus eigenem Engagement und ohne Sponsoring an diesbezüglichen Fortbildungsveranstaltungen teilnehmen.

Bei einem kritischen Blick auf Organtransplantationen sollte man sich zunächst klar machen, dass diese Entwicklung von den Wünschen der Patienten getragen wird. Durch Organverpflanzungen werden tatsächlich viele Leben verlängert, und für viele Schwerstkranke sind sie die einzige Überlebenschance. Die Ärzte werden somit in letzter Konsequenz zu Erfüllungsgehilfen des Zeitgeistes, denn wir leben in einer Welt, in der man den Tod bekämpfen muss und ihm noch lieber Einzelteile entreißt, als ihn in Würde anzuerkennen.

Das Makabre ist, dass immer mehr Organe für immer mehr Patienten gebraucht werden und gar nicht mehr genug junge Menschen zum Beispiel bei Unfällen im Straßenverkehr sterben, um diesen Bedarf zu decken. So fordern Ärzte auch im Namen ihrer potenziellen Patienten Gesetze, die mehr Organentnahmen ermöglichen. Doch die Verdrängung des Todes in der Bevölkerung bewirkt, dass nicht einmal fünf Prozent zu Lebzeiten ihre Einwilligung zur Organspende geben. Die meisten schieben dieses Thema genauso weit von sich wie die allgemeine Sterbeproblematik. Wer nicht an die Macht des Todes glaubt und sich unbewusst für unsterblich hält, wird selbstverständlich seine Organe nicht freigeben.

Hinzu kommt, dass wir heute gar nicht mehr definieren können, wann ein Mensch stirbt und wirklich tot ist. Der Herzstillstand gilt dank der Errungenschaften der Hightech-Medizin längst nicht mehr als Todeszeichen. Der heute weithin akzeptierte Hirntod ist ein nicht unproblematisches Kriterium, denn tatsächlich sind Menschen auch nach Ausfall aller EEG-Signale wieder ins Leben zurückgekommen, etwa nach einer schweren Barbituratvergiftung oder nach dem Ertrinken in eiskaltem Wasser. Tatsächlich ist das ja auch genau die Hoffnung derjenigen, die ihre Leiche einfrieren lassen wollen. Selbstverständlich haben all die Tausende Leichen in ihren eiskalten Flüssigstickstoff-Särgen keine Gehirnaktivität mehr. Und genauso selbstverständlich dürfte man ihnen trotzdem keine Organe entnehmen, hofften die Kandidaten zu Lebzeiten doch allen Ernstes, dieselben selbst noch einmal zu brauchen.

Eine Phalanx aus Theologen, Philosophen und Juristen hat aus verschiedensten Erwägungen heraus unlängst begonnen, am Lebensnerv der Transplantationsmedizin zu nagen, indem sie das Hirntodkonzept infrage stellte. Selbst einige Ärzte distanzieren sich inzwischen öffentlich davon. Damit aber rücken sie indirekt und ohne es auszusprechen jene Ärzte, die nach dieser Definition transplantieren, in ein schreckliches Licht.

Anhänger des Hirntod-Konzepts argumentieren dagegen gern, dass mit dem Hirntod das Ende des Bewusstseins verbunden sei, was aus Sicht der Archetypischen Medizin natürlich eine haarsträubende Annahme ist. Das würde heißen, dass mit dem Defekt eines Fernsehapparates auch die Fernsehprogramme aufhören. Und wenn nur das an das Gehirn gebundene Bewusstsein den Menschen ausmachte, wäre außerdem sofort die Frage zu stellen, wie man dann Gehirngewebe verpflanzen kann, wie es bei Parkinson-Patienten mit der Einpflanzung embryonalen Hirngewebes inzwischen geschieht. Außerdem ergäbe sich daraus zwingend, jede Teilnahme an Abtreibungen zu verweigern, denn das Gehirn gehört zum Ersten, was sich beim Fetus entwickelt, und im dritten Monat ist es auf einem Stand, dass es bereits Traumbilder verarbeiten kann.

Die entscheidende Frage, wann der Mensch endgültig tot ist, lässt sich heute also genauso wenig klären, wie die andere, wann er zu leben beginnt. Der Grund dafür ist eigentlich klar und die Frage wohl einfach falsch gestellt. Aus Sicht der spirituellen Philosophie beginnt das Leben nicht mit der Empfängnis, und es endet nicht mit dem Tod, sondern es *ist*. Die unsterbliche Seele nimmt das Körperhaus mit der Empfängnis zunehmend in Besitz und verlässt es am Ende wieder. Wann das aber genau passiert, lässt sich mit naturwissenschaftlichen Methoden wohl nie sicher feststellen. Eine allgemein verbindliche Definition bleibt deshalb letztlich immer vage.

Ärzte wollen jedoch Rechtssicherheit für ihre zahlreichen Ambitionen in diesen Zwielichtzonen des Lebens. Diese müssen ihnen nun Juristen geben, die es eigentlich am wenigsten können und die sich wiederum auf medizinische Gutachten stützen, die nur subjektiv ausfallen können.

Trotz all dieser Unsicherheit wird tagtäglich in deutschen Kliniken transplantiert. Über eintausend Menschen konnten im letzten Jahr bei uns »ausgeweidet« werden, und weit mehr Menschen profitierten davon im Sinn eines Aufschubs des Todes. Alle Worte, die wir in diesem Zusammenhang verwenden, klingen schrecklich für unsere Ohren, stammen sie doch aus dem Metzger- oder Jägerhandwerk. Mit beiden Bereichen aber wollen Ärzte eigentlich nichts gemein haben.

Aber auch im juristischen Bereich müssen sie erleben, wie der Gesetzgeber anfängt, ihnen eigenartige Auflagen zu machen, die darauf hindeuten, dass er ihrem Jagdfieber auf der Suche nach Organen misstraut. Um »Interessenkonflikte« zu vermeiden, dürfen deshalb nie dieselben Ärzte, die die Organentnahmen vornehmen, auch den Tod des Spenders feststellen. Tatsächlich sind die Mitglieder der Entnahmeteams bei all diesen Fällen in einem Interessenkonflikt, denn entgegen ihrer sonstigen ärztlichen Tätigkeit müssen sie auf das baldige Sterben hoffen, um aktiv werden zu können. Die juristische Regelung besagt auf ihrer Schattenseite, dass der Gesetzgeber offenbar Angst hat, dass Mediziner von sich aus zu früh den Tod feststellen könnten, um schneller an die benötigten Organe zu kommen. Das ist an sich eine ungeheuerliche Annahme, die den ganzen ärztlichen Stand zutiefst beleidigen müsste. Es hat sich aber meines Wissens bisher kaum jemand darüber aufgeregt, nicht einmal die sonst recht empfindlichen Standesvertreter der Mediziner. Das dürfte wiederum daran liegen, dass wir über diesen ganzen Bereich des Lebensendes am liebsten nicht nachdenken, sondern ihn tunlichst verdrängt lassen.

Der medizinische Laie ist von Entscheidungen in Sachen Transplantation völlig überfordert und stößt sich schon an den einfachsten Fragen. Die hirntoten Spender müssen beispielsweise vor der Organentnahme in Narkose versetzt werden, um Schmerzen zu vermeiden. Wieso aber kann jemand, der angeblich tot ist, Schmerzen leiden? Oder warum lassen die Ärzte die Angehörigen nach deren Zustimmung zur Entnahme ungern zu den Spendern? Etwa weil die es sich angesichts des gut durchbluteten, sehr »lebendig« aussehenden »Toten« noch anders überlegen könnten?

Schrecklich wird das Szenario in dem Moment, wenn wir etwas über den Tellerrand hinausblicken. Im Rahmen von Eurotransplant mag vieles vielleicht noch recht gut zu regeln sein, wobei auch hier schon Eigentümlichkeiten auffallen. Wenn in München der Fürst von Thurn und Taxis, einer der reichsten Männer Deutschlands, ein Herz »braucht«, ist erstaunlicherweise sofort eines zur Hand. Als das Spenderherz nicht funktioniert, lässt sich prompt sofort noch ein weiteres für einen neuerlichen Austausch finden. Erst danach darf der Fürst sterben. Auch wenn man dem Fürsten seine insgesamt drei Herzen gönnen mag, bleibt doch die Frage: Hätten die behandelnden Ärzte für einen der vielen Waldarbeiter des Fürsten genauso schnell hintereinander zwei der kostbaren Spenderherzen gefunden? In einer Demokratie mit einer angeblich klassenlosen Medizin müsste das eigentlich ein ernst zu nehmendes Thema sein. Dass es von der sonst an diesen Punkten empfindlichen Öffentlichkeit ignoriert und sogar von der Presse erstaunlich gnädig übergangen wurde, dürfte mit der Verdrängung zusammenhängen. Aber natürlich stehen hier noch ganz andere Themen im Hintergrund. Jeder könnte sich an diesem Beispiel klar machen, wie weit das Geld in die Medizin hineinregiert. Das mag erschrecken; es ist aber in einer Gesellschaft, die in allen Bereichen vom Geld regiert wird, letztlich nicht so erstaunlich.

Organhandel

Wenn wir uns dem Thema des Organhandels und damit auch -diebstahls vor allem in der Dritten Welt zuwenden oder erfahren, dass in Rotchina sozusagen auf (Organ-)Bedarf hin gezielt hingerichtet wird, sprengt das schnell die Grenzen des (für unsere Ohren) Erträglichen. Deshalb hören wir auch hier lieber gar nicht hin. Den Gedanken, dass arme Kinder in den ärmsten Ländern buchstäblich geschlachtet werden, damit ältere reiche Menschen in den reichsten Ländern noch ein wenig älter werden können, wollen wir lieber sofort verscheuchen. Leider werden dadurch solche Gräuel aber nicht weniger wahr.

Nirgendwo sonst können wir die brutale Beziehung zwischen Erster und Dritter Welt so deutlich sehen wie beim Organhandel. Während man im Zusammenhang mit dem Handel von Sexsklavinnen noch von einem Zuhälterverhältnis sprechen konnte, gehen einem bei diesem Thema die Worte aus. Und die meisten dieser Verbrechen geschehen in Ländern, deren Kinder uns nicht so sehr am Herzen liegen, wobei die Organe natürlich in unseren zahlungskräftigen Ländern Weiterverwendung finden. Wir sollten uns klar machen, dass diese technisch komplizierten Operationen nur von hochspezialisierten Ärzten ausgeführt werden können. Einige wenige schwarze Schafe aus der medizinischen Zunft müssen offenbar ihre Hände bei solchen »Geschäften« im Spiel haben und sich diese nicht nur blutig, sondern auch gehörig schmutzig machen.

Hier schließt sich ein grässlicher Bogen zu den schockierenden Berichten über moderne Sklaven. Es ist zunehmend die arme Yin-Hälfte der Welt, die für die Ansprüche der reichen Yang-Hälfte ausgeschlachtet wird. Dass das aber so weit geht, dürfte für Erstweltbürger mit humanistischen Restansprüchen schockierend und inakzeptabel sein.

Bei aller Skepsis gegenüber der modernen Apparate- und Austauschmedizin und ihren Möglichkeiten halte ich es doch für wichtig, sich einzugestehen, dass wir als Machergesellschaft genau die Medizin haben, die wir verdienen und die uns auch entspricht. Wer sich ihren Möglichkeiten gänzlich verschließt und zum Beispiel für sich selbst eine Transplantation völlig ausschließt, mag ein sehr bewusster Mensch sein, möglicherweise fehlt ihm aber auch nur die Fantasie für alle Eventualitäten. Die Zeitqualität angesichts des unmittelbar drohenden Todes ist niemals mit der einer gesunden Lebensphase zu vergleichen. Im Übrigen geht es meist um weit weniger existenzielle Fragen, zum Beispiel: Lasse ich mir eine Hornhaut transplantieren, oder akzeptiere ich eher lebenslange Blindheit? Nichts wird nämlich so häufig und medizinisch problemlos verpflanzt wie die Hornhaut. An dieser Frage könnten sich Transplantationsgegner selbst prüfen. Wer hier bereits schwankend wird, sollte sich über seine tatsächliche Entscheidung angesichts des Todes keine allzu großen Illusionen machen. Denn es ist dann doch peinlich, sich von einer Medizin, die man immer verachtet hat, eine Niere schenken zu lassen, um dem Gevatter Tod doch noch einen Streich zu spielen.

Am wichtigsten ist es wohl, Wertungen aus diesem Thema herauszuhalten. Wer wollte sagen, ob die Entscheidung des ehemaligen deutschen Bundespräsidenten Heinemann über der des ehemaligen österreichischen Kanzlers Kreisky steht. Heinemann sagte: »Wenn mein Herr mich ruft, komme ich« und lehnte eine Nierenverpflanzung ab. Kreisky entschied sich dafür und lebte noch einige, auch politisch kreative Jahre.

Was wir für unser Thema aus der medizinischen Transplantationsdebatte ersehen können, ist, dass man sich alles so hindrehen kann, wie es einem passt. Jeder stützt sich auf seine eigene Definition, die ihm zu tun erlaubt, was ihm gerade gefällt. Die einen würden niemals Gehirngewebe transplantieren, und die anderen tun es eben doch. Genauso gehen wir im globalen Sinn mit der Klimakatastrophe, der Umweltverschmutzung und vielen anderen drängenden Problemen um. Jeder tut, was er will, und findet dafür rationale Argumente.

An der Transplantationsmedizin zeigt sich aber auch, dass entsprechende Auflagen möglich sind, wie etwa die strikte Trennung zwischen behandelnden Ärzten, die den Todeszeitpunkt festlegen, und jenen, die die Organentnahmen durchführen. Was europaweit gelungen ist, wäre prinzipiell auch weltweit denkbar und ließe sich vor allem auch auf andere Ebenen übertragen. Auch Manager würden sich entsprechenden Auflagen beugen, und die Industrie würde selbstverständlich die Umwelt retten, wenn die notwendigen Gesetze das als lukrativ und die entsprechenden Auflagen alles andere als zu aufwändig erscheinen ließen.

Im Kreislauf von Leben und Sterben

Auf den Ebenen, auf denen sich unsere Gesellschaft mit dem Sterben und den damit verbundenen Problemen auseinander setzt, gibt es offenbar keine befriedigenden Lösungen. Um mehr Tiefe in die Betrachtung zu bringen, wäre es nahe liegend, sich auf die alten Weisheitslehren zu beziehen. Fast alle religiösen Traditionen dieser Erde gehen von einem Weiterleben des Bewusstseins oder der Seele nach dem Tod aus. Selbst Wissenschaftler, die sich mit Nachtodzuständen beschäftigen, kommen heute zu ähnlichen Schlüssen und belegen, dass ein Fortleben der Seele in dem Sinn, wie es das tibetische oder ägyptische Totenbuch beschreiben, wahrscheinlich ist. Unter solchen Gesichtspunkten erscheint es wichtig, in die verfahrene und von Verdrängung gekennzeichnete Situation neue Denkanstöße einfließen zu lassen.

Betrachten wir den Tod im geschichtlichen Zusammenhang, fällt auf, wie sehr die Angst vor ihm ein Kind unserer Zeit ist. In früheren Zeiten gehörte er zum Leben und wurde fast selbstverständlich akzeptiert. Im religiösen Sinn wurde er sogar als Erlösung aus dem Jammertal eines beschwerlichen Erdendaseins gesehen. So hatte er wenig Beängstigendes und wurde oft geradezu ersehnt, wie manchmal heute noch in archaischen Kulturen. Die Menschen versuchten, den Tod nicht zu bekämpfen, sondern sich ihm zu ergeben aus dem Wissen, dass er sowieso nicht zu besiegen ist. Die Sterbenden auf den Übergang entsprechend vorzubereiten und für die Zeit danach auszurüsten, das war das Thema, nicht der Tod an sich. Vor diesem Hintergrund sind zahllose Grabbeigaben zu deuten, die wir fast überall auf der Welt finden. Der Tod fand in diesen frühen Zeiten öffentlich statt und wurde in die Mitte und nicht an den Rand des gesellschaftlichen Lebens gestellt. So ist zu erklären, dass – wie der französische Forscher Philippe Ariès betont – auch hierzulande bis zum 17. Jahrhundert die Angst vor ihm eher unbekannt war.[41] Erst mit der Aufklärung und dem Beginn der Wissenschaft entstand jene geradezu paranoide Furcht vor dem Sterben, die uns heute fast normal erscheint.

Die religiöse Einbettung vermittelte den Menschen früherer Zeiten noch Vorstellungen, was weiter mit ihnen geschehen würde, wenn ihre Seele den Körper verlassen hatte. Ähnlich wie bis heute bei den Tibetern gab es damals auch in unserer Kultur die Ars moriendi, die Kunst des Sterbens. Auch wenn wir dieses religiöse, vor allem von Bildern getragene Werk inzwischen naiv finden, hat es damals Orientierung geben können. Heute haben wir dagegen ein massives Problem mit dem Tod, das uns angeblich nicht einmal interessiert.

Ohne ein Konzept vom Sterben als Übergangszeit in eine neue Dimension ist der gerade Verstorbene oft durch die Illusion, noch am Leben zu sein, irritiert. Die unsterbliche Seele besitzt zwar nach dem Tod keinen grobstofflichen, materiellen Körper mehr und kann so nicht mehr wie gewohnt ins Geschehen eingreifen, aber ihre sinnliche Wahrnehmung ist vollkommen intakt. Gänzlich darauf unvorbereitete Seelen halten sich deshalb in ihrer Hilflosigkeit häufig in der Nähe ihres ehemaligen Körpers auf, weil er das Einzige ist, das ihnen scheinbar noch Sicherheit gibt. Oft wird erst die Beerdigung oder manchmal wohl auch das »Ausschlachten« zum Zweck von Organentnahmen zu einem Verstehen der eigenen Situation führen. Wenn die Seele noch am Körper hängt, entweder weil die Verbindung, die so genannte Silberschnur, noch nicht abgerissen ist oder weil sie aus Orientierungsmangel ihren weiteren Weg nicht findet, kann diese Übergangszeit zu einer grässlichen Qual werden, was die Bilder vom Läuterungs- oder Fegefeuer, das ja in verschiedenen Kulturen beschrieben wird, nicht mehr so abwegig erscheinen lässt.

In der Sterbebegleitung tätige Menschen entdecken in der Regel recht bald die spirituelle Dimension des Lebens. So könnte gerade das Sterben uns lehren zu leben. Elisabeth Kübler-Ross selbst ist ein wunderbares Beispiel dafür. Aus solch einem Ansatz könnte sich dann vielleicht auch bei uns wieder eine Kultur des Sterbens ergeben, die sich mit der Zeit wohl immer mehr jenen Tiefen nähern würde, die die tibetische und die alte ägyptische Kultur in ihren Totenbüchern schon erreicht hatten. Denn was wir heute unter Sterbebegleitung verstehen, ist von den Exerzitien eines tibetischen Lamas, der die Seele durch die verschiedenen Energieebenen, die so genannten Bardo-Zustände, begleitet, noch meilenweit entfernt. Wobei natürlich auch liebevolle Zuwendung schon enorm viel ist, verglichen mit jener rein technisch-funktionalen Kälte im mitmenschlichen Umgang, die momentan noch oft die Regel ist.

Sobald wir erkennen, dass der Tod zum Leben gehört, brauchen wir ihn nicht mehr zu verdrängen und sind vor seinen Überfällen sicher. Selbst Krankheitsbilder, die uns die Beschäftigung mit ihm aufzwingen, könnten viel von ihrem Schrecken verlieren. In den immer häufiger werdenden Depressionen etwa kümmern sich die Patienten auf aggressive Weise um ihr Sterben – in Form quälender Selbstmordgedanken. Tatsächlich haben wir gar nicht die Wahl, ob wir uns mit dem Tod beschäftigen, wir haben nur die Wahl, auf welcher Ebene wir es tun. Und besser als auf dem Niveau von Strick oder Kugel, Gift oder Sprung in die Tiefe wäre es, sich im philosophischen oder religiösen Sinn mit seiner eigenen Sterblichkeit auseinander zu setzen.

Wer den Tod als Ziel seines Lebens in der polaren Welt der Gegensätze erkennt und erwartet, kann von ihm auch nicht mehr überrascht werden. So könnten wir unsere Probleme weit im Vorfeld der Transplantationsmedizin lösen. Wirklich gerecht werden wir dem Tod erst, wenn wir ihn in seiner ganzen Macht und als Ziel unseres Lebens anerkennen. Er markiert nicht nur den größten, sondern auch den wichtigsten Lebensübergang. Und so wie wir aus jedem Lebensübergang eine Chance machen können, ist das auch beim Tod möglich. Er könnte wieder zu jener Lösung und Erlösung werden, die er auch in unserer Kultur einmal war und die er in Wirklichkeit auch immer geblieben ist.[42]

Von einem neuen Bewusstsein unserer Sterblichkeit und einer angstfreieren Betrachtung des Todes aber könnte auch unsere Welt dramatisch profitieren. Würden wir, wie es uns die Mystiker empfehlen, bei allem, was wir im Leben tun, immer auch unser eigenes Ende im Auge behalten, könnte unser Leben eine viel tiefere Dimension gewinnen und reicher werden. Vieles würden wir sicher anders machen und anderes ganz lassen.

In analoger Weise könnten wir bei allem, was wir gesellschaftlich unternehmen, schon das jeweilige Ende im Auge haben und uns die Frage stellen, ob es dem Leben auf diesem Planeten nützt oder schadet. Auch dann würden wir vieles anders und anderes gar nicht machen.

Die Betrachtung des Lebens, die den Tod einbezieht, würde uns das Leben als Kreisprozess erscheinen lassen. So wie alle religiösen und archaischen Menschen könnten dann auch wir modernen herausfinden, dass der Kreis als Lebensmodell viel besser taugt. Praktisch alles entwickelt sich in dieser Schöpfung in zyklischen Prozessen, alles Lebendige folgt einem Rhythmus. Sollten wir Menschen die einzige Ausnahme sein? Dafür spricht absolut nichts.

Das eigene Leben als Kreislauf zu erkennen kann die Angst vor dem Tod beträchtlich nehmen. Es kann auch dazu verhelfen, Kreisprozesse ganz allgemein als dem Leben angemessen zu erkennen. Das zyklische Weltbild, das allen Menschen aller Kulturen vor uns Geborgenheit und Sicherheit vermittelt hat, könnte auch uns wieder aufnehmen und einer zyklischen Wirtschaft Auftrieb geben. Wir beginnen ja bereits, viele Dinge zu *recyceln,* also wieder in den Kreis des Lebens einzugliedern. Der Vorstellung des Todes als Ende von allem entspricht dagegen die Wegwerfgesellschaft.

Schließlich kann uns die Auseinandersetzung mit dem Tod wie kein anderes Thema klar machen, dass wir eine Seele haben, die in einem Körper wohnt. Es macht keinen Sinn, seine ganze Energie in eine Wohnung oder in die eigenen vier Wände zu investieren, wenn man diese Behausung doch wieder verlassen muss. Insofern könnten wir uns auch Gedanken über unseren Materialismus machen, der unsere Hauptenergien in eine weniger bedeutsame Richtung lenkt und die wichtigste Thematik, die der Seele, ausspart. Letztlich ist das zugrunde liegende Problem wieder die Verwechslung von Form und Inhalt.

Gentechnische Reparaturen, Klonen

Nach seinem Bilde hat er ihn geschaffen: Adam, den ersten Menschen aus der Adama, der roten Tonerde des Paradieses. So jedenfalls haben wir es aus der Bibel gelernt. Das könnte schon bald Schnee von gestern sein. Wenn man die Erbgutforscher und Gentechniker gewähren lässt, könnten sie Gott nicht nur ins Handwerk pfuschen, sie könnten es ihm schlicht und einfach abnehmen.

Als zwei eher bieder wirkende US-Forscher kürzlich stolz ein Experiment vorstellten, in dessen Verlauf ihnen erstmals das Klonen – das heißt die völlig identische Vervielfältigung – von menschlichen Embryos gelungen war, gellte ein Aufschrei des Entsetzens durch die Länder Europas und rüttelte auch verschlafene Gemüter auf. Ethiker, Theologen und Politiker hierzulande hatten sogleich ein Gruselkabinett jenseits des Atlantiks vor Augen. Man hielt die Grenze des Zumutbaren für überschritten.

Was genau war geschehen? Aus 17 mikroskopisch kleinen Embryonen hatten die beiden Wissenschaftler 48 gemacht, und das ganz im Dienst der Wissenschaft und um unfruchtbaren Paaren besser helfen zu können. Sie nahmen die Glückwünsche der Kollegen entgegen, bekamen für ihre Arbeit den ersten Preis eines wissenschaftlichen Kongresses zu Problemen der Fertilität und dachten sich wie wohl auch sonst weiter nichts dabei. Jedenfalls waren sie von der harschen Reaktion der europäischen Öffentlichkeit völlig überrascht, und aus ihrer fortschrittsgläubigen Sicht ist diese auch schwer verständlich.

Doch auch für Europäer mag das öffentlich gezeigte Entsetzen in mancher Hinsicht eigenartig wirken, haben wir doch im Rahmen so genannter Familienplanung und des Versuchs, der Natur bei unerfüllten Nachwuchswünschen auf die Sprünge zu helfen, schon so viele Grenzen überschritten. In einer Gesellschaft, die außerdem mehrheitlich nichts dabei findet, Hunderttausende ausgereifter Embryonen im dritten Schwangerschaftsmonat, wenn sie schon menschliche Gestalt und nachweislich Schmerzempfindungen haben, bei lebendigem Leib ohne Narkose zu zerstückeln und abzutreiben, war diese Reaktion eigentlich nicht zu erwarten. Wieso fing man plötzlich an, sich wegen 17 Zellhäufchen so zu erregen, die noch keinerlei Differenzierung und nicht die geringste Ähnlichkeit mit dem Menschen aufwiesen, die zudem bereits so vorgeschädigt waren, dass sie sowieso hätten sterben müssen?

Gentechnologie geisterte schon lange durch die Köpfe der Menschen, allerdings ohne konkrete Bilder. Sie war den meisten unheimlich, aber wie der Fortschritt eben nicht aufzuhalten. Offensichtlich fiel die Veröffentlichung des Klon-Experiments in eine heikle Zeit und brachte ein Fass zum Überlaufen. So meinen auch verschiedene Kollegen aus dem Bereich der Fertilitätsbehandlung, diese Ergebnisse hätte man nicht oder jedenfalls nicht in dieser Form veröffentlichen sollen. Doch diese Wissenschaftler sind gefährlicher als die beiden naiven Klon-Pioniere, die wie viele ihrer Kollegen immer nur das Beste wollen und sich, wenn überhaupt, erst hinterher wundern.

Dass der Protest überhaupt so laut ausfiel, beruht auf dem Unbehagen einer Öffentlichkeit, die schon lange nicht mehr begreifen kann, was die Wissenschaft inhaltlich treibt und was sie äußerlich antreibt. Dachte man gemeinhin, an den Universitäten und insbesondere in der Medizin ginge es ganz primär um das Wohl von Kranken, erhärtet sich zunehmend der Verdacht, dass es hier um mehr und vor allem ganz anderes gehen könnte. Wenn auch der Skandal mit Aids verseuchter Blutkonserven schon gezeigt hatte, dass wirtschaftliche Interessen so antiquierte Begriffe wie Nächstenliebe auch in der Medizin vielerorts längst übertrumpft haben, konnte man aber noch hoffen, es handle sich um eine Ausnahme. Das hier und da im Zusammenhang mit Genmais und Gensoja auftauchende Gruselkabinett der Gentechniker wurde immer wieder schnell verdrängt; außerdem sind wir inzwischen hart gesotten, was den Abstieg unserer ehemaligen Lebensmittel zu minderwertiger Industrienahrung angeht. Meist sind es nur solche einzelnen Spitzen von Eisbergen wie das Klon-Experiment, die für Momente ins Blickfeld der Öffentlichkeit geraten, ohne dass so richtig zu ahnen ist, was unter der Oberfläche noch alles treibt und getrieben wird.

Worum es auch hier wie überall wirklich geht, zeigt eine neue Gentech-Errungenschaft, ein Saatgut, das nur einmal keimt, damit es jedes Jahr neu gekauft werden muss. Solch gentechnisch verändertes »Terminator-Saatgut« hat keinen anderen Sinn, als die Profite des produzierenden Konzerns zu steigern. Hier wird es dann wenigstens einmal klar ausgesprochen. Falls sich dieses Gen in der Natur ausbreiten sollte, könnte es zu einer ungeheuren Umweltkatastrophe und einer Krise der gesamten Vegetation führen. Das aber sei ausgeschlossen, werden wir beruhigt. Als sich kürzlich dann doch herausstellte, dass genveränderte DNS aus der Nahrung sogar auf den Menschen übertragbar ist, bekamen die Forscher erst einmal einen Maulkorb verordnet.

Inzwischen haben auch die Engländer ihren Forschern das Klonen von menschlichen Embryonen erlaubt, nachdem sie sich nur wenige Monate zuvor ebenfalls über die amerikanischen Klon-Experimente aufgeregt hatten. So schnell kann die Meinung umschwingen, wenn gewichtige Gründe im Spiel sind. Einige Punkte mögen das illustrieren: Vor fünfzehn Jahren wurde das erste Retortenbaby in England geboren, und wir haben uns mit gemischten Gefühlen daran gewöhnt, dass der *Verkehr* im Reagenzglas seitdem rapide zugenommen hat. Da die Fruchtbarkeit in den Industriegesellschaften stark abnimmt, ist hier ein neuer komplexer Medizinbereich erblüht.

Wenn ein Vater seinem an Leukämie erkrankten Sohn mittels Knochenmarkspende das Leben rettet, ist das schon keine Nachricht mehr wert. Wenn der so gerettete Sohn Jahre später dem nun seinerseits an Leukämie erkrankten Vater dessen Knochenmark mit ärztlicher Vermittlung zurückgibt, wie in England geschehen, ist es immerhin eine kleine Notiz wert. Wenn in den USA Eltern sich entschließen, noch ein zweites Kind zu bekommen, als Organspender für ihr schwer erkranktes erstes, staunen wir betroffen. Wenn das Klonen erst akzeptiert und machbar ist, wird dieses Szenario mit all seinen prekären ethischen Implikationen zum Alltagsthema gehören. Welches Leben hat dann welches Recht?

Wenn Forscher auf der Linie dieser Machergesellschaft weiter fantasieren und von geklonten Zwillingen träumen, die jederzeit gegenseitig als völlig problemlose Organspender infrage kämen, ist das aus ihrer Logik verständlich und noch längst kein Verbrechen. Das wäre mittels Klonen jetzt schon machbar. Es wäre ja vielleicht überhaupt viel praktischer, ganz auf Zwillinge oder sicherheitshalber sogar Drillinge umzustellen. Die Mehrlinge ließen sich sogar in beliebigem Abstand hintereinander austragen, um die Mutter zu schonen und nicht lauter gleichaltrige Nachkommen zu haben. Erstmals wäre in der Familie sogar Chancengleichheit möglich; das absolut identische Erbgut würde diese so gut wie garantieren. Das mag makaber klingen, aber im Ernstfall, wenn es um das eigene Leben oder das der eigenen Kinder ginge, wären sicher heute schon viele Menschen bereit, solche Spiele des Machbarkeitswahns mitzutragen. Da ist sich jeder schnell der Nächste.

Eine ebenfalls schon greifbar nahe gerückte Verlockung stellt die Gentechnologie dar. Wer die Verpflanzung ganzer Organe zulässt, kann schlecht gegen das Ausbessern winzig kleiner molekularer Strukturen im Erbgut sein – und je früher, desto besser war immer die Devise in der Forschung.

Die Frage ist, wo wir die Grenze ziehen. Für den amerikanischen Gen-Papst Anderson erscheint das einfach: Reparatur bis zum Normalzustand ja, Verbesserungen nein. Was aber ist normal, und wer bestimmt es? Ein *heilloser* Streit um die durchaus nicht unproblematische Festlegung von Normwerten[43] wird anbrechen und genauso enden wie der um den Beginn des Lebens. Im Augenblick kneifen wir diesbezüglich vor der Wirklichkeit beide Augen zu und lassen das schützenswerte Leben erst nach dem dritten Monat beginnen, nur damit wir bis dahin ganz nach unserem Ermessen schalten und abtreiben können. Eine ähnlich verlogene Normalitätsdefinition, die unserem Machtanspruch freie Hand lässt, ist schon abzusehen. Auch hier ist also bestenfalls eine gesetzliche Scheinlösung zu erwarten. Lösungen sind in so komplizierten Situationen, die so sehr vom Einzelfall abhängen, gar nicht mehr zu erwarten, dazu haben wir uns bereits viel zu weit vorgewagt.

Und bei allem geht es nie um Schuldzuweisungen, denn menschlich verständlich ist auch die Forderung verrücktester Ausnahmen im eigenen Fall. Wo sich Sportler zu Tode dopen und sich Menschen vieler anderer Berufsgruppen um des Erfolges willen gänzlich unkontrolliert auf- und abputschen, wird man nicht plötzlich den Leistungs- und Ehrgeizaspekt aus der Medizin heraushalten können.

In den USA, von wo die wesentlichen Neuerungen der Gentechnologie kommen werden, herrscht ein völlig anderes Verständnis, was als normal anzusehen ist, als in Europa und speziell im deutschsprachigen Raum. Gregory Stock, Biophysiker an der UCLA, der renommiertesten Universität Kaliforniens, sagt beispielsweise: »Wir überlegen nicht mehr, *ob* Eingriffe in die Keimbahn stattfinden werden, sondern *wie* das geschehen wird.«[44] Stock gilt als ein vollkommen seriöser Wissenschaftler. Der US-Physiker Richard Seed, der kinderlosen Eltern erbgleichen Nachwuchs klonen will,[45] wird dagegen auch in den Staaten im Augenblick noch als Exot angesehen.

Die Grenzen, was angemessen und normal ist, sind so fließend geworden, dass auf sie kaum noch Verlass ist, wo immer wir sie ziehen mögen. Wir sind mit unseren technischen Möglichkeiten bereits viel zu weit fortgeschritten für gute, klare Lösungen. Ärzte in Erlangen zum Beispiel, die das Ungeborene einer klinisch Toten am Leben hielten, hatten keine (gute) Wahl und konnten so auch keine gute Entscheidung treffen, dafür war es grundsätzlich zu spät, und zwar um Jahrzehnte. Was immer sie auch getan hätten, es wäre falsch gewesen. Seit wir uns in diesem ungeheuren Maß erdreisten, in die Schöpfung einzugreifen, versagen zunehmend unsere moralischen Kriterien von Gut und Böse, Richtig und Falsch.

Wir können zu viel – das ist unser Problem. Zu wenig zu können und zu verstehen ist natürlich auch problematisch. Wenn wir in Zukunft noch mehr können, werden die Probleme weiter wachsen. Durch mehr Wissen und Können werden sie schon lange nicht mehr geringer, wenn es denn je so geschah. Die wissenschaftliche Logik, dass wir umso besser Probleme lösen werden, je mehr wir können, stimmt für die wesentlichen Probleme gerade nicht mehr. Das mag die vielleicht erschreckendste Erkenntnis sein, die Wissenschaftlern ins Haus steht.

In der modernen Zeit können wir es uns längst nicht mehr leisten, alles erst vorzubereiten und auszuprobieren und dann zu sehen, was daraus wird. Wir müssten vorher nachdenken und manches schlicht sein lassen. Darauf aber sind weder Wissenschaftler noch die anderen Bürger der Leistungsgesellschaft vorbereitet.

Die beiden oben erwähnten Klon-Forscher gehören zu jener Mehrheit der modernen Wissenschaftler unter der akademischen Käseglocke, die Verantwortung zur Gänze delegieren. In England hätten sie zur Zeit ihrer Veröffentlichung für ihre wissenschaftlich übrigens recht unbedeutende, da bei Tieren bereits zur Routine gewordene Leistung bis zu zehn, bei uns immerhin bis zu fünf Jahren Gefängnis bekommen, zu Hause in den USA erhielten sie die Anerkennung ihrer Kollegen und einen Wissenschaftspreis. In England sind sie allerdings rückwirkend durch eine entsprechende Gesetzesänderung zu ehrbaren Wissenschaftlern befördert worden. Für deutsches Recht bleiben sie Kriminelle im weißen Kittel. Aber wen interessiert in der Wissenschaftsgemeinde schon deutsches Recht? Gerade mal jene deutschen Wissenschaftler, die den Absprung an eine US-Universität (bisher) verpasst haben oder sich einem anderen Weltbild und einer anderen Ethik verpflichtet fühlen. Und weil das so ist, redet der Bundeskanzler der Jahrtausendwende, Gerhard Schröder, bereits einer Liberalisierung des einschlägigen Gesetzes das Wort, damit uns nicht weitere wichtige Zukunftsarbeitsplätze abhanden kommen.

Die wissenschaftlichen Trends werden künftig auch weiterhin aus dem Land der unbegrenzten Möglichkeiten kommen, und Gesetze werden keine nennenswerte Barriere darstellen – schon gar nicht deutsche. Ursprünglich war auch Abtreibung gesetzlich verboten, und nun hat der Zeitgeist sich mit anderen Gesetzen durchgesetzt. Im Übrigen zeigt uns gerade dieses Beispiel, wie gefährlich Gesetze werden und wie viel zusätzliches Leid sie produzieren können, wenn das Bewusstsein der Bevölkerung sie nicht mehr mitträgt. So wenig uns bei der heutigen Einstellung ein Gesetz gegen Abtreibung helfen könnte, so wenig werden uns Gesetze vor Genbasteleien und Menschenzüchtung schützen. Was mehrheitlich für praktisch und akzeptabel gehalten wird, muss sich gerade in der Demokratie langfristig durchsetzen. Bei der Abtreibungsfrage führten die strengen – innerlich nicht mehr akzeptierten – Verbote nur dazu, dass sie von vielen Frauen umgangen und von nicht wenigen mit schwerem Leid und sogar dem Leben bezahlt wurden.

Die Wirklichkeit der Seele

Die Medizin hat enorm viele Fortschritte gemacht, und dabei sind ihr – wie auch der übrigen Gesellschaft – die Werte gründlich durcheinander und außer Kontrolle, genauer gesagt, unter die Kontrolle des Geldes geraten. Nur naive Gemüter können noch übersehen, wie weitgehend Wissenschaft und Medizin kommerzialisiert sind. In Ärztezeitschriften wird ganz offen darauf hingewiesen, wie man auch in schwierigen Zeiten mit Abrechnungskniffen noch Vorteile erwirtschaften kann. Unter der Schlagzeile »Beim Diabetes ertragreich abrechnen« zeigt etwa die *Medical Tribune* im Juni 2001, wie sich aus diesem Krankheitsbild optimal Kapital schlagen lässt.

Selbstverständlich werden auch die Ergebnisse der Universitätsforschung gierig von der Industrie aufgesogen und in Silberlingen aufgewogen. Der oberflächlichste Lösungsversuch und zugleich der einzige, der uns kurzfristig bleiben wird, beinhaltet Gesetze, die bestimmte, das europäische Schamgefühl verletzende Auswüchse unter Strafe stellen. Den Trend können sie aber nicht brechen, wenn sie überhaupt befolgt werden. Die entsprechenden Firmen werden einfach in den Ländern forschen (lassen), wo es erlaubt ist, und irgendwo ist immer alles erlaubt.

Gesetze gegen den Organhandel in unseren Ländern haben dazu geführt, dass Betroffene bei Bedarf weiter reisen (müssen). Der Abtreibungstourismus ist uns noch unangenehm in Erinnerung. Warum nicht bald sein Kind dort klonen lassen, wo es legal ist, und anschließend das Prachtstück im eigenen Bauch nach Hause »schmuggeln«? Diese Praxis wird kommen, wenn wir erst die entsprechende Technik beherrschen. Und was könnte uns auf dem Weg dorthin noch aufhalten?

Ein langfristigerer und tieferer Ansatz wäre sicher, innerhalb der Gesellschaft, der die Forscher – nach eigenen Aussagen – nutzen wollen, Bewusstsein dafür zu schaffen, dass wir grundsätzlich auf bedenkliche Wege geraten sind und die volle Verantwortung dafür haben, und zwar jeder an seinem Platz im Leben. Mehr Wissen und Können verringert, wie gesagt, nicht unsere Probleme, sondern schafft mehr und immer schwerwiegendere Konflikte. Wir brauchen vielmehr eine Denkpause, in der sich entgegen all dem Machertum wieder so etwas wie Philosophie entwickeln kann. Inzwischen könnten Heere von Wissenschaftlern weiter an wirklich vorrangigen Projekten wie alternativen Energieversorgungssystemen arbeiten. Die Nachdenkphase der Philosophen könnte die überfällige Besinnung auf Grundwerte des Lebens bringen und eine Rückkehr zu alten Werten fördern, wie der schlichten Respektierung des Lebens, und vielleicht sogar zu der Erkenntnis zurückführen, dass der Mensch trotz der maschinenähnlichen Funktionen seines Körpers ein Seelenwesen ist.

Scharfer Protest angesichts der Klon-Experimente zeigt, dass noch ein Restverständnis für geistig-seelische Dimensionen vorhanden ist. Was würde uns sonst an den technischen Basteleien der Forscher stören, wenn nicht die Angst um die dabei unwissentlich gequälten Seelen? Hier könnte sich eine gesellschaftliche Funktion der spirituellen Bewegung ergeben. Denn zusammen mit religiös und psychologisch motivierten Menschen handelt es sich um die letzten gesellschaftlichen Kräfte, die überhaupt Wissen von den Zusammenhängen von Körper und Seele haben und so zum Gewissen der Gesellschaft prädestiniert wären.

Die meisten Wissenschaftler wissen wohl wirklich nicht mehr so recht, was sie da eigentlich tun, wenn sie Embryonen zerstückeln, einfrieren, für Versuchszwecke gebrauchen oder auch Versuchstiere unter wissenschaftlichen Vorwänden »vernutzen«. All das geschieht täglich und legal in wissenschaftlichen und von der Allgemeinheit finanzierten Labors und Kliniken. Es kann nur geschehen, weil sich zunehmend Menschen über die Konsequenzen täuschen und die Existenz der Seele – auch ihrer eigenen – ignorieren.

Bevor überhaupt etwas zu ändern ist, müsste Verständnis wachsen und daraus Mitgefühl für das Unrecht, das wir im Moment uns anvertrauten, von uns abhängigen Seelen zufügen. Die Normalbevölkerung interessiert sich nicht für das Elend der Seelen, wohl aus Unkenntnis und aufgrund der Meinung, dass diese nicht so wichtig seien. Sie glaubt vorerst wohl auch weiterhin lieber, Tiere hätten überhaupt keine und in Embryos sei noch keine Seele. Erst wenn Bewusstsein für die seelische Wirklichkeit entsteht, könnten wir vielleicht doch noch zu einer humanen Gesellschaft werden und die finstere Neuzeit hinter uns bringen. Wenn wir das Mittelalter als dunkel bezeichnen, weil Menschen aus religiösen Gründen verfolgt und gequält wurden, welches Prädikat kommt dann unserer Zeit zu?

An der Medizin und ihren Herausforderungen zeigt sich stellvertretend für viele andere Bereiche, dass der Fortschritt immer weiter davon wegführt, was ein Mensch begreifen kann. Zwischen technischer und Bewusstseinsentwicklung klafft mittlerweile eine deutliche Kluft. Unsere technischen Fähigkeiten übersteigen inzwischen bei weitem unsere ethische Kompetenz.

Wenn wir den Zustand unserer Welt, in der vom einzelnen Organ bis zum ganzen Menschen alles käuflich ist und dem Diktat des Geldes unterworfen wird, in Beziehung zu den sich anbahnenden gentechnischen Fähigkeiten der Medizin bringen, kann einem angst und bange werden. Wer noch die brutale Spaltung der Welt in einen großen armen, dem weiblichem Prinzip zuzuordnenden Yin-Teil, der sich alles gefallen lassen muss, und einen kleinen reichen männlichen Yang-Teil, der sich jedes Recht herausnimmt, hinzunimmt, steht vor einer Schreckensvision. Bedenkt man zudem, dass diese Spaltung nach dem 20:80-Modell (siehe Seite 387) auch durch die reichen Länder der Ersten Welt hindurchgehen wird, sind wir zudem fast alle betroffen.

Die Sorge von Biologen, dass es zu einer Verarmung unserer Anlagen und zu einer weiteren Vermassung kommen könnte, erscheint noch als das kleinste Problem. Das Horrorszenario reicht viel weiter bis zu Zuchtmenschen, die als Ersatzteillager dienen könnten und einer zahlungskräftigen Klientel in anderen Teilen der Welt zur freien Verfügung gehalten würden.

So etwas auszusprechen oder gar zu schreiben und dann sogar gedruckt zu lesen widerstrebt einem zutiefst, aber besser, den Teufel an die Wand zu malen, als ihn zu solcher Zukunftspartie durch Nichtwissen und Vogel-Strauß-Politik einzuladen.

Schicksal spielen

Die soeben beschriebenen Auswüchse in naturwissenschaftlich-medizinischer Forschung und Praxis sollen dazu dienen, uns vor dem Schicksal und seinen Lernaufgaben besser drücken zu können. Unser Leben soll immer angenehmer, bequemer und immer weniger von Härten belastet verlaufen. So muss die Medizin unsere Fehler ausbügeln. Wo wir Schmerzen haben, soll sie sie wegzaubern. Ist ein Organ heruntergewirtschaftet, muss sie es austauschen. Wurde bei der Empfängnisverhütung geschlafen, sollen Ärzte es ausbaden und Kassen dafür zahlen. Und natürlich müssen Mediziner uns vor Kindern bewahren, die besondere Anforderungen stellen. In diese Richtung passt natürlich, dass wir in Zukunft vom Schicksal in den Erbanlagen verpackte Aufgaben noch rechtzeitig erkennen, bevor sie Ärger machen, und gegen einfachere austauschen lassen.

Wir wollen nichts mehr dem Zufall, sprich Schicksal, überlassen, um nur ja keine Aufgaben zu bekommen, an denen wir etwas lernen könnten und wachsen müssten. Das Ziel ist ein problemloses »gesundes« Leben mit Garantie und auf Krankenschein. Abgesehen von der Fragwürdigkeit seines Gesundheitsbegriffes lebt dieses irrwitzige Konzept von der Illusion, dass wir am längeren Hebel sitzen und ewige Wellness und Jugendlichkeit ein Lebensrecht sind. Dafür aber spricht trotz aller unbestrittenen wissenschaftlichen Erfolge absolut nichts.

Bisher ist in der Geschichte kein einziger Fall bekannt geworden, bei dem es gelungen wäre, dem Schicksal ein Schnippchen zu schlagen.

Ob wir das »Dein Wille geschehe« im Vaterunser ernst meinen oder still für uns denken »Lieber Gott, bitte mach es so, wie ich es dir vorschlage«, ist nicht nur eine Frage der Tiefe unseres spirituellen Verständnisses, sondern auch eine der Intelligenz. Sein Wille geschieht nämlich in jedem Fall, ob uns das passt oder nicht, und wir könnten es überall sehen. In unserer schrecklich schlauen Zukunft werden wir lediglich auf anderen Wegen belehrt, wenn wir den Weg über Krankheitsbilder und Herausforderungen in Gestalt unserer Kinder verhindern. Letztlich sind wir immer noch genauso ausgeliefert, wie es die heiligen Schriften der verschiedenen Völker beschreiben.

Die Freizeit- und Fun-Gesellschaft

Zeitprobleme

Wir haben es offenbar nicht einfach mit der Zeit; vieles scheitert an ihrem angeblichen Mangel. Während einerseits der Eindruck besteht, dass jeder Zeit spart und keine Zeit mehr für die schönen Dinge des Lebens hat, werden andererseits in Zukunft immer mehr Menschen immer mehr Zeit haben und nichts mit ihr anzufangen wissen.

Die Tendenz ist klar: weniger Arbeitszeit, mehr Freizeit. Die 35-Stunden-Woche wird nicht das Ende der Entwicklung sein. Die Frage lautet lediglich: Ist es auf Dauer möglich, bei immer weniger Arbeitszeit genauso viel oder sogar mehr Geld zu verdienen? In den USA mit ihrer sozial wenig abgesicherten Arbeiterschaft steht die Antwort längst fest. Wirtschaftswunder und Schaffung von Arbeitsplätzen heißt dort vor allem mehr Billigarbeit – analog zu Billigessen, Billigreisen und Billigbildung und viel weniger Geld für die große Masse. Dabei wissen alle, dass es auf lange Sicht nur eine befriedigende Lösung geben kann: sinnvolle Arbeit für einen ihr entsprechenden Lohn.

Die Kluft, die sich zwischen Reich und Arm immer drastischer herausbildet, zeigt sich auch in diesem Zusammenhang. Die Ärmeren und einfachen Beschäftigten werden viel mehr Zeit bekommen, die sie nicht wirklich brauchen, und die Reicheren und die Führungskräfte verfügen über immer weniger

Zeit, obwohl sie nichts dringender benötigten. Der *Workaholic*, den diese Gesellschaft bisher in höchsten Ehren hält, wird in solchen Zeiten zu ihrem Feind, nimmt er doch geradezu süchtig anderen die so dringend benötigte anspruchsvolle Arbeit weg.

Offenbar stehen wir kurz davor, dass eine Mehrheit viel zuviel Zeit hat, sich aber materiell nicht mehr alles leisten kann, um diese Freizeit zu füllen und zu nutzen. Bleibt das Materielle an erster Stelle in der Werteskala, wird das für viele zu einer bitteren Erfahrung von Mangel. Theoretisch könnte es natürlich auch eine Zeit der Chancen sein, wenn andere Werte und Themen in den Vordergrund träten. Plötzlich gäbe es Zeit, sich wesentlichen Dingen zu widmen. Viele werden dann erst wieder lernen müssen, was für sie von wesentlicher Bedeutung ist. Auf harte Weise kann es einem auch die Diagnose einer schweren Krankheit oder ein die Seele berührender Verlust beibringen. Es gäbe aber die Möglichkeit, sich freiwillig und ganz unabhängig von Schicksalsschlägen darüber Gedanken zu machen, was einem im Leben wichtig ist und die Seele berührt.

In Fluss sein

Der Mensch ohne Feierabend wird krank. Ob das daran liegt, dass er als Arbeitstier gar nicht mehr aufhören kann zu arbeiten oder als Arbeitsloser gar nicht erst anfangen darf, bleibt sich letztlich gleich. Ob der Leistungs*träger* sich unter selbiger krümmt oder der Arbeitslose unter der schrecklichen Bürde des Nicht-gebraucht-Werdens, ist körperlich und vor allem seelisch ähnlich fatal, beide kommen nicht zu sich selbst.

Statistiken aus der Arbeitswelt unterstützen diese Sicht.

Über- und Unterforderung machen gleichermaßen krank und unglücklich. Glücklich und gesund sind dagegen Menschen, deren Leistungsbereitschaft entsprechend ihren Fähigkeiten gefordert und gebraucht wird. Sie befinden sich in dem, was die moderne Glücksforschung, die natürlich in den USA beheimatet ist, den *Flow*-Bereich nennt. Im-Fluss-Sein ist ein ständiges In-Bewegung-Sein – analog zu der auf Heraklit zurückgehenden Vorstellung, dass alles in dieser Schöpfung in Fluss ist. Wenn sich der Mensch also ständig bewegt, wenn er gefordert wird und sich im Rahmen seiner Möglichkeiten entwickeln kann, dann ist er innerlich gut in der Lage, sein Gleichgewicht zu halten, gesund und munter zu bleiben und Zufriedenheit zu spüren. Er hat dann eine Arbeit, die ihn (heraus-)fordert, aber auch Zeit, sich zu erholen und seine Kräfte zu regenerieren.

Gefährlich könnte für ihn werden, wenn er durch eine zu schnelle Beförderung den Bereich verlassen muss, in dem er sich fähig und kompetent fühlt. Wenn ein guter Ingenieur Abteilungsleiter wird, mag das noch angehen, aber wenn er Direktor wird, kann das genauso problematisch werden wie die Beförderung eines exzellenten Oberarztes zum Chefarzt. Plötzlich stehen ganz andere Entscheidungen in Bereichen wie Personalführung oder Management auf der Tagesordnung, und schon kann das Elend seinen Lauf nehmen. Plötzlich kommt Überforderung ins Spiel, die durch mehr Zeitaufwand wettzumachen versucht wird, wodurch die notwendige Regeneration auf der Strecke bleibt. Auf diese Weise entwickeln sich heute viele Teufelskreise des Ausgebranntseins. Andererseits sind die Aufstiegswege und Hierarchien in der Regel so gestaltet, dass ein Ausschlagen einer Beförderung genauso fatale Folgen hätte, weil der Betreffende anschließend kaum noch ernst genommen würde.

Wer sich nicht weiterbildet, lebt ebenfalls gefährlich, weil der Fluss weiterfließt, und wenn seine Fähigkeiten hinter den langsam steigenden Anforderungen zurückbleiben, beginnt er, Schwächen zu überspielen, zu vertuschen und was der Nerven aufreibenden Möglichkeiten sonst noch sind.

Aber auch wer sich weiterbildet und wessen Arbeit parallel dazu nicht anspruchsvoller wird, segelt auf gefährlichem Kurs, denn bevor er sich versieht, könnte er an Unterforderung leiden. Ihm wird dann langweilig; er findet sich und seine Arbeit nicht mehr wertvoll, was ihn vor sich selbst wertloser und innerlich unzufrieden macht. Damit dürfte der einmalig hohe Krankenstand deutscher Verwaltungsbeamter zu erklären sein. Einen Menschen zu unterfordern ist keineswegs humaner, als ihn zu überfordern.

Wer die Frühpension lange vor der sinnvollen Zeit des Ruhestandes clever durchsetzt, schadet darüber hinaus nicht nur der Gesellschaft, sondern auch sich selbst. Wer andererseits die Pensionszeit verpasst, weil er sich so wichtig nimmt und für unersetzbar hält, stört ebenfalls die Harmonie und den natürlichen Fluss der Dinge. Er schadet so sich selbst, aber auch den anderen, die auf der Karriereleiter nicht nachrücken können.

Bewusstheit und Lebensgenuss

Für einen Erholungsurlaub gönnt sich der Vielbeschäftigte in der Regel meist wenig Zeit, da er ja seinen Reichtum mehren will und Aktien-, Gold- und Geldkurse nun einmal keine Ferien machen. Zwar kann er zu den schönsten Wellness-Hotels dieser Welt jetten, aber er kommt in der Regel nicht zum Abschalten, da er über (Satelliten-)Handy überall erreichbar bleibt, von seinen Möglichkeiten, über das Internet *im Geschäft zu bleiben*, ganz zu schweigen. Er findet nicht die Muße, seinen Reichtum zu genießen.

Der nicht so wohlhabende einfache Durchschnittsangestellte hat in seinen meist viel längeren Urlauben und erst recht in der Frühpension zwar alle zeitlichen Möglichkeiten, aber in der Regel nichts, von dem es lohnen würde abzuschalten. Er ist nicht wichtig und leidet darunter. Zudem ist sein Geld knapp, und er wird sich weniger, als er sich erträumt, leisten können. Auch das schönste Hotel ist kein Genuss, wenn er immer an das Geld denken muss, das ihm dort Tag für Tag zwischen den Händen zerrinnt.

Auf diese Weise sind wir in eine ungute Polarisierung geraten. Während gestrige Gewerkschafter immer noch für weniger Arbeit mehr Geld erwarten und Kapitaleigner von morgen für immer mehr Arbeit immer weniger zahlen wollen, verlieren wir die Chance, durch mehr Bewusstheit mehr Lebensgenuss zu erleben. Heute ist die Perspektive, durch weniger Arbeitszeit zu mehr Lebensqualität zu gelangen, aber durchaus im Bereich des Möglichen.

Diese Polarisierung zwischen Arm und Reich in der Ersten Welt wird ihre Entsprechung in der Dritten Welt finden, hier allerdings unter ungleich härteren Vorzeichen. Die Menschen der dritten Klasse und Welt werden rund um die Uhr für uns schuften müssen und geknechtet bleiben. Selbst wo die Globalisierung für sie Arbeitsplätze schafft, tut sie das in der Regel für die Mehrzahl auf niedrigstem Niveau. Menschen der Dritten Welt haben eine noch schwächere Lobby als die Armen der Ersten Welt und gelten als weniger gefährlich für die Stabilität, weil sie schlicht und einfach weiter weg sind. Aber sie werden uns näher kommen, wenn nicht im Guten, so im Aggressiven. Die Welt wird immer kleiner und bevölkerter, und die Menschen werden immer mehr zusammenrücken und das eingangs geschilderte globale Dorf bedrückender erscheinen lassen.

Die Macher und die Dulder *kommen sich* somit in den Ländern und über die Kontinente *näher*. Es wäre beiden Seiten zu wünschen, dass es im Guten geschieht. Dazu aber müsste die Schuldenfalle überall aufgehoben und die Kluft überbrückt werden – über Kontinente hinweg, innerhalb der Nationen und auch im Innern der Menschen zwischen linker männlicher und rechter weiblicher Gehirnhälfte beziehungsweise zwischen Kopf und Herz. Ein erster Schritt dazu wäre, dass diejenigen, die Geld im Überfluss haben, sich ein wenig Zeit nehmen, über sich und ihre Situation nachzusinnen. Dann würden sie bei ihrer Intelligenz ohne Zweifel den Zusammenhang zur Situation der Welt erkennen. Diejenigen, die Zeit im Überfluss haben, könnten sie in soziale Beziehungen fließen lassen und im zwischenmenschlichen Bereich Brücken schlagen. All jene heute noch als nicht geldwert betrachteten Bereiche von der Nachbarschaftshilfe bis zur Vereinsarbeit, die nichts zum Bruttosozialprodukt beitragen, aber dennoch das Leben erst lebenswert machen, könnten so wiederbelebt werden.

Wenn Bewusstsein in alle Lebensbereiche fließt, wird vieles auch wieder anfangen, Spaß zu machen, und wir könnten eine *Fun*- oder Spaßgesellschaft auf ganz anderer Basis werden. Weltumspannendes ökologisches Denken könnte dann als positive Seite der Globalisierung für einen neuen, von Solidarität geprägten Zusammenhalt über Grenzen hinweg sorgen.

Beruf(ung) und Job

Der Mangel an Geld kommt oft dadurch zustande, dass jemand keinen Beruf hat, sondern bestenfalls einen *Job*. Wer dagegen seiner Berufung folgt, weil er zu Anfang seiner Tätigkeit einem inneren Ruf gefolgt ist, wird meist ein Leben lang von seiner Berufung getragen und wird sie zu einem Beruf ausbauen, den er mag oder sogar liebt. Da er ihn mit Engagement und auf einem hohen Qualitätsniveau ausfüllen wird, bekommt er im Idealfall einen entsprechend hohen Lohn für seine gute Arbeit. Das wäre als Anreiz eigentlich gar nicht notwendig, denn er bringt diesen Einsatz aus innerem Engagement, nicht wegen des Geldes. Der Humanist Wilhelm von Humboldt erkannte vor fast 180 Jahren: »Nie ist das menschliche Gemüt heiterer gestimmt, als wenn es seine richtige Arbeit gefunden hat.«

Wer nur wegen des Lohnes einen Job macht, wird mangels innerer Berufung diese Arbeit nicht besonders mögen und so auch nicht engagiert erledigen. Deshalb wird sie nicht besonders gut ausfallen, und er wird auch nicht besonders viel dafür bekommen. Täglich muss er sich neuerlich überwinden, wird neuerlich frustriert, muss vielleicht noch um diesen ungeliebten Arbeitsplatz fürchten und sich gegen Konkurrenz behaupten. Er müsste für diese Schinderei und tägliche Selbstüberwindung als Ausgleich viel Lohn erhalten, was natürlich nicht geschieht.

Ein Mensch ohne Beruf ist immer schlecht dran, denn es wird ihm an innerer Befriedigung mangeln. Hinzu kommt noch, dass er dazu neigt, sich zu unterfordern, weil ihm die Beschäftigung keinen Spaß macht, genau wie sein Gegenstück dazu neigen wird, sich zu überfordern – aus Freude an der Arbeit, die seine Seele nährt. Auch hier ergibt sich also eine Kluft durch die Gesellschaft.

Die beiden Extremforderungen »Arbeit um jeden Preis« von Gewerkschaftsseite und »Wachstum um jeden Preis« von Seiten der Unternehmer blockieren sich gegenseitig und befruchten sich schon lange nicht mehr. Inzwischen führen sie auch am Problem vorbei. Selbst in Zeiten des Wachstums nimmt die Zahl der Arbeitsplätze kaum noch zu.

Wahrscheinlich müssen wir ganz anders an das Thema herangehen. Schließlich haben wir viel zu wenige Arbeitsplätze, aber genügend Arbeit. Ja, die unerledigte Arbeit wächst sogar, etwa im Sozial- und dort besonders im Pflegebereich sowie im Umweltschutzbereich und allgemein in weiten Teilen des Dienstleistungssektors. Wir haben aber einerseits kein Geld für so viel Notwendiges, weil der Staat zusehends verarmt und sich überschuldet. Andererseits gibt es für viele wichtige und überfällige Arbeiten keinen fairen Lohn, weil wir uns ein Wertesystem leisten, das die Arbeit einer Krankenschwester oder eines Sozialarbeiters in eklatanter Weise gering schätzt.

Nicht nur die Arbeits- und Freizeit ist also schlecht verteilt, sondern auch der Lohn. Überspitzt könnte man sagen, dass die moderne Industriegesellschaft immer mehr »wundervolle« Dinge produziert, für die die Leute, die sie sich leisten könnten, keine Zeit haben, und die, die genügend Zeit dafür haben, verfügen über zu wenig Geld.

Wir sollten uns also fragen, ob wir leben, um zu arbeiten, oder arbeiten, um zu leben, und ob das wirklich unsere Arbeit ist, die wir tun, oder irgendein Job. Der libanesische Dichter Khalil Gibran sagt, wer ohne Liebe arbeitet, möge seine Arbeit verlassen und lieber vor dem Tempel diejenigen um Almosen bitten, die mit Liebe arbeiten. Dieser weise Rat würde momentan wohl zu enormen Staus vor den Kirchen führen. Inzwischen tun sich die wenigen, die mit Hingabe arbeiten, schon reichlich schwer, die vielen zwangsweise mitzuernähren, die ihre Arbeit bereits verlassen haben oder die ihre Arbeit verlassen hat, weil sie ins Ausland ausgewandert oder eingespart worden ist.

Vor gut 1500 Jahren hat der Gründer des Benediktinerordens Benedikt von Nursia seinen Mönchen den Auftrag *»Ora et labora«* (»Bete und arbeite«) ins Regelbuch geschrieben. Damals gehörten Gebet und Arbeit zusammen, und noch heute kann man tibetische Bauern erleben, die in der einen Hand den Pflug und in der anderen die Mala, eine Art Rosenkranz, halten. Während sie unaufhörlich ihr Mantra *»Om mani padme hum«* (»Das Juwel des Bewusstseins wohnt im Innern meines Herzens«) summen, wird die Feldarbeit zum Gebet und das Gebet zur Feldarbeit.

Heute ist Arbeit für die meisten modernen Menschen dagegen alles andere als ein Gottesdienst. Genau genommen wären sowohl die Umweltzerstörung als auch die weltweite Massenarbeitslosigkeit bei einem spirituellen Arbeitsverständnis nicht möglich. Der zeitgenössische amerikanische Dominikaner und Schöpfungstheologe Matthew Fox[46] formuliert das Problem sehr anschaulich. Dem hilflosen Schrei von Arbeitervertretern und Politikern nach Jobs stellt er die Sinnfrage entgegen. Arbeitsplätze verhielten sich zur Arbeit wie Blätter zu einem Baum. Wenn der Baum krank wird und seine Blätter verliert, ist es Unsinn, an den Blättern herumzudoktern, man muss den Baum behandeln. Die Blätter sind nur ein Indikator für den Zustand des Baumes. Er schreibt: »Arbeitsplätze werden geschaffen, indem wir unsere Einstellung zum Arbeiten und Wirken in der Welt stärken – und nicht, indem wir Blätter an einen kranken Baum ankleben.« Seine Alternative ist die Wiederentdeckung von im Tiefsten sinnvoller Arbeit, einer Arbeit, die als aktives positives Teilhaben an der Schöpfung empfunden wird, die aus sich heraus und ob ihres Zieles beglückend empfunden wird. Der Psychiater und Psychotherapeut Victor Frankl formuliert es ähnlich: »Gesundheit heißt auch, ein sinnerfülltes Leben zu führen und nicht nur zu funktionieren.«

Für Fox spielt in diesem Zusammenhang auch das Wiederentdecken spiritueller Rituale eine entscheidende Rolle. Er meint, dass wir Arbeit neu erfinden könnten, indem wir Rituale neu erfinden.[47]

Aus dieser theologischen Sicht müssen all die modernen Arbeitsbeschaffungsmaßnahmen (ABM-Stellen), die bestenfalls auf Jobs hinauslaufen, hilflos wirken. Fox fordert eine Spiritualisierung der Arbeit und empfiehlt die Fragen:

- Habe ich Freude an meiner Arbeit?
- Ist sie mir Berufung oder nur Job?
- Geht von ihr ein Segen für künftige Generationen aus?

Wer sich rechtzeitig fragt, ob seine Arbeit den Zielen dient, die er für sein Leben, das seiner Kinder und das der Erde hat, könnte im Fall einer negativen Antwort lieber bewusst ein Sabbatjahr, ein arbeitsfreies Jahr zur Selbstfindung, einschalten, als sich auch noch den Rest seines Lebens weiterzuquälen. Solche Sabbatjahre könnten zu neuen Ideen, neuen Lebensrhythmen und Sinn in Arbeit und Leben führen. Sie wären der Gegenpol zu jenem negativen Überangebot an Freizeit und der damit meist verbundenen deprimierenden geistig-seelischen Leere, die sich aus Arbeitslosigkeit ergeben.

Wir brauchen bezüglich unserer Arbeit vor allem eine geistig-seelische Neuorientierung, um die Fragen nach dem Sinn von Arbeit, nach ihrer Qualität, ihrem Ziel und ihren Auswirkungen wieder stellen zu können. Eine wesentliche Frage wäre heute: Dient die Arbeit der Vertiefung der Kluft zwischen Yin und Yang, oder zielt sie auf Versöhnung?

Von zentraler Wichtigkeit ist die gesellschaftliche Umorientierung. Ist ein fast bewusstlos schuftendes Arbeitstier wirklich besser (dran) als ein Mensch mit der Freiheit zu großzügiger Freizeitgestaltung und souveräner Lebensführung, in der Arbeit nur ein untergeordneter Punkt ist? In einer Zeit der Angst und Massenarbeitslosigkeit sind viele Menschen von solchen Überlegungen wohl überfordert. Allerdings lohnt sich der Gedanke, dass im schlimmsten Teufelskreis der Gegenpol oft leichter zu verwirklichen ist, weil man sich schon so tief verstrickt hat. Wenn man bedenkt, dass das von einigen in Deutschland geforderte Bürgergeld von 1000 DM pro Monat ohne Gegenleistung billiger ist, als zehn Millionen Arbeitslose auf Dauer zu erhalten, ergibt sich vielleicht auch wieder die Freiheit zu unkonventionellen Lösungsansätzen.

Die moderne Urlaubsmisere

Die viele Freizeit steht für Unterhaltung zur Verfügung, um deren Organisation sich eine riesige Tourismus- und neuerdings auch Wellness-Branche kümmert. Aus oben genannten Gründen sind die Ergebnisse aber erstaunlich deprimierend. Weniges scheint jedenfalls den westlichen Menschen so schwer zu fallen wie Freizeit. Die einen haben eben keine Zeit, sich zu erholen, und wissen auch gar nicht mehr, wie das geht, die anderen haben keinen Grund dazu und kein Geld dafür übrig.

Es bliebe noch die Schickeria, die von der Qual eines unendlich langweiligen, weil in der Regel als völlig überflüssig empfundenen Lebens heimgesucht, an den schönsten Plätzen der Welt Ablenkung von obiger Erkenntnis sucht. Das Ausgeben von Geld, das man nicht selbst verdient hat, will auch gelernt sein und ist jedenfalls äußerlich viel leichter erträglich als innerlich. Glücklich sind in diesem Bereich wenige, obwohl sie so ziemlich alles versuchen, um sich von sich selbst und ihrem inhaltsleeren Leben abzulenken. Sie sind aber doch immerhin die Vorreiter der so genannten Fun-Gesellschaft, die durch eklatanten Mangel an Lebenssinn gekennzeichnet ist und deshalb im Außen immer mehr Vergnügen erfinden muss.

Übertriebener Wirbel, der im Außen geschlagen wird, ist oft Indiz für die innere Leere. Wer sich außen ständig mit solchem Aufwand selbst inszeniert, um interessant zu erscheinen, weist – nach dem Gesetz der Polarität – darauf hin, wie uninteressant er sich in Wirklichkeit selbst empfindet. Aus dieser halbbewussten, wohl hin und wieder erahnten Beklemmung versuchen sich die Betroffenen durch immer spektakulärere Äußerlichkeiten selbst zu befreien. Die Lösung läge innen. Wer aber ständig am falschen Ort, also außen, sucht, wird mit der Zeit dort die Dinge immer weiter eskalieren lassen. Das führt vom Konsum von exotischsten Luxusspeisen bis zu gefährlichen Ebenen etwa des (Drogen-)Rausches. Wer Schneckeneier verspeisen muss, von denen das Gramm viel

Geld kostet und die gar keinen Eigengeschmack haben, verrät, wie krampfhaft er sich um Exklusivität bemüht. Selbst auf diesem Hintergrund inszenierte Sex-Orgien ergehen sich in ebenso krampfhaften Äußerlichkeiten, fehlt es doch völlig am sinnhaften Bezug, den die Orgie ursprünglich im Dionysoskult hatte. Aber selbst die Liebe als seelisches Pendant zum körperlichen Aspekt der Sexualität kommt bei all dem demonstrativen Gehabe zu kurz. Bei dem Versuch, doch so etwas wie Liebe oder wenigstens Thrill zu erfahren, lassen die Protagonisten der Fun-Gesellschaft fast nichts unversucht.

Schöne Ferien?

Doch auch die Masse, die ihren Urlaub durch eigener Hände Arbeit finanziert und von der Tourismusindustrie heftig umworben wird, tut sich schwer, Spaß zu haben. Von den österreichischen Pauschaltouristen sind im letzten Jahr doppelt so viele unzufrieden von ihrer Reise zurückgekehrt, wie damit zufrieden waren. Von den deutschen Urlaubern war über die Hälfte von ihren Ferien enttäuscht, wenn man sie gleich nach der Rückkehr befragte. Von den US-Touristen kehren angeblich sogar elf Prozent mit Depressionen nach Hause zurück. Interessanterweise sind von den direkt nach Abschluss ihrer Reise überwiegend enttäuschten Deutschen vier Wochen später nur noch fünfzehn Prozent unzufrieden. Der große Rest hat sich wohl dem Glücksdiktat gefügt, das Negative gestrichen und das wenige Positive weitererzählt. Der Urlaub hat einfach schön zu sein, schließlich ist er ja auch teuer. Wer etwas so Unangenehmes so teuer bezahlt, müsste ja ein Trottel sein. Um dieser Konsequenz zu entgehen, wirken die Wochen nach der Rückkehr offenbar geradezu verklärend.

Medizinisch betrachtet fällt die Bilanz noch schlechter aus. Bei den normalen Urlaubsszenarien, die im Stau beginnen und an den beliebten Sonnenküsten beim Sonnenbraten enden, sind die Ergebnisse natürlich besonders niederschmetternd. Die meisten dieser Sonnenanbeter brauchen geschlagene elf Monate, um sich von dieser Strapaze wenigstens wieder so weit zu erholen, dass sie im kommenden Jahr demselben Wahnsinn am selben Ort gewachsen sind. Was sich medizinisch in Energieblockaden und Regulationsstörungen nachweisen lässt, ist den meisten Betroffenen jedoch nicht bewusst, das heißt, sie lassen diese Erkenntnis kaum an sich heran. Es ist offenbar besonders schwer, zu seinem verpfuschten Urlaub zu stehen und daraus Konsequenzen zu ziehen. Lieber redet man für die anderen die Misere schön und glaubt dann offenbar mit der Zeit selbst daran. Wie wäre es sonst zu erklären, dass im nächsten Jahr derselbe Jammer von neuem seinen Lauf nimmt und Millionen Menschen wie die Lemminge an ferne Küsten streben, wo sie in der Regel wenig Erbauliches und jedenfalls nichts Erholsames oder gar Gesundes erwartet?

Auf diese Missstände wollte und sollte die Wellness-Bewegung eine Antwort sein. Sie setzt vorrangig auf Erholung in der eigenen Heimat. Vor lauter *Event*- und *Action*-Ansprüchen aber wissen die meisten kaum noch, was Regeneration wirklich meint, und verbinden Urlaub auf alle Fälle mit weiten Reisen, was sollte man sonst auch bei der Rückkehr erzählen? Das Ferienglück leidet also unter derselben Veräußerlichung wie das übrige Leben.

Die weiteren Gründe für die Urlaubsfrustration sind vielfältig. Befragt man die Betroffenen, sind fast immer die anderen schuld. Vor allem sind die anderen in einer unerträglichen

Überzahl. Doch auch der so genannte Individualreisende merkt im Autobahnstau recht schnell, dass er gerade einem Massenphänomen zum Opfer fällt. Die Welt könnte so schön sein, wenn es nicht so viele von uns gäbe, die alle mit denselben oder doch sehr ähnlichen Programmen unterwegs sind.

Falsche Paradiesvorstellungen

Im Urlaub wollen die meisten an paradiesische Orte reisen. Die Werbeprospekte versprechen auch unisono den Himmel auf Erden. Natürlich ist naiv, wer Werbung mit Information verwechselt, ist sie doch in der Moderne der Überflussgesellschaft eher zu der Kunst verkommen, Menschen Dinge nahe zu bringen, die diese gar nicht brauchen und dann oft auch nicht bekommen. Trotzdem geht ein nicht geringer Teil der Urlauber offenbar von lauteren Informationsabsichten der Touristikbranche aus, denn ein Viertel der Urlaubsheimkehrer ist laut Umfrage wütend darüber, dass die in Katalogen gemachten Versprechungen nicht eingehalten wurden.

Damit sei nichts gegen Werbung gesagt. Menschen lieben es, umworben zu werden. Allerdings sollten wir das Spiel als solches durchschauen. So wie jeder versucht, seine lichten Seiten hervorzukehren und die dunklen in den Schatten des Unbewussten abzuschieben, tut es natürlich auch die Tourismusindustrie. Mit Computerhilfe ist es heute leichter denn je, das Meerwasser noch blauer zu färben und alles in leuchtenderen Farben erscheinen zu lassen. So stellen wir uns selbst dar, und so präsentiert auch jeder Geschäftsmann sich und seine Produkte. Problematisch wird es nur, wenn man mit dieser Strategie glaubt, den Schatten aus der Welt schaffen oder be*seit*igen zu können.

Schon das Wort Harmonie, das auf die griechische Göttin Harmonia zurückgeht, könnte uns helfen, das Missverständnis zu erkennen, schließlich ist die Göttin des Ausgleichs ein Kind der Liebes -und Friedensgöttin Venus mit dem Kriegsgott Mars. Wer das Spiel der sich geradezu bedingenden Gegensätze nicht durchschaut, wie die große Mehrheit der modernen, von jeder Lebensphilosophie abgeschnittenen Menschen, wird über kurz oder lang Probleme mit der Polarität bekommen. Der sich dann anbietende kurzsichtige Ausweg liegt in der Schuldzuweisung. Wenn die Dinge anders als geplant und erwartet laufen, wird die Verantwortung dafür auf andere projiziert. Eigene Täuschungen, die folgerichtig zu Enttäuschungen führen, werden dann als Fehler der anderen deklariert. Dabei spräche gar nichts gegen Enttäuschungen, sie wären sogar gut und hilfreich, wenn sie wirklich das Ende der jeweiligen Täuschung bedeuteten. Im nächsten Jahr wäre man dann schon klüger und von Fehlern geheilt. Die Mehrheit lernt aber nicht aus ihren Fehlern, sondern projiziert diese nach außen. Das aber führt für beide Seiten zu Leid.

Nach dem Polaritätsgesetz ist das Resonanz- oder Affinitätsgesetz das nächstwichtige Gesetz der spirituellen Philosophie, das ersterem scheinbar widerspricht. Einfach ausgedrückt besagt es: Wenn ich Streit suche, werde ich ihn finden. Wenn ich freundlich bin, werde ich erleben, dass Freundlichkeit wie ein Bumerang wieder zu mir zurückkehrt. Ich werde also im Urlaub oder in jeder anderen Situation vorfinden, worauf ich mich innerlich (oft unbewusst) eingestellt habe.

Allerdings sind die tiefen seelischen Ebenen hier viel wirksamer als die oberflächlichen Vorsätze des Intellekts. Diese funktionieren erfahrungsgemäß nicht oder nur sehr schlecht, wie es das regelmäßige Scheitern der guten Vorsätze zu Neujahr zeigen kann. Viel stärker wirken jene seelischen Ebenen, die uns meist gar nicht so bewusst sind. Bin ich tief in mir für Abwechslung und Spannung offen, werde ich beides bekommen und auch genießen können. Die vom Intellekt gespeiste Pseudooffenheit dagegen, die einen Menschen einen Abenteuerurlaub buchen und ihn bei der ersten gefährlichen Panne vor Gericht zieht lässt, wird vom Schicksal therapiert. Es nimmt uns bei unseren Ansprüchen und prüft uns an ihnen. Der meist unehrliche Abenteueranspruch kann durch gähnende Langeweile genauso therapiert werden wie durch echte Gefahrensituationen.

André Heller hat in einem seiner Lieder festgestellt, dass die wahren Abenteuer im Kopf sind, und wenn nicht da, dann nirgendwo. Vielleicht sollte man sie auch noch im Herzen und im Bauch suchen, aber bestimmt nicht außen im Rahmen von Touristikprogrammen. Vieles, was im Außen versprochen wird, lässt sich nur innen verwirklichen. Gerade die Wunschvorstellungen bezüglich des Urlaubs müssten uns deutlich machen, dass es in der äußeren Welt offenbar kein Paradies und kein El Dorado gibt, sonst wären sie längst entdeckt worden. Das Himmelreich der Einheit ist nur inwendig zu finden. Diese Offenbarung findet sich in allen heiligen Schriften und natürlich auch in der Bibel.

Der scheinbare Widerspruch zwischen Polarität und Resonanz klärt sich im Leben und im Urlaub schnell auf. Wir bekommen nur das, wozu wir wirklich tiefe Resonanz haben, also zum Beispiel auch Streit, wenn das unser beherrschendes inneres Thema ist, das wir dann natürlich – ob wir wollen oder nicht – auch in den Urlaub mitnehmen.

Wenn wir aber oberflächlich etwas wünschen oder auch buchen, das unserer innerseelischen Gestimmtheit gar nicht entspricht, kommt das Polaritätsprinzip ins Spiel und bringt den Gegenpol ins Leben, der uns Dinge und Erfahrungen beschert, die wir bewusst überhaupt nicht haben wollten, die wir aber anziehen, weil sie unserer inneren Resonanz entsprechen. Wer sich über fünfzig Wochen im Jahr in einem Job plagt, der ihm weder Berufung noch Beruf ist, sondern lediglich das Überleben sichert und darüber hinaus nur Frustration verschafft, der wird das in zwei Urlaubswochen kaum kompensieren können. Gerade bei ihm ist aber das oberflächliche Bedürfnis nach einem Traumurlaub übermächtig, denn er freut sich ja viele Wochen lang auf die vergleichsweise kurze Urlaubszeit. Wer dagegen seine Berufung zum Beruf gemacht hat und seine Arbeit genießt, braucht den Urlaub weniger dringend und schon gar nicht zur Kompensation für seine Alltagsfrustration. Für ihn ist eher der Weg das Ziel, und so ist er viel weniger urlaubsorientiert. Gerade dieser Mensch hat aber sehr gute Chancen, seine Ferien auch zu genießen, da sie viel weniger mit hochgesteckten Erwartungen überfrachtet sind.

Ähnlich kann es passieren, wenn vor allem moderne Väter versuchen, in zwei Urlaubswochen die während des Jahres versäumte Nähe zu ihren Kindern aufzuholen. Die kurzen Ferien sind mit solchen Kompensationsprogrammen oft überlastet, und die Kleinen spüren das Übertriebene daran und flüchten in die vertrauteren Arme der Mutter. Der Vater wird frustriert sein, weil seine Bemühungen nicht fruchten, die Mutter, weil sie nicht einmal im Urlaub ihre Ruhe bekommt.

Wenn die Partnerschaft in der Stressmühle des täglichen Überlebenskampfes zu kurz kommt und auf den Urlaub verschoben wird, ist dieser ebenfalls von vornherein überlastet und schon fast zum Scheitern verurteilt. So viel Zärtlichkeit, Verständnis und Liebe lassen sich in zwei Wochen Paradies gar nicht unterbringen, dass sie für all die Wochen der Desillusionierung entschädigen und den hier angesammelten Stress aufwiegen könnten.

Ein einfaches Rezept zur Klimaverbesserung gegenüber dem Partner lautet, sich immer klar zu machen, dass einen nur ärgern kann, wozu man selbst Resonanz hat. Es ist vielleicht das größte Problem im Urlaub, dass man sich selbst auch in dieser Zeit nicht ausweichen kann. Die Vorstellung, man könnte den muffigen Typ, der sich mühsam in seinem Job abplagt, oder die genervte Hausfrau, die man elf Monate im Jahr spielt, einfach zu Hause lassen und mit seinem lichten Wesensanteil allein auf Reisen gehen, führt natürlich zu Enttäuschungen.

Auch wer nur die Arbeit kennt und sie benutzt, um alle anderen Themen und Fragen des Lebens hintanzustellen, wird in der dann bedrohlichen Leere im Urlaub leicht auf Sinnfragen stoßen, die in diesem Fall durchaus Angst machen und die Ferien durch depressive Verstimmung ruinieren können. Hier dürften die erwähnten elf Prozent amerikanischer Touristen einzuordnen sein, die mit manifesten Depressionen heimkehren.

Depressionen mit ihren Selbstmordgedanken sind – wie schon erwähnt – die vom Schicksal erzwungene Beschäftigung mit dem Tod auf der primitivsten denkbaren Ebene. Sie können nur zuschlagen, wenn die freiwillige Auseinandersetzung mit diesen lebenswichtigen Themen im Vorfeld zu kurz gekommen ist. Eine Urlaubsdepression könnte und sollte man von daher als willkommenen Anlass nehmen, sich mit der eigenen Seele und den sie bedrängenden Lebensthemen zu beschäftigen. Sie nach dem Urlaub wieder mit Arbeit zu betäuben führt nur dazu, dass sie bei nächster Gelegenheit erneut auftaucht und jedes Mal mit mehr Nachdruck. Der Urlaub hat hier lediglich als Ventil gedient, um den entstandenen Erlebens(über-)druck deutlich zu machen. Es kann auch anderen verdrängten Themen und Krankheitsbildern zum Durchbruch verhelfen. Wer etwa seinen Körper über lange Zeit vernachlässigt und sich nicht einmal Zeit für Krankheitssymptome genommen hat, kann deren Revanche häufig im Urlaub erleben.

Sehnsucht nach dem Schlaraffenland und Momenten des Glücks

Alle Paradiesvorstellungen und -wünsche bezüglich des Urlaubs sind also sehr verständlich, aber zu einseitig und vor allem zu hoch gegriffen. Der Himmel auf Erden ist nur zu Anfang des Lebens, in den ersten Monaten des intrauterinen Lebens verwirklicht. Hier ist das Muster aller Schlaraffenlandfantasien zu finden, ist es doch die Zeit, in der dem Ungeborenen alles zufließt, was es braucht, ohne dass es das Geringste dafür tun müsste. Lediglich Einheitserfahrungen oder das, was der Psychologe Abraham Maslow Gipfelerlebnisse *(peak experiences)*[48] nennt, können im späteren Leben solche Erfahrungen von innerer Ekstase wieder anklingen lassen. Später müssen wir aber immer etwas dafür tun und die Weichen entsprechend stellen. Das wiederum ist nur über innere Wege möglich, so wie auch die entsprechenden Glückserlebnisse immer innere sind. Im Außen gibt es dafür keine Chancen, auch wenn das Meer am Urlaubsort noch so blau ist.

Die Tatsache, dass so viele Menschen in ihrer freien Zeit zurück zum Wasser streben, das sie aus den ersten neun Monaten ihres Lebens im Mutterleib kennen, zeigt, wie sehr wir uns unbewusst noch immer in diese frühe Lebenszeit, die Schlaraffenlandwelt des Anfangs, zurücksehnen. Hier haben viele Menschen prägende Glücksmomente erlebt im Sinn des unbegrenzten freien Schwebens in einer warmen, weichen und wundervoll geschützten Welt, die einem jedes Bedürfnis und jeden Wunsch spontan erfüllte. Um die ozeanischen Gefühle[49] dieser Zeit wiederzuerleben, brechen wir jedes Jahr von neuem auf. So bringt das mehr oder weniger bewusste Bedürfnis, das Paradies des Anfangs wiederzufinden, jeden Sommer wahre Völkerwanderungen in Gang.

Auch andere Urlaubsaktivitäten verraten noch den Wunsch nach Einheitserfahrungen, die sich wie der Himmel auf Erden anfühlen. Surfer hoffen, wie ihre pfeilschnellen Bretter ins Gleiten zu kommen und vielleicht sogar für einen kleinen, einzigartigen Moment ganz abzuheben und frei zu sein. Skifahrer wollen im tiefen Schnee schwereloses Glück genießen, genauso Taucher, die in den Tiefen des Meeres meist unbewusst zu ihren frühesten Glückserfahrungen zurückkehren wollen. Unter Wasser atmen zu können war damals im Mutterleib möglich und lässt sich jetzt mit technischer Hilfe neuerlich erleben.

Würden wir uns dieses in uns verwurzelte Bedürfnis nach Glück und Ekstase bewusst machen, könnten wir unseren Urlaub viel mehr darauf abstimmen und so die Chancen erhöhen, eine unbeschreibliche Leichtigkeit des Seins zu erfahren. Wenn wir fragen, was wir wirklich brauchen, und in der Tiefe unseres Herzens suchen, was unsere Seele vor allem ersehnt und was uns am meisten fehlt, kommen wir zu ganz anderen

Zielen – und natürlich immer zu seelischen und damit inneren Erfahrungen.

Wer den Mut hat, im Urlaub seelische Entwicklung in den Vordergrund zu stellen und umfassende Wellness ins Auge zu fassen, könnte auch seine äußeren Ziele sehr bewusst auf seine anstehenden inneren Erfahrungen abstellen. Er wird auf einer unerwartet tiefen Ebene Belohnung finden. Abenteuerreisen in die äußere Welt stoßen längst an deren Grenzen und können auch nur befriedigen, wenn die äußeren Erfahrungen eine Resonanz zu den inneren Bedürfnissen haben.

Wer Lust hat, sich mit seiner inneren Welt im Urlaub auf erholsame Weise zu beschäftigen, könnte sich dazu der grandiosen Landschaften dieser Erde bedienen. Nach der Gleichung Mikrokosmos = Makrokosmos findet sich alles, was für uns innerseelisch wichtig ist, auch draußen in der Welt. Die verschiedenen Landschaften bieten für jede seelische Phase eine Entsprechung. Wer bereit ist, diese äußere Entsprechung zu seiner inneren Lebenssituation wahrzunehmen, wird Psychotherapie auf eine verblüffend wirksame und erholsame Weise erleben.

Die Gipfel der Berge, die tiefen Klüfte und Höhlen oder der Urwald mit seinem üppigen Leben können uns zu Einsichten in die eigene Seelenlandschaft verhelfen.[50] Wenn Außen und Innen übereinstimmen, können wir uns entwickeln und gleichzeitig wohl fühlen; wir werden echte Wellness erleben. Wir müssen dazu gar nicht immer das Paradies der Tropen anstreben, manchmal hält die Wüste mit ihrer Weite und Einsamkeit sogar wichtigere Erfahrungen für uns bereit. Natürlich können gerade auch die Regionen der Erde, die uns Angst machen, und jene Kulturen, die uns erschrecken, in diesem

Sinn zu heilsamen Erfahrungen führen. Alles, was uns draußen beeindruckt und aus dem Gleichgewicht bringt, muss nach dem Resonanzgesetz mit uns zu tun haben. Wer dieses Konzept auf sich und seinen Urlaub anwendet, erlebt automatisch im Urlaub eine Art Psychotherapie.

Für unser Thema ist zudem interessant, dass fast alle Menschen des Yang-Pols im Urlaub Yin-Situationen suchen. Selbst der gestressteste Manager will im Urlaub loslassen und die weichen Seiten des Lebens genießen. So streben Millionen angespannter Menschen gen Süden und in Länder, wo all das, wofür sie das Jahr über so verbissen arbeiten, gar nicht funktioniert, aber dafür die Stimmung gut ist und der Druck nachlässt.

Im Urlaub merken wir, wie sehr wir jene Teile der Welt, die wir das ganze Jahr über unter uns und unserer Politik leiden lassen, brauchen. Dass das dann doch so häufig in Enttäuschungen endet, hat damit zu tun, dass wir an einem Übermaß an Yang so sehr gelitten haben, dass wir es in der kurzen Urlaubszeit nicht ausgleichen können. Unserer Machermentalität erschließt sich auch das Yin gar nicht so leicht, da es eben nicht durch machen, sondern nur durch geschehen lassen einzulösen ist.

Ein gesunder Ausgleich könnte uns viel weiter in unsere Mitte und damit in Harmonie bringen. Wir müssten nur dafür sorgen, dass wir jeden Tag eine kleine Portion Yin etwa in Form einer Meditation oder eines Mittagsschlafes bekämen und obendrein eine wirklich gute Nachtruhe. Wir könnten uns einen Tag der Woche als Sabbat schenken, an dem wir wirklich nur unserer Seele und ihren Bedürfnissen nachgehen, dazu ein Wochenende im Mondzyklus, eine Woche in jeder Jahreszeit und einen Mondzyklus im Jahr, in jeder Lebenshälfte am besten ein ganzes Jahr.

So wie wir selbst so dringend mehr Yin brauchen, geht es natürlich auch der Erde. Mikrokosmos und Makrokosmos entsprechen sich auch hier. Könnten wir für uns selbst obiges Konzept umsetzen, würde der Weg zum Ziel. Das gesamte Arbeitsleben würde sich nicht mehr auf den Urlaub zuspitzen. Wir würden die Ferien dann weniger dringend brauchen und deswegen viel mehr von ihnen haben.

In der Arbeitswelt haben wir immer die Möglichkeit, uns auch nach innen zu wenden und in uns Lösungen zu finden. Tatsächlich gibt es Menschen, die diesen Weg gehen und für sich Befreiung finden, vor allem in den am meisten von der Globalisierung geschädigten Ländern wie etwa Indien. Niemand kann sich aber nur für sich selbst verwirklichen. Wenn ein Mensch Befreiung findet, hat das immer Auswirkungen auf seine Umgebung, und das Feld seines Einflusses wird mit der Kraft seiner Ausstrahlung wachsen. Je mehr Menschen innerlich ihre Probleme lösen und in Harmonie mit sich und der Welt kommen, desto besser für ihre kleine und die große Welt.

Ich habe erlebt, wie Einzelne nur durch ihr Sosein eine Klinik, eine Firma oder eine Gemeinschaft ganz unmerklich wandelten. Je mehr Menschen sich selbst wieder so ernst nehmen, dass sie ihrer geistig-seelischen Entwicklung Raum und Zeit geben, desto eher wird sich nach der Gleichung Mikrokosmos = Makrokosmos auch die Welt wandeln können.

Wenn bisher alles darauf hinauslief, dass wir in einer fürchterlichen Welt leben, in der Konzerne und ihre Manager und der allmächtige Fetisch Geld das Leben zur Hölle machen und alle Menschlichkeit unterdrücken, könnte sich hier eine ganz andere Perspektive eröffnen. Wir könnten lernen, auch die äußere düstere Seite der Wirklichkeit bewusst als Instrument zur Erkenntnis wahrzunehmen.

Spiritual Wellness oder Außen und Innen im Einklang

Neben dem Blick nach innen ist natürlich auch die äußere Umgebung wichtig. Wenn man sich wirklich bis in die Tiefe regenerieren will, ist eine entsprechend harmonische Umgebung, die es unterstützt, in die eigene Mitte zu kommen, sehr wertvoll. Da wir in der modernen Welt zunehmend an Stressüberflutung leiden und das auch spüren, schießen entsprechende Wellness-Hotels wie Pilze aus dem Boden. Äußerlich bieten sie im Überfluss, was uns zur Entspannung verhelfen kann. Sauna und Dampfbad sind schon gar nicht mehr erwähnenswert. Die mildere Biosauna ist neuerdings gefragt, aber auch Tepidarien, die wiederentdeckten Wärmekammern der alten Römer, Infrarotkabinen, alle möglichen Arten von Whirlpools. Vereinzelt wird sogar der Samadhi-Tank von John Lilly[51] wiederbelebt. Thermen haben Hochkonjunktur und zielen immer mehr auch auf jüngere stressgeplagte Menschen, die sich großen Raubbau an ihrer Gesundheit geleistet haben und sich nun aufwändige Regenerationskuren in luxuriöser Umgebung leisten sollen. In diesen modernen Gesundheitstempeln wird aber gerade deutlich, dass das ersehnte Heil allein in äußeren Maßnahmen nicht zu finden ist.

Ein Tepidarium wird sinnlos, wenn es nicht auch Programme bietet, die auf das Innenleben zielen. Thermalwasser ist banal, wenn man – seine üblichen Gedanken wälzend – darin herumpaddelt. Die wundervollen Chancen eines Samadhi-Tanks eröffnen sich nur demjenigen, der sich in der Salzlösung schwebend der inneren Leichtigkeit seiner Seelenempfindungen hingeben kann.

Wer im körperwarmen Thermalwasser sich sanft und verbunden atmend in die Welt der ozeanischen Gefühle des Lebensanfangs zurückgleiten lässt, wird eine Entspannung finden, die tiefer geht und unvergleichlich wirksamer im Hinblick auf Wohlfühlen ist, als noch so langes Durchgeknetetwerden im Strudel eines Whirlpools. Ein einziger Moment körperlosen Glücks, ein einziges Gipfelerlebnis, eine Zeitspanne außerhalb der begrenzten Welt des Körpers, ein Geschmack der Einheit, das sind die Erfahrungen, die das Leben verändern, die ihm eine neue Richtung geben, es lebenswert und beschwingt erscheinen lassen. Fast immer sind es Erlebnisse, die die Seele wenigstens ein wenig vom Körper lösen und ein Stück in die Leichtigkeit des Seins tragen, die uns das berauschende Gefühl unserer Ganzheit, unserer Verbundenheit mit allem und dem Einen vermitteln[52]. Demnach kann die moderne Versessenheit auf den Körper und dessen Fitness und auf das Materielle in der Alltagswelt und im Urlaub gar nicht zielführend sein.

Wellness meint Wohlsein, und dazu wiederum gehört als Basis umfassende Gesundheit, eine sinnliche Befriedigung all unserer Sinne, geistige Anregung und am meisten jene Seelenerfahrung, die alle Religionen und spirituellen Traditionen als ein Erleben des existenziellen Dazugehörens zur Schöpfung beschreiben. Sicher ist ein gesunder Körper eine wichtige Basis, und auch da haben wir in vielfacher Hinsicht Schindluder getrieben, aber eine intakte Basis allein kann noch kein Wohl*sein* hervorbringen.

Reisen nach Innen[53] sind wohl auch im Rahmen von Wellness der einfachste Weg, um den Körper mit der Seelen(bilder)welt zu versöhnen. Ein auch für Menschen vom Macherpol leicht zu verwirklichender Pfad führt über den verbundenen Atem. Der Atem verbindet immer beide Pole in sich und kann uns deshalb Erfahrungen der Ganzheit vermitteln. Folgt man ihm lange genug bewusst, seine beiden Pole ohne Pause verbindend, kann er einem sogar das Geschenk der Mitte machen, eine Erfahrung im Reich zwischen den beiden Polen der Wirklichkeit. Solcherart eintauchend in Erfahrungen von Einheitsbewusstsein, erlebt man sich, wie man eigentlich gemeint ist. Entspannung und Wohlfühlen sind dann nur noch Randerscheinungen eines umfassenden Einverstandenseins.[54]

Sinnlichkeit als Chance

Voraussetzung für jedes tiefe sinnliche Erleben ist, beide Pole der Wirklichkeit mit unseren Sinnen zu entdecken. Wie schon so oft läuft das für uns zuerst einmal darauf hinaus, den weiblichen Yin-Pol zu fördern, bis er neben dem männlichen Yang-Pol gleichwertig bestehen kann.

Sehen

Was unseren angeblich wichtigsten Sinn, das Sehen, angeht, hieße das nicht nur, den Informationsaspekt der äußeren Welt wahrzunehmen, sondern auch ihren Gefühlsaspekt. Zum Sehen müsste das Schauen treten, das uns Visionen und schließlich eine transzendentale Schau der Welt eröffnet. Wenn Verliebte sich in die Augen blicken, geht es ihnen nicht um Information. Die Augenfarbe des Partners kennen sie schon und die Informationen aus der Landkarte der Iris interessieren sie nicht. Sie wollen sich in diese geliebte Seele einfühlen.

Hören

Wer gelernt hat zu schauen, wird auch leichter verstehen, dass das Gehör letztlich noch viel wichtiger für unser Wohlbefinden ist als die Optik. Blinde finden sich in ihrer (inneren) Welt und sogar in der für sie dunklen äußeren viel besser zurecht als Taube. Diese versinken nicht selten in Depressionen und werden so einsam, dass sie oft nicht mehr mit den anderen und dem Leben mitschwingen können. Alles Leben aber ist Schwingung, wie es uns Physiker und Mystiker heute gleichermaßen bestätigen. Wer also nicht nur die Informationen beim Hören wahr- und wichtig nimmt, sondern zum Horchen übergeht, wird irgendwann auch anfangen, seine innere Stimme zu hören, und erleben, dass ihn die Schöpfung auf einer neuen und ungewohnten inneren Ebene anspricht. Er mag dann auch in einem viel tieferen Sinn ge*horchen* lernen – nämlich dieser inneren Stimme, die die Tendenz hat, in Gottes Stimme oder die der großen Göttin überzugehen. Er gehorcht letztlich sich selbst und wird eins mit der Mutter Natur, aber auch mit dem Vater im Himmel. Dieses Lebensgefühl, das uns die Indianer empfehlen, können auch wir Zivilisationsmenschen verwirklichen: Wir verankern die Füße in Mutter Erde und erheben den Kopf zum Vater im Himmel. Das neue Lebensgefühl beginnt mit einfachen Erfahrungen zum Beispiel im Reich geführter Meditationen, beim Fasten oder bei allen Übungen, die uns für den Yin-Pol der Welt sensibler machen.

Fühlen

Was das Fühlen angeht, sind wir in einer noch entfremdeteren Situation als beim Hören und Sehen. Wenn uns Hören und Sehen verginge, hätten wir nur noch unser Gefühl, das weit über die Sensibilität der Haut, den Tastsinn, hinausgeht. Helen Keller, die taubstumme und blinde Amerikanerin, machte aus dieser schweren Schicksalsprüfung, die sie anfangs in eine schreckliche innere und äußere Leere warf, ein wunder*volles* sinnliches Leben, das vielen Menschen zu einer Quelle der Inspiration und Hilfe wurde.

Wir brauchen nur anzufangen, den Tastsinn wieder zu entdecken und zu genießen. Der Schritt vom Entdecken und dem ersten Sichtrauen zum Genießen und Wohlfühlen ist dabei nicht weit, wie wir immer wieder bei Seminaren erleben, wo sich vieles in der (Unter-)Wasserwelt abspielt.[55] Wenn man das Empfindungsvermögen seiner Haut neu erlebt und genießt, wird man sich danach insgesamt in der eigenen Haut wohler fühlen. Wer aber das Streicheln des körperwarmen Wassers genießen kann, wird in Zukunft auch den Wind und die Sonne und sogar die Erde anders wahr- und wichtig nehmen.

Schmecken

Der Geschmackssinn wird heute ständig medienwirksam umworben und dabei zugleich hinters Licht geführt – sowohl von einer immer raffinierter werdenden Werbung als auch von einer unübersehbaren Flut von Aromastoffen und Geschmacksverstärkern.[56] Was unsere Geschmacksknospen wahrnehmen, entspricht schon längst nicht mehr den auf den Packungen abgebildeten und beschriebenen Nahrungsmitteln. Ein Beispiel mag das erhellen: Die Nachfrage allein der US-Amerikaner nach Erdbeergeschmack ist so gewaltig angestiegen, dass die gesamte Weltproduktion nicht einmal fünf Prozent des Bedarfs befriedigen könnte. Nun gelangt aber bei weitem nicht die ganze Welternte an Erdbeeren auf den US-Markt. Dort kommt also überwiegend Erdbeeraroma auf dem Tisch. Testreihen an Collegestudenten haben ergeben, dass diese mehrheitlich längst den Aromastoff den echten Früchten vorziehen, weil er viel intensiver nach Erdbeeren schmeckt. Gleiches ergaben Testreihen mit Himbeeren. Das künstliche Erdbeeraroma aus einer speziellen, mit Säure behandelten australischen Holzart wird auf den Packungen und Bechern als naturechter Aromastoff ausgewiesen. Immerhin ist Holz ja ein Naturstoff!

Geschmack geht natürlich über das hinaus, was unsere Geschmacksknospen auf Zunge und Gaumen wahrnehmen, und ob wir Geschmack im übertragenen Sinn haben, beeinflusst wesentlich unser Wohlgefühl im Leben. Guter Geschmack ist dabei durchaus nicht so beliebig, das heißt ausschließlich von der Wahrnehmung des Einzelnen abhängig, wie viele glauben und es Festellungen wie »Das ist Geschmackssache« oder »Über Geschmack lässt sich trefflich streiten« annehmen lassen. Kinder haben offenbar einen anderen Geschmack als Erwachsene, aber niemand würde sagen, dass er gut sei, sondern eben kindlich und noch nicht besonders entwickelt. Wenn man den Geschmack von Designern und Künstlern betrachtet, findet man weitgehend übereinstimmende Kriterien des guten Geschmacks. Diese haben offenbar mit einem uns innewohnenden Harmoniegefühl zu tun, wie es in der Antike noch bekannt war, als man sich bewusst um den goldenen Schnitt und um ausgewogene Proportionen bemühte. Zu umfassender Wellness gehört sicher auch ein geschmacklich ausgewogenes harmonisches Umfeld.

Riechen

Geschmack hat auch einen deutlichen Bezug zur Nase. Sie nimmt viel vom Aroma der Speisen wahr, weshalb uns das Leben nicht mehr schmeckt und auch sonst alles ziemlich geschmacklos und fad erscheint, wenn wir *die Nase voll haben*. In unseren modernen Großstädten bleibt unserem Geruchssinn fast nichts übrig, als sich zurückzuentwickeln, weil er mit einer solchen Fülle und Intensität abscheulicher Gerüche konfrontiert wird. Die meisten merken das kaum, da all unsere Wahrnehmung relativ ist. Wir nehmen wahr, indem wir eine Empfindung mit einer anderen oder mit der Umgebung vergleichen. Deshalb wirkt derselbe Schuss, der am Hauptplatz zur Hauptverkehrszeit untergeht, in einer leeren Kathedrale laut. Wenn man im Wald genussvoll im Sauerstoffgleichgewicht läuft, wird ein einziges Auto einem ganz konkret ziemlich stinken. Wer in einer Großstadt liefe, würde es gar nicht riechen können.

Diese Situation des immer mehr herunterkommenden Geruchssinnes ist schon deshalb nicht so harmlos, weil unser Riechhirn (Rhinencephalon) das älteste und größte Sinnesareal ist, über das unser Gehirn verfügt. Die Augen sind dagegen eine recht späte und sehr auf sich beschränkte Entwicklung. Das Riechhirn ist viel größer und mit dem limbischen System eng verbunden, das für die gesamte Gefühlsverarbeitung verantwortlich ist. Deshalb ist Riechen für uns viel wichtiger, als wir im Allgemeinen glauben. Im Bereich der Partnerschaft merken wir das manchmal noch, auch wenn wir uns heute Partner in der Regel nach dem Aussehen aussuchen. Dabei ist das vergleichsweise unklug, denn der optische Effekt verbraucht sich im täglichen Leben rasch. Wenn man aber jemanden gern riecht oder im anderen Fall nicht riechen kann, hat das auf Dauer Konsequenzen. Wer jemanden heiratet, den er nicht riechen kann, erleidet mit dieser Beziehung meist rasch Schiffbruch. Die Parfumindustrie lebt von dieser Erkenntnis und dem Wunsch, den eigenen Geruch in einen möglichst verlockenden Duft zu verwandeln. Riechen hat offensichtlich einen aktiven nach außen gerichteten Anteil, der im Parfum zum Tragen kommt, das andere an uns riechen. In diesem Fall dringen Moleküle von uns in die fremden Nasen und lösen hier Reaktionen aus. Aber es gibt natürlich auch hier einen inneren Aspekt, wenn wir die anderen riechen, wenn diese also zu uns (in die Nase) hereinkommen.

Riechen hat noch eine weitergehende Bedeutung bis in einen dem rationalen Yang-Pol wenig fasslichen Bereich. Wir sprechen nicht umsonst im übertragenen Sinn von einem *guten Riecher*. Damit sind Menschen ausgestattet, die eine gute *Witterung* für Gefahren und gleichermaßen für Chancen haben. Die Umgangssprache sagt es sehr direkt, wenn jemand *eine Nase für* bestimmte Entwicklungen hat oder Gefahren geradezu *riecht* und Möglichkeiten *wittert*. Wer im ganz physiologischen Sinn gut riechen kann, wird seinen Riecher auch in übertragener Hinsicht entwickeln. Statt auf die Preisschilder und auf die Verpackung zu schauen oder auf die Werbung zu hören, wäre es viel sinnvoller, an Nahrungsmitteln zu riechen. So könnte man sich schon das Betreten vieler Groß- und Supermärkte aufgrund der Warnungen der eigenen Nase ersparen. Das Ziel müsste sein, sich von der eigenen Nase leiten, statt sich (von Werbung und Aromastoffe produzierender Industrie) an der Nase herumführen zu lassen. Das wäre nicht nur eine sehr gute Devise, um Lebensmittel zu finden und eine gesunde Ernährung zu verwirklichen, sondern auch eine Möglichkeit, mehr Wohlfühlen zu erreichen. Außerdem könnten sich so Partnerschaften ergeben, die viel länger Bestand haben. Leider wissen wir noch viel zu wenig über die Magie der Gerüche, weil sich der rationale Verstand davon zu wenig verspricht.

Aber schon das Wenige könnte uns Respekt vor der Weisheit unserer eigenen Natur einflössen. So fanden Forscher heraus, dass die Antibabypille Frauen auf die falsche Fährte führt, was die Partnersuche angeht. Über die Evolution hat sich offenbar ein System entwickelt, das Frauen Abstand von Männern halten lässt, die ihnen genetisch in bestimmten Punkten zu ähnlich sind. Diese stinken ihnen im wahrsten Sinn des Wortes. Durch die Antibabypille aber, die eine Hormonsituation wie in der Schwangerschaft simuliert, finden sie gerade Gefallen an diesen Männern. Abgesehen davon, dass dieser vermeintlich kleine Eingriff in das sensible Hormongeschehen die Vorsichtsmaßnahmen der Evolution außer Kraft setzt, kann man sich auch vorstellen, was für Folgen das Absetzen der Pille haben mag, wenn sich die beiden einen gemeinsamen Kinderwunsch erfüllen. Allmählich wird ihre natürliche Hormonsituation wieder wirksam, und das führt dazu, dass sie den vielleicht längst Angetrauten einfach nicht mehr riechen kann. Selbstverständlich wird sie das an ihm festmachen und über Projektionen bearbeiten. In Wirklichkeit hat sie selbst nur die Pille abgesetzt, damit ihre Biochemie verändert und so auch ihr Ansprechen auf ihn.

Intuition, der sechste Sinn

Der sechste Sinn schließlich ist ganz dem weiblichen Pol zuzuordnen und wohl auch deshalb für lange Zeit fast völlig in Vergessenheit geraten. Er scheint aber jetzt wieder verstärkt in das Bewusstsein zu treten. Die Welt der Ahnungen und des Übersinnlichen wird zunehmend von Hollywood entdeckt und über diesen Weg der Welt vermittelt. In Filmen wie *Der sechste Sinn, Greenmile* oder *Hinter dem Horizont,* um nur einige Beispiele zu nennen, spielen herausragende Stars wie Bruce Willis, Tom Hanks oder Robin Williams in jener *Twilight Zone,* die kühler Vernunft verschlossen bleibt.

Unsere sehr frühen Vorfahren haben diesen Bereich der Ahnungen und des Gespürs immer mit einbezogen. Zwar hielten sich bis in die moderne Zeit in den Randbereichen der Gesellschaft noch Menschen, die sich zumindest Spuren dieser Fähigkeiten erhalten haben wie die Spökenkieker im Norden, die Warzenwender im Süden oder die Seher im bayerischen Wald, aber sie blieben immer Außenseiter. Heute sind ihre Gesichte zum Teil wieder nachzulesen und finden breiteres Interesse einer Öffentlichkeit, die wohl gerade als Reaktion auf die Oberflächlichkeit und Veräußerlichung der modernen Welt ein Gegengewicht braucht. Wer seinen Ahnungen vertrauen lernt, wird auch den sechsten Sinn wieder entdecken, der nicht in der Rangordnung der Sinne der letzte und höchste wäre, wenn er nicht schon bessere Zeiten erlebt hätte. Und es scheint alles dafür zu sprechen, dass die Zeit des sechsten Sinnes wieder im Kommen ist.

Wenn wir wieder ein Gespür für die Dinge und vor allem die Dinge hinter den Dingen entwickeln, werden wir für uns selbst die Weichen des Lebensweges anders stellen. Wenn

Menschen in der Spitze der gesellschaftlichen Pyramide diesen Zugang fänden, würde sich das Feld, das uns alle aufnimmt, sogar noch schneller wandeln. Über solch einen Ansatz kehrten in Irland Langzeitarbeitslose von der Stadt aufs Land zurück, das ihre Vorfahren vor langer Zeit auf der Suche nach Arbeit verlassen hatten. Es stellte sich bald heraus, dass es sich auf dem Land viel leichter von der Arbeitslosenunterstützung leben ließ, weil man billiger und obendrein schöner wohnte und noch einen kleinen Garten nutzen konnte. Die Menschen fühlten sich wohler, und allmählich ergab sich eine wachsende Gemeinschaft, die anfing, ein Eigenleben zu entwickeln. Die Menschen lernten wieder, mehr auf ihr Gefühl zu achten, und so ergaben sich für einige allmählich von innen heraus echte Berufe. Man hatte Zeit und konnte der inneren Stimme Raum geben, und so vermochte man die Rufe wieder zu hören. Dadurch bekamen auch andere wieder Arbeit, und ein gesellschaftlicher Neuanfang zeichnete sich im kleinsten Rahmen ab.

Ein Gesetz der spirituellen Philosophie lautet *Pars pro toto*, der Teil steht für das Ganze. Danach können wir über die Reflexzonen des Ohres oder Fußes den ganzen Menschen behandeln. Am eindrucksvollsten wird es von der modernen Molekulargenetik belegt, die heute weiß, dass in jeder noch so winzigen Zelle die Information für den ganzen Menschen liegt. Nach diesem Gesetz muss sich, was im Kleinen funktioniert, auch auf das Große und Ganze übertragen lassen. Die beschriebene Entwicklung in Irland könnte in dieser Hinsicht ein Vorbild für alle werden.

Die Suche nach Auswegen

Um die Probleme bis in ihre Tiefe verfolgen und die vorgeschlagenen Auswege aus Sackgassen nachvollziehen zu können, ist es notwendig, sich intensiver mit den schon mehrfach angeklungenen Themen der Projektion einerseits und den Archetypen oder Urprinzipien andererseits zu beschäftigen. Ersteres wollen wir am Beispiel der Politik tun, auf die viele Menschen ihre Hoffnungen setzen und die sie andererseits benutzen, um ihre Machtlosigkeit vor sich selbst und anderen zu demonstrieren. Außerdem gibt es wenige andere Bereiche, an denen das Thema der Verantwortung so klar werden kann.

Die Zurücknahme von Projektionen

Wenn sich die von kritischen Beobachtern der Konzentrationsprozesse gemachten Voraussagen zur Globalisierung erfüllen und die neuen Kriege sich weniger zwischen einzelnen Nationen als innerhalb der Nationen selbst abspielen, ist es notwendig, den Mechanismus der Projektion bis in die Tiefe zu durchschauen.

Nach Einschätzung eines US-Politikers haben noch nie zwei Länder, in denen jeweils McDonald's aktiv war, gegeneinander Krieg geführt. Wo sich der *American Way of Life* durchgesetzt hat, scheint es also zwischen einzelnen Staaten keine

Meinungsverschiedenheiten mehr zu geben, die mit Waffengewalt ausgetragen werden. Die amerikanische Lebensart und Wirtschaftsweise wird aber dazu führen, dass jeweils Demarkationslinien mitten durch die Gesellschaft laufen und sich ganz andere Modelle der Auseinandersetzung ergeben, die eher an Bürgerkrieg erinnern. Das ist kaum als Fortschritt zu sehen. Der beinahe einzige Weg, großes Unheil zu verhindern, ist das rechtzeitige Durchschauen der Projektionsmechanismen und die daraus folgende Fähigkeit, sich selbst in allem, auch im Gegner, wiederzuerkennen.

Fastenzeiten

Wie wohl jede Gesellschaft vor uns, glauben wir, es mit unserer besonderen Zeit nicht einfach zu haben. Wir stehen heute vor Problemen, die unsere Vorfahren nur schwer verstehen würden, etwa unser falscher Umgang mit materiellem Überfluss oder der vielen Freizeit, die schon sprichwörtliche Politikverdrossenheit, der Widerwille vieler gegen die moderne Medizin trotz deren fantastischer Erfolge usw.

Gemessen an unseren Vorfahren sind viele große Träume wahr geworden. Wir haben beispielsweise nicht nur genug zu essen, wir leiden bereits an Überernährung – jedenfalls in unseren Breiten. Dass andere in weiten Teilen der Welt gleichzeitig hungern, erfüllt viele mit einem Gefühl von Ohnmacht, andere reagieren mit Gleichgültigkeit darauf. Wir hätten genug freie Zeit, aber wir kommen nicht damit zurecht. Der Berufsstress wird immer unerträglicher, und eine Mehrheit steht dem Phänomen der Beschleunigung aller Abläufe hilflos gegenüber. Wir hätten technisch alle Möglichkeiten, unsere Welt in Ordnung zu bringen, und sind doch weiter davon entfernt als je. In solch einer Situation würde man einem Patienten zu einer Zeit der Neubesinnung raten, zu einer Pause, um auf neue Gedanken und Lösungsmöglichkeiten zu kommen und um den angehäuften Überfluss zu verarbeiten, bevor er zur Gefahr wird.

Für den Mikrokosmos unseres Körpers böte sich hier vor allem eine bewusste Fastenzeit an. Aus langer Erfahrung wissen wir sehr genau, wie sich der Organismus verhalten und verändern würde. Daraus lässt sich im Sinn des Paracelsus auch auf den Organismus der Gesellschaft schließen. Sobald wir diese Lösung der bewusst eingelegten Fastenzeit auch auf den Makrokosmos übertragen, ergeben sich sowohl interessante Perspektiven als auch Probleme.

Auf dem Boden der langen und bewährten Tradition unseres christlichen Glaubens, aber auch der anderen großen Religionen dürfte uns eine bewusste kollektive Fastenzeit nicht einmal schwer fallen. Wir erhielten aus diesem Weisheitsschatz alle notwendigen Erfahrungen und Anweisungen. Es gibt sogar einige wenige Kulturen, die diese Tradition bis in unsere Zeit gerettet haben, wie das kleine Himalaya-Volk der Hunzas, das regelmäßig im Frühjahr fastete und weder Krebs noch sonst eine unserer üblich gewordenen Zivilisationskrankheiten kannte. Dafür waren sie offen für ihre Religion und ihre heiligen Schriften. Darüber hinaus brauchten sie wenig. Sie lasen das Wort ihres Gottes in der sie umgebenden kargen Natur und waren überaus gesund an Leib und Seele, selbst Kriminalität war ihnen fremd. Es handelte sich also um eine Gesellschaft, die auf fast alle Errungenschaften der Zivilisation verzichtete und dabei einen erstaunlich glücklichen Eindruck machte.

Der entscheidende Unterschied zwischen den Hunzas und uns ist nun nicht deren regelmäßiger Nahrungsverzicht, sondern die aus dem Fasten erwachsene innere Haltung. Diese Menschen besaßen wenig und lebten materiell gesehen sehr anspruchslos. Sie hatten dafür hohe spirituelle Ansprüche. Grund zum Jammern sahen sie nicht; im Gegenteil, sie genossen ihr einfaches Leben. Wir dagegen haben einen enormen materiellen Überfluss und sind dabei spirituell verarmt. Wir können unseren Überfluss kaum je genießen und leiden an Unzufriedenheit. Wir sind nicht mehr fähig, die Zeichen der Zeit zu lesen, und das könnte damit zusammenhängen, dass wir im tieferen Sinn Analphabeten geworden sind. So wäre es dringend notwendig, wieder (Zeichen und Symbole) lesen zu lernen.

Eine Fastenzeit wäre bitter nötig, und wir hätten sie uns redlich verdient. Würde das Fasten zu einem regelmäßigen gesellschaftlichen Ritual mit der zugehörigen Innenschau, müssten wohl große Teile der Ärzteschaft mit Arbeitslosigkeit oder Umschulung rechnen und viele Kliniken schließen, Krankheitsbilder wie Gicht und Altersdiabetes (Typ II) würden ganz verschwinden, ebenso das Gros der Bluthochdruckprobleme, Infarkte und rheumatischen Erkrankungen. Die Menschen würden sich auf Dauer gesehen bewusster ernähren; sie würden weniger essen und ihren *inneren Arzt*, die jedem Menschen innewohnende Selbstheilungskraft, wiederentdecken. Und sie würden keineswegs – wie häufig befürchtet – in moralinsaurer Daueraskese versinken, sondern im Gegenteil wieder genussfähiger und damit auch zufriedener und offener werden.

Nach einer Woche fasten hat man garantiert nur Unwesentliches verloren und ist im Ganzen wesentlicher geworden.

Aus solch einer Erfahrung, die man mit Leib und Seele macht, kann der Mut erwachsen, auch wieder Wesentliches zu denken, zu fühlen und zu lesen. Letzteres wird besonders erleichtert, da das Bewusstsein offener und weiter wird. Parallel zur Lust auf einfache, natürliche Nahrung nach einer besinnlichen Fastenzeit würde auch die Lust auf einfache, ursprüngliche geistige und spirituelle Kost wieder zunehmen.

Allerdings erfordert diese Umorientierung Eigeninitiative und den Verzicht auf das Gesellschaftsspiel der Projektion. Ohne Prophet zu sein, kann man voraussagen, dass in Zukunft wohl diejenigen, die sich immer auf den Staat verlassen, verlassen sein werden. Wer nur nach fremder Hilfe ruft, wird in der kommenden Zeit vielleicht noch gehört, aber sicher nicht mehr erhört werden. Nicht weil der Staat nicht wollte, sondern weil er aufgrund seiner immensen Schulden nicht mehr kann und weil er im Rahmen der Globalisierung in seinen Möglichkeiten Schritt für Schritt zurückgebaut wird. Weniger Staat, mehr Privatisierung, das ist das Motto unserer Zeit. So wie viele Einzelne über ihre Verhältnisse gelebt haben, machten das auch die modernen Staaten, die in der Regel bis über beide Ohren verschuldet sind. Wären sie Geschäftsleute, müssten die meisten Staaten umgehend Konkurs anmelden. Eigentlich wissen und fühlen alle Betroffenen, was in solch einer Situation zu tun ist.

Der Widerstand, der sich aber gegen solche neuen Gedanken sofort erhebt, erinnert den Fastenarzt eigentümlich an das Protestgeschrei, das beim ersten Fasten in den ersten drei Tagen im Körper losbrechen kann: »Ja ja, alle sollen abspecken«, schreit der linke Oberschenkel, »nur ich nicht, denn ohne mich kommt ihr alle keinen Schritt weiter.« – »Kommt nicht infrage«, sagt das Doppelkinn, »ich habe noch einen legitimen Nachholbedarf.« Das Gesäß droht, es würde streiken und künftig jede Form von Gemütlichkeit verweigern, wenn man es in das Fastenprogramm einzubeziehen wagte. Der Hängebauch meint, gerade in dieser angespannten Situation auf nichts verzichten zu können, und so will auch die Fettleber keine einseitigen Vorleistungen erbringen, vom übergewichtigen verfetteten Herzen ganz zu schweigen, das sowieso alle in der Hand hat und sie es auch merken lässt.

Alle Hinweise, dass Leber und Herz und all die anderen Organe sich ja nur körperlich gesundschrumpfen sollen, sich im übertragenen Sinne aber beliebig ausweiten können, verhallen unbeachtet, und kein Organ will als Erstes einen Schritt in vermeintliches Neuland riskieren. Auch Hinweise, dass das Angestrebte so neu nicht ist, sondern dem eigenen Sinn und Wesen viel näher liegt, werden ignoriert. Nachdem man sich gar nicht einigen kann, kommt man wenigstens überein, alle neuen Ideen abzuschmettern, weiter zu jammern und das Gehirn, sprich die Regierung, für die ganze Misere verantwortlich zu machen.

An diesem zugegebenermaßen naiven Beispiel wird trotzdem der Kern des Problems der Projektion deutlich und das Muster vieler anderer Problemkonstellationen erkennbar. Wo wir hinschauen, fällt der Blick auf projizierende Menschen, die sich dieser Tatsache nicht bewusst sind und von einer Fülle von soziologischen, psychologischen und politischen Theorien und Büchern noch in ihrem Irrtum bestärkt werden. Diesbezüglich wären spirituelle Schriften als Heilmittel zu sehen. Tatsächlich hatten sie in allen alten Kulturen und archaischen Gesellschaften diese Funktion.

Projektion ist letztlich hinter jedem individuellen und kollektiven Niedergang zu finden. Da glauben die Unterprivilegierten unser Gesellschaft, an ihrem Elend – diesem Gefühl, sich in der eigenen Haut nicht wohl und im eigenen Land nicht anerkannt, sondern irgendwie fremd zu fühlen und in keiner Beziehung gebraucht zu werden – seien jene schuld, die sich noch fremder und elender fühlen, die Ausländer.

Überall auf der Welt glauben unbewusste Menschen, die Schuldigen für die eigene Misere in anderen Volksgruppen zu finden, und schlagen blind auf die Sündenböcke ein. Fast alle bisherigen Kriege gehen auf solche Projektionen zurück. Demnach scheinen wir seit den Kreuzzügen nicht sehr viel dazugelernt zu haben. Das Sündenbockmodell wird so lange Todesopfer fordern, bis wir seinen Mechanismus durchschauen. Die wesentliche Aufgabe besteht darin, Projektionen zurückzunehmen oder, christlich ausgedrückt, seine Feinde zu lieben.

Politik erscheint aus dieser Perspektive als der Versuch, auf äußeren Ebenen zu erzwingen, was nur im Innern zu erreichen ist. In einer Gesellschaft, die ihr Heil in äußeren statt in inneren Errungenschaften sucht, interessieren sich erwartungsgemäß mehr Menschen für Politik als für Spiritualität und Religion. In einer Zeit, in der man fast bedingungslos an die äußere Machbarkeit der Dinge glaubt, wird es zusätzlich schwer, einen inneren Ausweg zu finden, auch wenn allmählich immer mehr Menschen spüren, dass mit den ständig angepriesenen Lösungsvorschlägen etwas nicht stimmen kann. Das Ganze gleicht einem mit Menschen überfüllten Raum, in dem alle gegen die Tür drücken, um einen Ausweg zu suchen, und gar nicht auf die Idee kommen, dass die Tür nach innen zu öffnen ist.

Die Politik selbst liefert traurigen Anschauungsunterricht, wohin Projektion auf Dauer führt. Selbst krasse Fehleinschätzungen und Lügen werden nicht mehr eingestanden, sondern auf den politischen Gegner projiziert. Stundenlange Parlamentsdebatten, die Palaver vor und nach der Wahl und die berüchtigten Schlammschlachten der Wahlkämpfe sind jeweils in einem Wort zusammenzufassen: Projektion. Mit ihrer Hilfe ist zwar noch nie ein Problem gelöst, aber schon manche Wahl gewonnen worden.

Die Hoffnung, dass der Bürger darauf weiterhin reinfällt, scheint sich allerdings nicht mehr generell zu bestätigen. Doch das »Stimmvieh« neigt ebenfalls zum Projizieren, und dann heißt es: »Die Politiker sind schuld.« So ist man politikverdrossen und verweigert frustriert die Wahl. Das ist an sich kein schlechtes Zeichen, nur müsste jeder noch weitergehen und denselben fatalen Mechanismus auch bei sich selbst entlarven.

Solange wir fortfahren, die politische Lösungen auf Ebenen zu suchen, auf denen wir uns zwar zurechtfinden, wo aber die Probleme nicht liegen, bleiben wir notgedrungen chancenlos. Statt die Ausländerfeindlichkeit durch noch so gut gemeinte Aufklärung zu bekämpfen, statt aggressiven Nationalismus anzuprangern, statt die Schadenfreude im sozialen und partnerschaftlichen Bereich moralisch zu verurteilen, müssten wir anfangen, den Projektionsmechanismus, die seit Jahrtausenden anhaltende Sündenbockpolitik, zu durchschauen. Das Ergebnis wäre so ernüchternd und peinlich zugleich, dass wir ganz automatisch davon ablassen würden, unsere Wut und Hilflosigkeit nach außen zu projizieren. Die einzige Konsequenz aber wäre, Eigenverantwortung zu übernehmen.

Eine fastende Gesellschaft – um auf unsere Empfehlung zurückzukommen – beginnt bei einem Einzelnen, der eigenverantwortlich bei sich selbst anfängt und aufhört, seine Probleme auf andere abzuwälzen. Dieser eine könnte jeder von uns sein. Und es gibt schon eine Menge von bewusst lebenden Menschen, woraus sich wiederum eine gewisse Hoffnung für die Gemeinschaft ableiten lässt. Leider wissen wir noch nicht genau, wie viele notwendig sind, um das Pendel umschwingen zu lassen. Bestimmte Erfahrungen können jedoch Mut machen.

Bewusstseinsfelder entstehen lassen

Verhaltensforscher wollten Affen auf einer Insel im japanischen Meer beobachten. Um mit ihnen in Kontakt zu kommen, legten sie ihnen Süßkartoffeln an den Sandstrand. Die Affen bedienten sich, und eine junge Affendame kam auf die Idee, die Kartoffeln vor dem Genuss zu waschen. Andere, vor allem Jungtiere, äfften sie nach. Mit der Zeit folgten immer mehr Affen dem Beispiel, und schließlich kam der Punkt, ab dem sich plötzlich alle, auch die erfahrenen Ältesten, der neue Mode anschlossen. Das war für die Wissenschaftler erstaunlich genug. Viel mysteriöser war jedoch die Tatsache, dass auf einer Hunderte von Meilen entfernten Insel, wo Wissenschaftler ganz ähnliche Versuche durchführten und wo bis dahin kein einziger Affe seine Kartoffeln gewaschen hatte, plötzlich auch alle das Waschritual einsetzten.

Warum sollte uns Menschen nicht Ähnliches möglich sein? Es gibt viele Hinweise, dass solche Felder, wie sich hier eines andeutet, tatsächlich rasch aufgebaut werden können. In England fing beispielsweise eine Vogelart an, die Alu-Verschlüsse von Milchflaschen zu knacken und sich an der Milch gütlich zu tun. Diese für die Menschen unerfreuliche Geschicklichkeit verbreitete sich irrational schnell über das ganze Land. Ähnlich war es mit der Leidenschaft der Marder für Autokabel. Die Ausbreitung solcher Phänomene folgte nicht (zoo)logischen Kriterien, sondern den noch gar nicht erforschten der Regeln der Felder. Die Anhänger der Transzendentalen Meditation versuchten schon vor vielen Jahren, sich von Wissenschaftlern ausrechnen zu lassen, ab wann eine Population in ein neues Feld übergeht.

TM

Dieser geheimnisvolle Punkt, an dem sich etwas Neues durchzusetzen beginnt, müsste uns mehr als alles andere interessieren. Wie viele Menschen, die die Eigenverantwortung wiederentdecken, sind nötig, um die Untugend des Projizierens zu beenden? Wenn wir das wüssten, hätten wir ein realistisches Ziel. Wobei natürlich auch ohne definiertes Ziel schon einmal jeder bei sich selbst anfangen könnte.

Doch bei aller Betonung des Weges nach innen gilt es auch, den äußeren im Auge zu behalten; beide gehören zusammen. Das Ende des Projizierens und der Eintritt in die Eigenverantwortung können nur von innen kommen, sie müssen sich dann aber im Außen bewähren.

Politische Auswege

Die Hoffnung, dass die Politik wieder richten könnte, was sie angerichtet hat, teilen heute nicht mehr allzu viele. Viele Politiker selbst glauben wohl nicht mehr daran und wollen uns glauben machen, dass die Globalisierung mit all ihren hässlichen Nebenwirkungen wie ein Naturgesetz über uns gekommen ist. Das Gegenteil ist wahr, Politiker haben die Weichen in diese Richtung gestellt und damit ihre eigene Entmachtung angezettelt. Selbst wenn sie den Mechanismus der Projektion durchschauen und sich eines Besseren besinnen würden, wäre es heute schon spät. Die Politik hat im Rahmen der Globalisierung längst das Primat an die Wirtschaft verloren und müsste ihre Handlungsfähigkeit erst zurückerobern.

Warnungen gab es genug. Zum Beispiel hieß es vor mehr als dreißig Jahren: »Zum Unglück hat sich mit der Industrie ein System verbunden, das Profit als den eigentlichen Motor des gesellschaftlichen Fortschritts betrachtet, den Wettbewerb als das oberste Gesetz der Wirtschaft, Eigentum an den Produktionsgütern als absolutes Recht, ohne Schranken, ohne entsprechende Verpflichtung der Gesellschaft gegenüber.« Die Worte stammen aus der Enzyklika *Populorum Progressio* (»Über den Fortschritt der Völker«) von Papst Paul VI. Der Text aus dem Jahr 1967 endet geradezu beschwörend: »Noch einmal sei feierlich daran erinnert, dass Wirtschaft im Dienst des Menschen steht.«

Aber der Papst wurde auch von Katholiken geflissentlich überhört. Die Kirche hat längst Macht und Einfluss an die modernen höheren Mächte verloren, die da heißen freier Markt, Dividende, Profit, Gewinnmaximierung. Sie haben in dieser *Kirche des Kapitals*[57] das absolute Sagen. Die rasant wachsende Gemeinde besteht aus lauter bekennenden *Shareholders*, denen der Wert ihrer Anteile über alles geht.

Wenn in dieser Situation Fastenzeiten propagiert werden, die alles auf Wesentliches reduzieren und die Eigenverantwortung betonen, ließe sich mit Recht einwenden, dass die Industrie genau das mit ihren Strategien des *Downsizing* und *Outsourcing* auf ihre Art betreibt. Den Abspeckversuchen der

Industrie entsprechen jedoch die der Menschen mit Medikamenten wie Xenical und Illustrierten-Diäten, die unbewusst bleiben und sich nicht um Hintergründe kümmern. Dieses Vorgehen kann kurzfristig funktionieren, wird aber immer böse enden. Das Entscheidende ist die freiwillige Bewusstheit. Sie gewährleistet auch den Erfolg. Die selbstbewusste Übernahme der Eigenverantwortung ist mit einer erzwungenen im Rahmen von *Outsourcing* so wenig zu vergleichen wie Tarock und Tarot. Im einen Fall geht es um das Kartenspielen im Wirtshaus, im anderen um einen bewussten Entwicklungsweg, wobei in beiden Fällen mit denselben Karten gespielt wird. Das Problem ist nur, dass im Rahmen der Globalisierung die überschaubaren Bereiche immer weniger werden. Doch nur in ihnen funktionieren solche Maßnahmen auf einer menschlich verträglichen Ebene. Insofern wäre die Forderung nach Regionalisierung, Verkleinerung der Einheiten und Verlangsamung der Abläufe überfällig – aber derzeit auch ziemlich chancenlos.

Um wieder handlungsfähig zu sein, müsste die Politik international werden. Dann hätten vielleicht ein Weltkartellamt und auch Gesetze gegen die Steuerflucht Chancen. Ein guter Hebel, um die Macht der globalen Konzerne wieder in den politischen Griff zu bekommen, wäre die Einführung wirklich kostendeckender Energiepreise. Das allerdings würde eine Kehrtwendung der Politik voraussetzen, denn jetzt wird die billige Energie sogar noch subventioniert. Es darf einfach keinen Sinn mehr machen, lebendige Tiere oder Sachgüter zu Spottpreisen rund um den Globus zu transportieren. Der freie und in vieler Hinsicht ruinöse Welthandel, das Anliegen der WTO, würde bei fairen Energiepreisen ganz von selbst an

Grenzen stoßen. Und fair meint, dass auch alle Folgekosten mit berücksichtigt werden. Sie wären bei Solarenergie ein unerheblicher Faktor; bei Öl und Erdgas käme es zu erheblich höheren Kosten. Sie wären so beträchtlich, dass sie sich regulierend bemerkbar machten. Wenn man allein die jeweiligen Reedereien für jede Havarie in voller Höhe international in die Verantwortung nehmen würde, müssten die Transportkosten für bestimmte Gefahrengüter drastisch steigen. Es würden dann auch keine »Seelenverkäufer« mehr auf den Weltmeeren unterwegs sein.

Wie krass die Schieflage im Energiebereich ist, zeigt vor allem der Flugverkehr. Flugbenzin ist nach wie vor steuerfrei; dem deutschen Staat entgehen durch die fehlende Flugbenzinsteuer etwa sieben Milliarden DM pro Jahr. Flugtickets sind international mehrwertsteuerbefreit. Flughäfen zahlen keine Grundsteuer. Die Fluggesellschaften gelten als Prestigeobjekte vieler Regierungen und kassieren direkte und indirekte Subventionen. Dabei ist der Luftverkehr alles andere als harmlos. Über Europa tragen Flugzeuge mehr zum Treibhauseffekt bei als alle anderen Verkehrsmittel zusammengenommen, schon weil ein Stickoxidmolekül in 10 000 Meter Höhe dreißigmal gefährlicher ist als auf der Erde. Beim Start verbraucht ein großer Passagier-Jet bis zu einer halben Tonne Kerosin. Laut Umweltorganisation Robin Wood entsteht dabei eine Stickoxidmenge, wie sie dreihundert Ölheizungen, die den ganzen Winter laufen, hervorbringen. Würde die Anfang der 1990er Jahre begonnene Entwicklung anhalten, hätten wir in den fünfundzwanzig Jahren von 1990 an eine Steigerung des Luftverkehrs um dreihundert Prozent.

Was stünde auf dem Spiel, wenn die Politik entsprechend

gegensteuern würde? Das würde dann sicher einigen Verzicht bedeuten. Man könnte nicht mehr für 200 DM nach Palma de Mallorca jetten oder für 700 DM über den Atlantik. Wahrscheinlich wäre die Bahn aber auf der Strecke München-Berlin wieder gegenüber der Lufthansa konkurrenzfähig. Wir müssten dann auch darauf verzichten, so viele Waren per Luftfracht zu transportieren. Aber wir sollten uns bewusst machen, dass neunzig Prozent dieser Waren gar nicht verderblich sind, sondern wie alles in dieser atemlosen Zeit nur dringend benötigt werden. Die Zuwachsraten beim Luftfrachtgut sind aber noch höher als bei den Passagieren. Faire Preise würden in diesem Zusammenhang vieles wieder zurechtrücken.

Der Fortschritt bewirkt nicht nur im Bereich Transportwesen, dass es viel schneller vorwärts geht. Aber wo liegt das Ziel? Das letzte Ziel bleibt immer noch das Ende des Lebens, und die gnadenlose Beschleunigung in der modernen Welt wird so zur effektivsten Methode der Lebensverkürzung, die die Menschen bisher gefunden haben. Sie rangiert noch vor starkem Rauchen.

Auswege für den Einzelnen

Was könnte der Einzelne in der heutigen Situation tun? Zuerst einmal könnte er selbstverantwortlich entscheiden, in welchem Maß er die »Segnungen« des Fortschritts in Anspruch nehmen will und dadurch bestimmte Entwicklungen unterstützt. Schließlich könnte er auch Parteien wählen, die das Problem wenigstens erkannt haben und beweisen, dass es bei ihnen Priorität hat. Allerdings wird Letzteres so lange wenig Chancen haben, wie der Stimmanteil dieser Parteien klein ist und ihre Politiker – selbst wenn sie den Versuchungen der

Macht widerstehen – aufgrund von Sachzwängen ständig das kleinere Übel wählen müssen.

James Lovelock sieht die einzige noch bestehende Chance darin, dass sich die Menschheit vom Pol der völligen Ich-Bezogenheit zu einem weltumspannenden Wir-Bewusstsein entwickelt. Prinzipiell haben wir das bereits fast geschafft, nur sind wir wie immer auf die falsche Ebene geraten. Die bereits vollzogene weltumspannende technische Verbindung aller mit allen müssten wir jetzt »nur noch« auf die Gefühlsebene heben.

Die Sprache der Urprinzipien verstehen

Archetypen oder Urprinzipien sind nicht nur die Grundlage der Psychologie von C. G. Jung, sondern auch der Krankheitsbilder-Deutung und eigentlich aller Disziplinen der spirituellen Tradition, die sich mit dem Sinn und der Bedeutung der Erscheinungen dieser Welt beschäftigen. Es müsste jedem spontan einleuchten, dass nicht gedeutete Welt für uns Menschen bedeutungslos bleibt.

Schon immer hatten Menschen das Bedürfnis, die Welt, die ihnen unüberschaubar vielfältig vorkommen musste, in einfachere Sinnzusammenhänge einzuteilen und so zu ordnen, dass sie übersichtlicher und damit weniger beängstigend erscheint. In der Antike postulierte Demokrit das Atom (»das Unteilbare«) aufgrund theoretischer Überlegungen. Er war davon ausgegangen, dass einfach ein aller Materie zugrunde liegender Urbaustein existieren müsse. Heute wissen wir, wie Recht er damit hatte, wenn auch anders, als der dachte. Atome sind tatsächlich die Grundbausteine der materiellen Schöpfung, aber unteilbar sind sie durchaus nicht, wie die Kernspaltung uns heute so drastisch vor Augen führt.

Wir haben inzwischen die Ebene der letzten unteilbaren Bausteine ein gutes Stück weiter in die Tiefen des Mikrokosmos verschoben. Zuerst entdeckte man die Protonen, Neutronen und Elektronen, heute sind es die Quarks, die die Grenze unserer Wahrnehmungsfähigkeit markieren. Wie immer wir die kleinsten Teilchen auch nennen mögen, in jedem Fall stellen sie Grundbausteine dar, aus denen sich alle Materie zusammensetzt. Dieses Prinzip aber war bereits bei Demokrit klar ausgedrückt.

So ist bis heute das auf dem Atommodell aufbauende Periodensystem der Elemente, wie es die Chemie und Physik benutzen, das gängigste Urprinzipiensystem dieser Welt, von allen Wissenschaftlern anerkannt und weltweit gelehrt. Umso erstaunlicher ist, wie wenig die Wissenschaft aus dieser Lehre macht. Eigentlich müsste ihr der Gedanke eines auch die immaterielle Welt der Ideen noch einbeziehenden Urprinzipiensystems leicht eingehen; das Gegenteil ist aber der Fall. Manchmal tut man geradezu, als sei dieser Gedanke absurd.

Die Ablehnung dürfte damit zu tun haben, dass die moderne Wissenschaft ihre Daten auf ganz andere Weise sammelt. Ihre Suche geht eher in die Breite, statt in die Tiefe, was zu einer enormen Datenfülle bei geringem Tiefgang führt. Die alte Idee der Uni-versität, die sich des einen *(uni)* in der Verschiedenheit *(versitas)* annehmen sollte, ist heute weitgehend passé. Hier könnte der Schritt zum Urprinzipiendenken die entscheidende Möglichkeit der Weiterentwicklung bedeuten.

Auf dem Weg zum einen gemeinsamen Prinzip in der Tiefe

wäre zunächst die Ebene der Ideen oder Archetypen hinter den Erscheinungen der Welt zu entdecken. Auch das ist eine alte, schon bei Plato anzutreffende Vorstellung. Er ging davon aus, dass hinter jedem Ding eine Idee steht.

Der Schritt vom Periodensystem, den Urprinzipien der Naturwissenschaft, zu jenen noch umfassenderen Archetypen, die neben der Materie auch noch die Welt des Geistes einbeziehen, ist nahe liegend. Auch die echten Naturwissenschaften Physik und Chemie suchen im Gegensatz zur Medizin, die sich nur gern Naturwissenschaft nennt, seit jeher nach übergreifenden Prinzipien. Ein solches umfassendes System ist nun nicht einfach erfunden worden, sondern es scheint von Anfang an vorhanden gewesen zu sein – jedenfalls finden sich seine Spuren schon in den ältesten Hochkulturen.

Damit beginnen aber die Schwierigkeiten für Naturwissenschaftler. Sie wollen gerade nichts übernehmen, sondern alles selbst neu entdecken – ein Umstand, der ihnen leider auch den Zugang zu den alten Medizinsystemen der indischen, tibetischen und chinesischen Medizin verstellt.

Die Hinweise auf Urprinzipien finden sich bereits in den frühen Spuren menschlicher Zivilisation. Oft stehen sie im Zusammenhang mit Astrologie. Ursprünglich kannte man sieben Urprinzipien, die schon vor der Antike – etwa bei den Sumerern – mit den Namen von Gottheiten bezeichnet wurden. Heute werden im Allgemeinen jene zehn Urprinzipien benutzt, die auch die Namen der zehn inzwischen entdeckten Planeten tragen und die den Göttern aus dem Pantheon der Antike zugeordnet sind. Analog zum Urprinzipiensystem der Physik und Chemie gilt auch für dieses noch umfassendere System, dass sich alles ohne Ausnahme aus diesen Bausteinen zusammensetzen muss. Andernfalls könnte es sich nicht um Urprinzipien handeln. Bestünde irgendetwas Materielles in dieser Schöpfung nicht aus den gut einhundert bekannten Atomen, büßten diese ihren Anspruch, Urprinzipien zu sein, sogleich ein. Dementsprechend kann es auch nichts in dieser Schöpfung geben, das sich nicht auf die zehn übergeordneten Urprinzipien Sonne und Mond, Jupiter und Saturn, Mars und Venus, Merkur, Uranus, Neptun und Pluto zurückführen ließe.

In verschiedenen Bereichen wie der Farbenlehre ist uns Urprinzipiendenken völlig vertraut. Eine Farbenlehre ohne diese Basis erscheint uns geradezu absurd. So kann jeder feststellen, dass sich das Fernsehbild lediglich aus drei Grundfarben aufbaut. Aus ihnen ergibt sich durch unzählige unterschiedliche Mischungsverhältnisse die ganze Palette der Farben, die die Vielfalt einer bunten Welt auf den Bildschirm zaubert. Auch ein Künstler, der einen alten Meister kopieren will, würde nicht versuchen, alle nötigen Farbnuancen im Farbengeschäft zu erwerben, sondern sie aus den Grundfarben des Regenbogens neu mischen. Die Grundfarben sind so etwas wie ein Urprinzipiensystem der Farben. Goethes und letztlich auch Newtons Farbenlehre bauen darauf ganz selbstverständlich auf.

In unserem Alltag mit seinen Sitten und Gebräuchen wird vieles überhaupt nur über die Archetypenlehre verständlich. Wenn wir jemanden herabsetzten wollen und ihn für verrückt erklären, zeigen wir ihm am Kopf einen Vogel, statt zum Beispiel am Hintern ein Schwein. Das Schwein verschenken wir lieber, da es dem jovischen Urprinzip angehört, als Glückssymbol zu Silvester. Der Vogel ist hingegen ein uranisches Tier und wie Gehirn und Kopf als uranische Gegenden des Körpers viel besser mit Gedankenblitzen und spontanen Einfälle zu verbinden – aber eben auch mit dem Aus-der-Reihe-Tanzen. In diese Richtung deuten auch die sprichwörtlichen »Pech*vögel*« und »Unglücks*raben*«. Diese menschlichen »Vögel« stehen auf Kriegsfuß mit dem uranischen Prinzip und werden durch die entsprechenden Schicksalsschläge zwangsbelehrt, das heißt, mit dem Uranusprinzip in unfreiwillige und damit unerfreuliche, eben unfallträchtige Beziehung gebracht. Fasching und Karneval sind bis heute Zeiten, die dem Urprinzip des Uranus gewidmet sind. Hier dürfen Menschen all ihre Verrücktheiten ungestraft ausleben. Es wird eigentlich bei den einschlägigen Veranstaltungen sogar erwartet, dass die Menschen über die Stränge schlagen und so der Welt ihre ganz anderen, nämlich uranischen oder, wie wir heute sagen würden, *ausgeflippten* Seiten zeigen.

Früher waren wohl allen Urprinzipien solche Zeiten reserviert; aus der Antike kennt man beispielsweise die Saturnalien. Feste dieser Art hatten den großen Vorteil, dass sie den Prinzipien und den hinter ihnen stehenden Energien Ventile schafften. So fiel es den Menschen leichter, mit ihnen fertig zu werden. Man räumte ihnen freiwillig Zeit und Beachtung ein, und so mussten die Energien sich nicht unvermittelt und überraschend Aufmerksamkeit erzwingen.

In vieler Hinsicht sind wir auch heute noch recht urprinzipiensicher, allerdings oft ohne es zu ahnen. Bei einer Beerdigung spüren wir zumindest noch, dass wir dem Saturnprinzip gerecht werden sollten. Wir kleiden uns also in seine Farbe Schwarz. Der Priester wechselt automatisch vom fröhlichen Taufgesicht, das er vielleicht noch am Vormittag brauchte, um einem ganz anderen Urprinzip gerecht zu werden, zu einer zu Saturn und Friedhof passenden ernsten Miene.

Die Urprinzipienlehre im Gesundheitswesen

Im Bereich medizinischer Grenzgebiete ist das Durchschauen tieferer Zusammenhänge ohne dieses System des Analogiedenkens kaum möglich. Unverzichtbar werden Urprinzipien auch, wenn wir uns mit so grundlegenden Dingen wie der Vorbeugung beschäftigen. Seit es die Heilkunde gibt, bemüht sie sich um die Verhinderung von Krankheit im Sinn von Vorbeugung. Im alten China wurden die Ärzte überhaupt nur so lange bezahlt, wie die Bevölkerung bei guter Gesundheit war. Heute lebt die Ärzteschaft dank unseres *bedenklichen* Kassensystems gerade dann am besten, wenn die Weichen nicht rechtzeitig gestellt werden und vieles auf die unterste materielle Ebene des Krankheitsgeschehens eskaliert, um hier aufwändig versorgt beziehungsweise repariert zu werden. Wo Kassenärzte stolz auf ihren hohen »Krankenscheinstand« sind, verrät er nur die Tatsache, dass diese Patienten immer wieder kommen (müssen), weil sie offenbar einfach nicht gesund werden.

Mit Vorbeugung aber hat dieses System gar nichts zu tun. Echte Vorbeugung würde erfordern, dass man sich freiwillig beugt, *bevor* es das Schicksal tut. Dazu aber müsste man wissen, wovor man sich beugen soll, was ohne Kenntnis der Urprinzipien kaum möglich ist.

Für Schulmediziner ist es natürlich schwer, sich einzugestehen, dass sie zu Vorbeugung grundsätzlich nicht in der Lage sind. Wo keinerlei Verständnis für das Wesen von Krankheit, sondern nur der bedingungslose Kampf gegen Krankheitssymptome herrscht, kann Vorbeugung nicht gelingen. Die krasse Antihaltung, die auch in den meisten Medikamentenbezeichnungen zum Ausdruck kommt, verhindert ein Verständnis für das urprinzipielle Wesen von Krankheit und damit auch die Möglichkeit zu wirklicher Prophylaxe. Mit Antibiotika gegen Bakterien, Antimykotika gegen Pilze, Antipyretika gegen Fieber, Antiphlogistika gegen Entzündungen, Antihistaminika gegen Jucken, Antiepileptika gegen Krampfanfälle, Antidepressiva gegen Depressionen, Antihypertensiva gegen hohen und Antihypotonika gegen niederen Blutdruck und vielen weiteren Antimitteln bringt die Schulmedizin ihr wahres Wesen zum Ausdruck wie sonst noch mit Ca-*Antagonisten*, Säure- und ACE-*Hemmern* und schließlich Beta-*Blockern* gegen den Stress. Wer fast ausschließlich hemmt, abblockt und bekämpft, wird sich in dieser Antihaltung naturgemäß den Weg verstellen, das urprinzipielle Wesen eines Krankheitsbildes zu entdecken und zu deuten.

In den USA und Deutschland wird bei durch Gentest gesicherter Familienbelastung mit Brustkrebs sogar schon »vorbeugend« operiert, das heißt, gesunde Brüste werden amputiert, um dem Krebs den möglichen Schauplatz zu nehmen. Solch makabren medizinischen »Vorbeugungsmaßnahmen« fehlt in Wirklichkeit jedes Maß. Sie machen deutlich, wie verfahren die Situation ist und wie weit sich die Schulmedizin verirrt hat. Würde man diese Richtung konsequent weiterverfolgen, müsste man nach und nach alles wegschneiden, bis zum Schluss nur noch das Gehirn in Nährlösung übrig bleibt, das aller Wahrscheinlichkeit nach dann immer noch unter Angst vor Gehirntumoren litte.

Lediglich ein sicheres Verständnis des dem jeweiligen Krankheitsbild zugrunde liegenden urprinzipiellen Geschehens könnte echte Vorbeugung ermöglichen. Die betroffenen Frauen müssten sich des seelischen Musters bewusst werden, das dem Brustkrebs zugrunde liegt, und sich freiwillig so verhalten, dass sie die notwendigen Themen im Bewusstsein umsetzen, statt sie dem Körper zuzuschieben.[58] Das aber wäre für jedes Krankheitsbild notwendig, von dem sich jemand bedroht fühlt, aber auch bei jedem Problem, dem man *begegnen* will, bevor es einen unvorbereitet packt.

Aber das ist leider noch nicht das ganze Drama, die Schulmedizin ist selbst schon vielfach zu dem Problem geworden, das sie zu heilen ausgezogen ist. Nach Berechnungen des Toxikologen Professor Remmer von der Universität Tübingen sterben pro Jahr allein in den alten Bundesländern 30 000 Menschen an Arzneimittelnebenwirkungen, und Professor Jacob von Uexküll geht nach dreißigjähriger Forschung davon aus, dass fünfzig Prozent aller Erkrankungen in den entwickelten Ländern iatrogen sind, das heißt, durch ärztliche Maßnahmen, erst hervorgerufen werden.[59] Schon Jahrzehnte zuvor hatte Ivan Illich in seinem erschütternden Buch *Die Nemesis der Medizin* Ähnliches behauptet.[60]

Das Urprinzip Saturn

Wenn wir das Thema Krankheit von seiner urprinzipiellen Seite betrachten, stellt es sich als saturnines Geschehen dar: Krankheitsbilder schränken uns in unseren Möglichkeiten ein und behindern unsere freie Entfaltung. Oft kommt es – gezwungenermaßen oder freiwillig mangels Appetit – zu einer Einschränkung der Nahrung. Sie verrät, wie wenig Lebenshunger besteht. Bei ansteckenden Krankheitsbildern kann zusätzlich eine Isolation, wie sie sich auch auf Intensivstationen oder noch krasser auf Isolierstationen ergibt, das saturnine Thema betonen. Krankheitsbilder reduzieren uns im Ernstfall auf einfachste Bedürfnisse und auf die Grundfragen des Lebens. Nach einer Krebs-, MS- oder Aidsdiagnose wird vieles unwichtig und überflüssig, was bisher das Leben bestimmt haben mag. Urlaubsziele, Konsumwünsche und Karrierethemen treten schlagartig hinter die grundlegendsten und einfachsten Fragen zurück: »Woher komme ich?« – »Wohin gehe ich?« – »Was ist der Sinn meines Lebens?«

Menschen, die sich dem Saturnprinzip und seinen Aufgaben freiwillig stellen, haben weniger mit Krankheitsbildern zu tun. Das Saturnprinzip kommt bei ihnen bereits zu seinem Recht und muss es sich nicht erst mit Gewalt holen. Wer freiwillig regelmäßig fastet und sich damit den Einschränkungen und Exerzitien der Reduzierung, die das Saturnprinzip fordert, unterzieht, ist ein Stück sicherer vor Krankheit. Wer obendrein Maßnahmen des Rückzugs, des Schweigens und des freiwilligen Verzichts auf alles Überflüssige ergreift, gewinnt noch weiter gehende Sicherheit vor Zwangsmaßnahmen wie Krankheitsbildern. Trotz aller guten Erfahrung mit diesen einfachen und billigen Maßnahmen gewinnen sie nur langsam eine breitere Basis. Das dürfte daran liegen, dass die mit ihnen verbundenen Chancen noch kaum erkannt werden. Der Grund mag darin liegen, dass die Wirkprinzipien des Fastens dem weiblichen Yin-Pol entstammen, der in dieser männlich geprägten Welt generell so wenig Anerkennung bekommt.

In wirtschaftlicher Hinsicht konnten wir in der jüngsten Vergangenheit in Europa erleben, was es heißt, von Saturn heimgesucht und zwangsbelehrt zu werden. Statt uns freiwillig und aus Einsicht einzuschränken und auf Wesentliches zurückzukommen, versuchten wir im Gegenteil kollektiv so zu tun, als würden wir die saturninen Zeichen der Zeit nicht erkennen und als habe dieses Urprinzip uns gegenüber keine Rechte. Das Ergebnis waren unfreiwillige und damit oft viel schmerzlichere Einschränkungen bis hin zu hoher Arbeitslosigkeit und einer neuen Armut und Not. Nicht nur viele Einzelne kranken am Überfluss, auch Firmen und Wirtschaftszweige können daran zugrunde gehen.

Bewusst angenommene Einschränkungen auf Zeit sind viel leichter zu ertragen als die spätere Zwangsvollstreckung. Was im Kleinen, beim eigenen Körper, einer überschaubaren Firma oder einem mittleren Betrieb noch relativ gut gehen mag, weil (fast) alle Betroffenen die (saturninen) Zeichen der Zeit erkennen, entsprechend deuten und sich ihnen freiwillig beugen, läuft im Großen leicht aus dem Ruder. Aber selbst wenn wir uns bei solchen unangenehmen Forderungen stur stellen, erfüllen wir doch noch immer die Forderungen des Saturnprinzips, denn auch Sturheit gehört hierher, wenn auch zum unerlösten Bereich dieses Archetyps, der dann entsprechend mit Schmerz und Leid verbunden ist.

Wo ein Urprinzip sich mit seinen Forderungen meldet, geht es nur noch um die Ebene der Einlösung, nicht mehr um die Frage, ob man gehorcht oder nicht. Man hat die Wahl zwischen verschiedenen Möglichkeiten, der Forderung gerecht zu werden, aber nicht, sie zu vermeiden. Insofern ist es sehr hilfreich, wenn einem die verschiedenen Ebenen vertraut sind.

Auch harte Arbeit und striktes Sparen, Konzentration und Beschränkung auf Wesentliches gehören zum Saturnprinzip und können aus Konfliktsituationen retten. Sobald wir anfangen, ihm freiwillig zu »opfern«, wird Saturn seinen Würgegriff lockern. Wenn wir uns dagegen zwingen lassen, werden wir den Saturn-Archetyp auf unerfreuliche Art und Weise kennen lernen. Wir haben die Wahl zwischen rechtzeitigem Erkennen oder späterem Erleiden.

Die meisten Menschen zeichnen sich durch ihr ständiges Bemühen aus, die Belehrungsmaßnahmen des Schicksals zu unterlaufen. So versichern sie sich gegen Unfälle und Krankheit und sogar gegen den Tod.

Wenn wir einen Unfall erleiden, nähert sich uns das Uranusprinzip auf unerlöster Ebene. Sicher sind wir ihm vorher und freiwillig nicht ausreichend gerecht geworden. Das Schicksal, das man auch als das ge*schick*te Heil (lat.: *salus* = Heil) verstehen kann, lässt Uranus plötzlich und unerwartet – eben uranisch – in unser Leben einbrechen, damit wir lernen, uns mit diesem Prinzip auszusöhnen. Die Versicherung soll diesem Einbruch seine Schärfe und Brisanz nehmen. Folglich muss sich das Schicksal bei gut versicherten Leuten mehr einfallen lassen, um sie auch noch zu belehren.

Ähnlich ist das Problem bei Krankheitsbildern zu sehen. Durch Krankenversicherungen versuchen wir der Krankheit (Saturn) ihre Härte (Saturn) zu nehmen, und so wird sich auch hier das Schicksal darauf einstellen und mehr bieten, damit wir doch noch zu unserer saturninen Lektion kommen. Eine der Lieblingsillusionen des modernen Menschen läuft darauf hinaus, sich so perfekt gegen das Schicksal abzusichern, dass es einem nichts mehr anhaben kann. Es besteht jedoch kein Zweifel daran, dass das Schicksal am längeren Hebel sitzt und keinerlei Probleme hat, unsere harmlosen Versicherungsmaßnahmen zu unterlaufen. Wir haben in der Regel wenig Vorstellungen von der Vielfalt der Möglichkeiten des Schicksals, urprinzipielle Lernaufgaben durchzusetzen.

Ein sinnerfülltes Leben finden

Als Gegenbewegung zu Materialismus, Vermassung, monotoner Vereinheitlichung und Veräußerlichung des Lebens und seiner Reduzierung auf den männlichen Yang-Pol ist die verstärkte Suche der Menschen gerade in den vorrangig betroffenen Industrienationen zu sehen. Das Unbehagen an einer rücksichtslosen Ausbeutung der Erde und die begründete Angst, dass der ständig beschworene Fortschritt immer weiter in Richtung Katastrophe führen könnte, hat zu einer Aufbruchstimmung geführt, die immer wieder spezielle Höhepunkte hatte.

Als die Beatles in den 1960er Jahren nach Indien zogen und sich von Maharishi Mahesh Yogi in die Transzendentale Meditation (TM) einführen ließen, folgten ihnen bald viele andere Größen des damaligen Showbusiness wie die Beach Boys, Donovan oder Paul Horn. Ihnen wiederum folgten die Bürgerkinder, die TM bald auch in die USA und nach Europa holten und erstmals seit langer Zeit dem Spirituellen im Westen wieder größere Entfaltungsräume schufen. Vorher hatte lediglich Paramahansa Yogananda aus dem indischen Pondicherry schon einmal einen Samen östlicher Spiritualität in den Westen getragen und als Weisheitslehrer in den USA gewirkt.

Seit der Hippiezeit hat die Suche nach Auswegen aus der entstandenen Einseitigkeit verschiedene Richtungen eingeschlagen. Auf der einen Seite führte eine spirituelle Suche moderne westliche Menschen zur Entdeckung vieler traditioneller Wege. Zen-Meditation hat sich inzwischen eingebürgert und sogar Zugang zu christlichen Klöstern gefunden, war sie doch von Hugo M. Enomiya-Lassalle, einem Jesuitenpater, bei uns eingeführt worden. Aber auch die vielen Yoga-Wege haben inzwischen eine erstaunlich große Anhängerschaft, und die verschiedenen Richtungen des Buddhismus finden mühelos Anhänger im Westen. Heute bietet sich den Suchenden eine breite Auswahl und fast schon unübersehbare Fülle von Meditationsrichtungen und Exerzitien.

Auf der anderen Seite hat sich aber auch schon damals ein Bezug zu den Drogen jener faszinierenden fremden Kulturen entwickelt. Ihnen näherte man sich vorsichtig tastend und manchmal auch Hals über Kopf. Der amerikanische Anthropologe Carlos Castaneda hat beide Seiten in seinen Büchern über seine Erfahrungen mit den indianischen Lehrern Don Juan und Don Genaro beschrieben. Getrieben von der Lust nach außergewöhnlichen psychedelischen Erfahrungen, wie damals viele seiner Zeitgenossen, erlebte er, dass ihm seine Lehrer die Drogen so lange vorenthielten, wie er fasziniert davon war. Erst nach Jahren des Lernens durfte er davon probieren – zu einem Zeitpunkt, als er schon längst stabil auf seinem Weg der Selbstverwirklichung war. Psychedelische Drogen können demnach eine Hilfe auf bestimmten Stufen vor allem schamanischer Einweihungswege sein. Wenn sie aber zum Selbstzweck werden, geht massive Gefahr von ihnen aus.

Das lässt sich am Beispiel der beiden ehemaligen Harvard-Professoren Timothy Leary und Richard Alpert verdeutlichen, die beide in dieser Zeit psychedelische Drogen entdeckten. Während Alpert sich dadurch wie viele andere zu weiterer Suche inspirieren ließ und schließlich seinen Lehrer in Indien fand, blieb Leary an den Drogen hängen, verlor seine Professur und ging in den Untergrund. Richard Alpert folgte dagegen über Jahrzehnte seinem spirituellen Lehrer, was sich in seinem späteren Namen Ram Dass niederschlug, und er ist heute selbst als spiritueller Lehrer anerkannt. Er arbeitete in aufopferungsvoller Weise im Bereich der Sterbehilfe und strahlt die inneren Erfahrungen aus, die er machen durfte. Timothy Leary blieb zeitlebens von der Gesellschaft geächtet und hat sein Ziel, die Verteidigung und Anerkennung der Drogen, verfehlt. Er starb an Krebs und ließ seinen Körper einfrieren.

In der spirituellen Szene geht es für die meisten um Suche und Selbstverwirklichung; in der Drogenszene herrscht heute im Wesentlichen Sucht und Verelendung. Beide Szenen stehen für zwei Möglichkeiten der Suche. Die Chance liegt darin, sich durch alle möglichen Hilfsmittel zum Inhalt führen zu lassen; die Gefahr besteht darin, an den Hilfsmitteln hängen zu bleiben, den Weg und das Ziel darüber zu vergessen und an gefährlichen Küsten zu stranden. Die hier deutlich werdende Gefahr ist, dass die Suche zur Sucht wird. Die einzige dann verbleibende Hoffnung besteht darin, aus der Sucht wieder eine Suche werden zu lassen. Der Süchtige hat die Chance, den Charakter der Sucht zu durchschauen, aus ihr auszusteigen, das Lebensschiff wieder flott zu machen und weiter zu suchen. Henry David Thoreau sagte: »Ein Mensch ist reich in Proportion zu den Dingen, die sein zu lassen er sich leisten kann.«

Sucht und Suche

Sucht ist keineswegs ein Problem nur unserer Zeit, sondern sie war wohl immer bekannt. Früher wurde sie viel genereller als Gefahr auf dem Lebensweg eingestuft und behandelt. In alten Zeiten betrachtete man sogar noch jedes Krankheitsbild als

Sucht. Das mittelhochdeutsche Wort *suht* bedeutet Krankheit im Allgemeinen. Auch in unserer älteren Medizin finden wir Spuren dieses Verständnisses. Im heutigen Sprachgebrauch nennen wir folglich eine Leberentzündung (Hepatitis) noch Gelbsucht. Es ist gar nicht lange her, da hieß die Epilepsie Fallsucht, die Tuberkulose Schwindsucht, die agitierte Psychose Tobsucht, die Ödemneigung Wassersucht und die Anämie Bleichsucht.

Heute ist Sucht eingegrenzt auf einen kleinen Bereich der Medizin und selbst innerhalb der Suchtkrankheiten grenzen wir immer mehr aus. Viele setzen inzwischen Sucht mit Drogensucht gleich und schränken diese wiederum auf Heroinsucht ein. Die eigene Nikotin- oder Arbeitssucht wird gar nicht mehr dazugerechnet. So wie wir überhaupt von Krankheitsbildern nichts wissen wollen, gilt das für die Süchte noch verstärkt. Dabei hätten sie so viel zu sagen und könnten – wie andere Krankheitsbilder auch – über die Maßen ehrlich machen.

Da Sucht so eng mit der Suche verbunden ist, finden sich in der Tiefe jeder Sucht Hinweise auf fehlgeschlagene Versuche, den eigenen Lebensweg zu finden. Früher galt die Suche als das Entscheidende im Leben, und so war es nicht verwunderlich, dass man Probleme in diesem Bereich sehr wichtig nahm, ja für lebensentscheidend hielt. Insofern wurden Krankheitsbilder, die *deut*lich machten, dass etwas auf dem Lebensweg nicht stimmte, schnell in Beziehung zu einer gescheiterten Suche gebracht und im Hinblick auf dieses wichtigste Thema Sucht genannt. Heute dagegen, da große Teile der Bevölkerung die Suche nach dem eigenen Lebenssinn und -weg für überflüssig halten, lehnt die Schulmedizin die Beziehung zwischen Krankheitsbildern und Sucht eher ab.

Nach den Erfahrungen mit der Krankheitsbilder-Deutung müssen wir davon ausgehen, dass zentrale Themen, die aus dem Bewusstsein gedrängt werden, in den Schatten sinken und sich später irgendwo anders Raum verschaffen. Dafür kommt der Körper als Bühne für eine Fülle von Krankheitsbildern infrage, aber auch die Psyche und das soziale Umfeld sind geeignet. Folgerichtig haben wir heute, da wir gar nichts mehr von der Suche wissen wollen, mehr Suchtprobleme als zu allen (überlieferten) geschichtlichen Zeiten. Man könnte sogar noch schärfer formulieren, dass die bürgerliche Wohlstandsgesellschaft mit großem Abstand das höchste Suchtpotenzial aller Gesellschaftsformen hat und ihre Kinder unwissend, aber nichtsdestoweniger zielstrebig in die überall entstandenen Suchtszenen treibt. Wo Suche zu kurz kommt, droht Sucht. Insofern verdienen wir uns unser enormes Suchtpotenzial redlich.

Wenn wir dieses Problem je lösen wollen, müssen wir uns ihm zuerst einmal wirklich zuwenden, und zwar auf allen wichtigen Ebenen. Im Augenblick verdrängen wir die offensichtlichsten Bereiche der Sucht sogar noch in der Medizin. Medizinstudenten lernen zum Beispiel alles über Leberpunktionen und deren Auswertung, damit sie das jeweilige Stadium einer Leberzirrhose bestimmen können. Immerhin ist die Leberzirrhose die vierthäufigste Todesursache in Deutschland. Aber sie lernen nichts über Alkoholismus, der der Leberzirrhose im Wesentlichen zugrunde liegt. Die internistischen Professoren halten das für ein psychiatrisches Problem, und die Psychiater haben wenig dazu zu sagen.

Das Wenige erschöpfte sich in meiner eigenen Ausbildung in Allgemeinplätzen, wie der Alkoholiker sei willensschwach, und man müsse ihm den Alkohol entziehen, was aber kaum Erfolg habe. Zwar gab es eine Reihe Alkoholiker als Patienten in der Psychiatrie, aber sie wurden eigentlich nicht behandelt, sondern ihr Elend wurde lediglich verwaltet. Ähnlich war der Umgang mit Drogensüchtigen, zu denen die Alkoholiker erstaunlicherweise gar nicht gerechnet wurden. Der körperliche Entzug wurde in die Wege geleitet, wohl wissend, dass man beim wichtigeren zweiten Schritt, der seelischen Entwöhnung, nichts zu bieten hatte und deshalb auch scheitern würde. Leider hat sich daran bis heute nicht viel geändert. Verantwortlich für diese Misere ist sicher nicht Böswilligkeit, sondern Hilflosigkeit.

Man müsste den in der Sucht gestrandeten Suchenden wieder zur Suche verhelfen. Das aber überfordert die Schulmedizin prinzipiell, fehlt ihr doch schon das Verständnis für den Zusammenhang zwischen Sucht und Suche. In dieser unangenehmen Situation wird ignoriert und verdrängt wie in der übrigen Gesellschaft, deren typisches Aushängeschild die herrschende Medizin ist. Erst wenn das Ausmaß dieses kollektiven Verdrängungsprozesses bewusst wird, entwickelt sich ein Gefühl für die Brisanz der uns umgebenden Suchtproblematik.

In den Nachrichten erfahren wir, dass jährlich zwischen 1500 und 2000 vor allem junge Menschen an Drogen, das heißt dann immer Heroin, gestorben seien. Das ist natürlich beklagenswert und eine Schlagzeile wert. Noch beklagenswerter ist aber die Tatsache, dass im selben Zeitraum deutlich mehr Menschen durch Alkohol umkommen, und zwar allein im Straßenverkehr. An Alkohol insgesamt sterben pro Jahr an die 20 000 Menschen. Das sind mehr als zehnmal so viele, und es wird trotzdem in diesem Zusammenhang nicht erwähnt und schon gar nicht im selben Atemzug mit Suchtproblemen. Da wundert es dann auch nicht mehr, dass die etwa 100 000 Tabaktoten pro Jahr in Deutschland ebenso unterschlagen werden wie die Tausende von Menschen, die an (ursprünglich) ärztlich verordneten Drogen süchtig geworden und schließlich gestorben sind. Wer sollte sie auch zählen? Diejenigen, die an ihrer Arbeitssucht, ihrer Spiel- und Konsumsucht, ihrer Hab- und Herrschsucht zugrunde gehen, werden erst recht verschwiegen.

Der Grund liegt auf der Hand: Es könnte schnell jeder betroffen sein. In der bürgerlichen Wohlstandsgesellschaft gibt es fast nichts, was nicht süchtig machen könnte. Vom Fernsehen über das Einkaufen bis zu Sex und Sport ist inzwischen schon beinahe alles in Verdacht geraten. Dabei sind es gar nicht die Suchtmittel, die das Problem darstellen. Wer nicht mehr (nach dem Sinn und Ziel seines Lebens) sucht, dem kann praktisch alles zum Suchtmittel werden. Umgekehrt sind die klassischen Suchtmittel an sich bei weitem nicht so gefährlich, wie sie hierzulande gern dargestellt werden. Solange die Benutzer sie etwa im Rahmen ihres Kultes, also auf der religiösen Suche, einsetzen, wissen wir von keinen Suchtentwicklungen.

Noch heute gibt es Bergstämme in Thailand, die im Rahmen ihrer Rituale ausgiebig Opium konsumieren. Opiatsüchtig werden sie davon nicht. Auch in unserer Kultur gab es Vergleichbares. In der Antike benutzten die Anhänger des Dionysoskultes Alkohol als Kultdroge. Die Menschen berauschten sich am Wein, um so ekstatische Orgien feiern zu können. Von einem Alkoholproblem der Antike ist uns aber nichts bekannt.

Die Indianer Nordamerikas, die im Rahmen ihrer schamanischen Tradition viel stärkere Tabake als die Menschen heute rauchten, bekamen davon weder Gefäßverschlüsse noch Lungenkrebs. Das mag in den Ohren materialistisch gesinnter Menschen völlig unwahrscheinlich klingen. Doch man kann diese Sachverhalte mit Hilfe der raffinierten modernen Untersuchungsmethoden feststellen.

Nicht die Suchtmittel sind also das Problem, wie es Mediziner und erst recht Politiker hinstellen wollen, sondern der Mangel an ihrer rituellen Einbindung und der entsprechenden inneren Haltung auf der Lebensreise. An jungen Menschen und ihren Suchtmitteln kann man das in den Schatten gesunkene Bedürfnis nach Suche und Ekstase noch ablesen, weshalb sie wohl auch als so besonders verdächtig gelten.

Den Hippies war die Suche noch ein ausgesprochenes Anliegen, und so wurden auch entsprechende psychedelische Drogen konsumiert, die praktisch ohne körperliches Suchtpotenzial beeindruckende innere Erfahrungen möglich machten. In Begriffen wie LSD-*Trip* kommt der Weg noch zum Ausdruck, wenn auch hier bereits die Gefahr aufscheint, vom Weg ab und auf einen *Trip* zu geraten. Immerhin hatten seriöse Forscher wie der Psychiater Stanislav Grof damit Patienten zu Reisen in die eigene Bilderwelt angeregt und ihnen erfolgreich Zugänge zu ihren inneren Seelenwelten eröffnet. Wir können heute davon ausgehen, dass das in den Eleusinischen Mysterien verwendete Mutterkorn dem modernen LSD verblüffend ähnlich war.

Selbst bei so extrem gefährlichen Drogen wie *Hero*in sieht man am Namen noch den ursprünglichen Anspruch. Der Heros und die Heroine (und natürlich auch der englische *hero*) zielen auf die Heldenreise des Lebens. Die einschlägige Droge vermittelt für einen Moment das *hero*ische Gefühl von Unbesiegbarkeit und Euphorie, fast so als würde man nicht die Flucht wählen, sondern auf die Suche nach dem Ziel des Lebens gehen. Das Heroische und Todesmutige der Rituale kommt – wenn auch in schrecklich unerlöster Weise – noch darin zum Ausdruck, dass die Abhängigen sich häufig mit ein und derselben Spritze in einer Art Blutsbrüderritual verbinden. Auf diese Weise hat sich Aids im Schatten der Heroinsucht weit verbreiten können.

Vergleichsweise harmlos verbindet der herumgehende Joint alle Mitrauchenden zu einem verschworenen Kreis und lässt den Ritualcharakter ebenfalls noch deutlich anklingen. Man braucht nur an die indianische Friedenspfeife zu denken, die ebenfalls im Kreis herumwanderte, um dem Erdkreis und der Götterwelt, der der aufsteigende Rauch zustrebt, Frieden zu verkünden. Auch wenn diese tiefen Wurzeln bei vielen der modernen bürgerlichen Suchtformen nicht mehr so leicht zu durchschauen sind, können sie doch meist noch im Schatten der Drogeneinnahme gefunden werden – was diese aber keineswegs verharmlosen soll.

Wenn wir jedoch die Suchtmittel für das Elend der Sucht verantwortlich machen, lenken wir vom eigentlichen Thema ab. Das dürfte auch das Hauptanliegen bürgerlicher Drogenpolitik sein. Man projiziert das eigene Problem auf eine Randgruppe wie die Heroinabhängigen und bekämpft den eigenen Schatten stellvertretend an ihnen. Solche Sündenbockpolitik ist allerdings nicht nur für die Ausgegrenzten gefährlich, sondern auch für die Ausgrenzenden, weil sie im Kampf an der äußeren Drogenfront überhaupt nicht auf die Spur der eigenen Problematik kommen.

Dagegen war der ursprüngliche Umgang mit dem Sündenbock, wie er in archaischen Gesellschaften gepflegt wurde, geradezu hoch entwickelt. Dort wusste man auch schon um Probleme, mit denen man kaum fertig wurde, aber man war sich dessen immerhin bewusst. So wurde ein Schaf- oder Ziegenbock ausgewählt, und das ganze Jahr über projizierte man ganz bewusst alles Böse auf ihn, um ihn später feierlich den Göttern zu opfern oder in die Wüste zu schicken. Das mag keine Lösung für drängende moderne Probleme sein, es steht aber auf alle Fälle weit über den heute üblichen unbewussten Projektionen, die alle Beteiligten ohne Chancen lässt.

Wo aber lägen die Chancen bei diesem heiklen Thema? Die Psychiatrie verrät uns ganz richtig die Kriterien der Sucht. Da wäre die Gewöhnung an das Suchtmittel, das Unbehagen und die Angst, wenn man es nicht bekommt, und dann vor allem die Dosissteigerung. Wenn wir diese Kriterien an ganz unverdächtige Bereiche unserer Gesellschaft anlegen wie etwa den Energieverbrauch, können wir bereits Suchttendenzen orten. Wir haben uns so an den Überfluss an Energie gewöhnt, dass sofort Angst aufsteigt bei dem Gedanken, einmal nicht mehr genug davon zu haben. Dass die Lichter ausgehen, wenn sie keinen Atomstrom produzieren, war zum Beispiel das Hauptargument der Atomlobby, das dem Normalverbraucher bereits so viel Angst einjagte, dass er jeder nuklearen Gefährdung seiner Zukunft zustimmte. Die jährliche Dosissteigerung können wir dem Jahresbericht der Energiemultis entnehmen.

Wir sind aber nicht nur energiesüchtig. Das Medium Fernsehen bietet weitere Beispiele, das wir nach ständiger Erhöhung der Dosis lechzen. Ein Mordfall wie in altmodischen Krimis reicht schon längst nicht mehr, moderne *Action*serien unterhalten uns mit blutrünstigen Serienmorden und sadistischen Killern. Aber auch in Industrie und Wirtschaft, ja bis hin zum Sport ist die Dosissteigerung unübersehbar: immer mehr, immer besser, effektiver, lukrativer, schneller, höher, weiter heißt überall die Devise. Wachstum ist – wie eingangs beschrieben – zu einem alles beherrschenden (und gefährdenden) Zauberwort geworden. Von unbeschränktem Wachstum geht aber darüber hinaus immer die Gefahr aus, dass es alle und alles lawinenartig ins Verderben reißt.

All diese Aspekte sind Ausdruck der Tatsache, dass wir kollektiv den Weg genauso verloren haben wie die einzelnen Süchtigen. Das mag schon daran klar werden, dass bei genauerer Selbstbetrachtung fast jeder Suchtkomponenten bei sich selbst ausmachen könnte. Das wiederum ist nicht sehr erstaunlich, denn wer nicht sucht, ist suchtgefährdet.

Ekstase und Rausch

Die einzige Suchttherapie, die wirklich tief genug greifen würde, müsste die Betroffenen wieder zu Suchenden auf dem individuellen Lebensweg machen. Die Suche anzuregen wäre eigentlich Aufgabe der Religion und auch der *Medi*zin, die sich – ihrem Namen entsprechend – um die Mitte des Menschen und das rechte Maß zu kümmern hätte. Heute sind breite Schichten der Bevölkerung ohne religiöse Einbindung und auf Ersatzlösungen wie Psychotherapie angewiesen. Von wenigen Ausnahmen wie etwa der Reinkarnationstherapie[61] abgesehen, kümmert sie sich aber kaum um spirituelle Themen.

Um dem ganzen Kreis von Suche, Flucht und Sucht wirklich gerecht zu werden, müssten wir das Urprinzipienverständnis[62] zurück in unser Leben holen und das Neptunprinzip hinter der Suchtproblematik erkennen. Hier liegt auch der Schlüssel zu dem Geheimnis, dass manche Meditationszirkel und religiöse Gruppen auf Dauer beim Drogenentzug bessere Ergebnisse aufweisen als die Psychiatrie. Das liegt einfach daran, dass sie etwas anbieten, das dem Neptunprinzip entspricht.

Alles Neptunische müsste bei Suchtproblemen nicht verboten, sondern geradezu gefördert werden. Süchtige leben dieses Prinzip in ihrer Sucht und in der Flucht, die knapp dahinter auszumachen ist, und damit auf äußerst unerlösten Ebenen. Es ginge darum, ihnen andere Wege zu weisen, wie sie diesem Prinzip gerecht werden und dabei noch Freude und Spaß auf der Heldenreise des Lebens haben. Stattdessen wird in der Psychiatrie noch immer dieses ganze Prinzip tabuisiert. Beim verzweifelten Versuch, das Umfeld der Sucht trockenzulegen, wird auch alles Neptunische verboten, sodass Süchtige ohne Chance bleiben, sich mit diesem Archetyp auszusöhnen. Dafür werden ihnen andere Prinzipien zur Aufgabe gemacht, vor allem das des Saturn. So kommt es, dass sie sich anstelle von Meditation und Religion, von Transzendenz und Ekstase mit Ordnung und Disziplin beschäftigen müssen. Was auf den ersten Blick noch ganz logisch aussieht, läuft auf den zweiten darauf hinaus, Erstklässlern, weil sie nicht addieren lernen, Multiplikationsaufgaben zu stellen. Das führt mit Sicherheit nicht dazu, dass sie addieren lernen, und wahrscheinlich nicht einmal multiplizieren.

Um das heutige Drogenproblem zu lösen, bedarf es einer inhaltlichen Auseinandersetzung mit den anstehenden Themen der Suche, des Rausches und der Ekstase. Wenn wir sie schon nicht mehr mit Hilfe von Ritualen anleiten können, hätten wir wenigstens die Chance, jungen Menschen die Suche als etwas Positives und über alle Maßen Erstrebenswertes darzustellen. Auch Ekstase ließe sich als menschliches Lebensrecht erkennen und eher zulassen als behindern und verteufeln. Wer ekstatisch tanzt oder Sport und Musik bis zur Ekstase erlebt, ist jedenfalls besser gegen Drogenmissbrauch gewappnet als der brave, folgsame und autoritätshörige Streber. Dieser hat im Wesentlichen zwei Möglichkeiten, die mit einem erfüllten Leben beide wenig zu tun haben: Er kann entweder gleich nach der Pubertät verspießern, oder er wird irgendwann vom Gegenpol eingeholt und dann nicht selten ein »Opfer« der Drogen Alkohol und Nikotin.

Einer der wesentlichen Gründe hinter der von außen betrachtet so flach wirkenden *Fun*-Gesellschaft ist sicher in der aufgegebenen Suche nach Ekstase zu sehen. Äußerlich wird alles unternommen, um Erregung, Spaß und positive Spannung zu erleben. Aber man kann außen beliebig lange suchen und wird immer nur Frustration ernten, wenn die Lösung innen liegt. Schon äußerlich erkennt man an der Einrichtung moderner Discos oder Techno-Tempel, dass es eigentlich um Rausch und Ekstase ginge: laute, rhythmisch eintönige, ja hämmernde Musik, die in Trance führt, besonders wenn man ihrem Rhythmus tanzend folgt. Dass heute Melodien keine große Rolle mehr spielen, mag die ältere Generation irritieren, aber Melodien spielen in der Musik archaischer Völker oft auch keine wesentliche Rolle. Die dort üblichen monotonen Stampftänze werden von Ethnologen nicht als abartig oder gefährlich, sondern als sicherer Weg in die Trance erkannt.

Mit der Musik verbundene rhythmische Lichteffekte in modernen Tanzhallen verstärken die Trance noch. Hinzu kommen leicht durchschaubare Animationsversuche wie Schaumpartys und Spiele, die Erotik befördern sollen. Eine Droge wie Ecstasy liefert dann wohl den letzten Kick.

Sowohl der Handel mit Drogen als auch der mit Menschen und ihren Organen liegt wie alles Verbotene in den Händen des organisierten Verbrechens. All das bei Sklavenhandel Angeführte lässt sich schon von daher auf die Drogensituation übertragen. Allerdings liegt die Lösung hier noch weniger als beim Menschenhandel in der Zerschlagung der Verbrechersyndikate. Zum einen scheint der Kampf gegen die Mafia sowieso zum Aussichtslosesten zu gehören. Das eigentliche Problem liegt viel tiefer. Die Mafia befriedigt nur eine oberflächliche Symptomebene, ganz ähnlich wie die armen Bauern Lateinamerikas und Asiens, die sich mit Mohnanbau mehr schlecht als recht über Wasser halten.

Lösungen aber liegen auf viel tieferen Ebenen, die vielmehr Mut und persönlichen Einsatz fordern. Sie seien hier nur angedeutet als Rettung für die suchtgefährdeten pubertären oder auch spätpubertären Sucher und als Anregung für die Wellness-Fans. Wer Ekstase von erotischen Liebesfesten oder auch von spirituellen Einheitserfahrungen kennt, kann am ehesten auf Nachhilfe durch Drogen verzichten. Wenig – außer Vorurteilen – könnte uns hindern, Jugendlichen ekstatische Sexualität zu empfehlen und zu ermöglichen. Auch sportliche Erfahrungen und solche beim Musizieren oder Tanzen können bis zur Ekstase gehen. Dazu müsste man aber um diese Chancen wissen und den Weg dorthin ebnen, statt ihn zu verbauen. Dabei wiederum wäre es natürlich über die Maßen hilfreich, wenn die Eltern oder Erziehungspersonen eigene Erfahrungen in Dionysos' Reich hätten. Solche Erfahrungen warten jederzeit auf jeden; sie liegen immer innen, und sie sind gar nicht so schwer zu verwirklichen, wenn man daran geht, sich *selbst* zu *verwirklichen.* Dann könnten all die im Kapitel über Wellness angeführten Hilfen vom Thermalwasser bis zur inneren Bilderreise überaus angenehme und hilfreiche Stationen auf dem Weg sein.

Extremsport

Das Bedürfnis, sich in einer völlig auf Äußerlichkeiten fixierten Welt doch noch zu spüren, führt zu immer extremeren (Ver-)Suchen. Vor Jahren konnte man folgende (leider wahre) Geschichte aus Texas lesen. In ihrer jeweiligen Verzweiflung waren sonst sich wenig wohlgesinnte gesellschaftliche Gruppen zu einem *Deal* übereingekommen. Insassen eines Zuchthauses, die zu lebenslangen oder hohen Gefängnisstrafen verurteilt waren, bekamen vom Gefängnispersonal die Freiheit und einen kleinen zeitlichen Vorsprung »geschenkt«. Danach wurden sie von »ehrbaren« Bürgern, die für diesen Nervenkitzel das Gefängnispersonal »gut« bezahlten, mit Bluthunden und scharfen Waffen gejagt. Meist wurden die Ausbrecher dabei auf der Flucht erschossen. Bis das makabre Spiel aufflog, schien es alle eine Zeit lang zu befriedigen. Was aber zeigen uns solche Jagdszenen aus Texas?

Die Gefangenen müssen sehr verzweifelt gewesen sein, die Gefängniswärter geldgierig und pflichtvergessen. Die Bürger aber müssen an der Langeweile in ihrem Leben verzweifelt sein, dass sie sich den Thrill solcher Lynchjustiz erkauften. Nun ist nicht überall Texas, aber es gibt viel mehr Texas auf dieser Welt, als sich Mitteleuropäer in der Regel vorstellen können. Der Faschismus in Europa hat gezeigt, wie schnell bürgerliche Menschen und mit ihnen ganze Länder im Schattenreich versinken können. Die Decke der Zivilisation ist offensichtlich nur hauchdünn.

Zum Glück gibt es in weniger *verschatteten* Zeiten auch positivere Extrembeispiele, in denen Menschen ihre Lebendigkeit und die Spannung des Lebens zu entdecken hoffen. Da sind einerseits die »Extremisten«, die sich in der Regel selbst in Lebensgefahr bringen oder jedenfalls in Situationen, die für andere lebensgefährlich wären, und dann gibt es die große Masse der »Extremzuschauer«, die als passive Genießer dabei sein wollen, wenn andere ihr Leben riskieren. Was im alten Rom in Gladiatorenkämpfen einen Höhepunkt fand, setzt sich bis heute fort in alpinen Abfahrtsspektakeln, Formel-1-Rennen, Flugschauen, Stierkämpfen und *Stunt*-Vorführungen.

Der anonyme Zuschauer erlebt im Mitfiebern eine zwar nicht mit der des Athleten vergleichbare, aber doch deutlich spürbare Veränderung der Stoffwechselsituation. Adrenalinspiegel und Blutdruck steigen, es entsteht Spannung oder Stress, der sich aber lebendig anfühlt und immer wieder gesucht wird. Ob man bei einem sportlichen Konkurrenzkampf mitfiebert oder bei einem *Action*film um sein Idol bangt, für kurze Zeit kann man das eigene meist überaus banale Leben vergessen und spürt etwas von der Lebendigkeit, die dort in der Arena oder auf der Leinwand scheinbar freigesetzt wird, auch in sich.

Medizinisch gesehen, lassen sich zwischen Süchten und Extremsportarten einige Parallelen finden. Viele der extremen Sportler dürften auf einer eher harmloseren Ebene sogar von den hormonellen Exzessen in ihrem Blut körperlich abhängig werden. Solche Zustände, die den Adrenalinspiegel drastisch erhöhen, sind medizinisch trotzdem unbedenklich, weil der

Organismus hier in eigener Regie seine innere Situation regeln kann. Vor allem aber sind sie ungefährlich, weil der Sportler – im Gegensatz zum Zuschauer – die Stresshormone bei der Aktion auch wieder verbraucht.

Ein höherer Adrenalinspiegel gibt ein Gefühl enormer Präsenz und Wachheit. Wer sich nur noch lebendig fühlt, wenn er in einer überhängenden Wand unter ständiger Lebensgefahr klettert, hat – ob er darum weiß oder nicht – in seinem Stoffwechsel eine außergewöhnliche Stresssituation, die ihm zu überleben hilft. Wahrscheinlich gehören hierher auch all jene Erfahrungen, bei denen Menschen mit gefährlich hohen Summen spielen, nicht nur in Spielbanken, sondern zum Beispiel auch an der Börse als Broker und Devisenhändler oder als einfacher Mitspieler, der seine Altersversorgung immer wieder aufs Neue riskiert. Auch die Spitzenpositionen der Macht dürften in solche außergewöhnlichen Bereiche führen, wo vieles, wenn nicht alles auf dem Spiel steht, was ein erhöhtes Gefühl von Lebendigkeit vermittelt.

Das Gefühl von Lebendigkeit ist sicher eines der Geheimnisse aller Extreme und auch der entsprechenden Sportarten. Denn während Dauerlaufen und andere Ausdauersportarten rasch zu einer angenehmen Veränderung der Blut- und Körperchemie führen, zwingen Extremsportarten im Moment der Lebensgefährdung mit Unerbittlichkeit in den Augenblick des vielbesungenen Hier und Jetzt. Ein Moment der Schläfrigkeit kann im Rennwagen oder in der Steilwand schon das endgültige Aus bedeuten. So wird das Durchsteigen einer Wand ohne Sicherung zu einem ausgedehnten Erlebnis der Gegenwart. Das aber ist eine der Definitionen für Befreiung oder Erleuchtung und wird, wie schon erwähnt, Gipfelerlebnis genannt.

In unserer Zeit, die sonst den Bezug zu Einheitserfahrungen fast verloren hat, lassen sich bei den Extremsportarten durchaus Parallelen zu spirituellen Erfahrungen erkennen. Das vermehrte Aufkommen von extremen Sportvarianten mag hier seine wesentlichen Wurzeln haben. Das Bedürfnis vor allem junger Menschen nach Ekstase und Rausch ist so weit an den Rand der Gesellschaft und in die Drogenszenen abgedrängt worden, dass wir die Extremsportarten geradezu als Ausgleich und Segen empfinden könnten.

Andererseits ist es natürlich ein bedenkliches Symptom, wenn ein Mensch sich nur noch unter Lebensgefahr lebendig und bei sich fühlt. Im Leben geht es letztlich darum, die eigene Mitte zu finden und nicht auf Dauer in Extreme zu fliehen. Nun muss ein Mensch jedoch auch die Grenzen seiner Möglichkeiten ausloten. Im Neuen Testament finden wir den Hinweis, lieber heiß oder kalt und jedenfalls nicht lauwarm zu sein. Das Erproben der eigenen äußersten Möglichkeiten ist offenbar auf dem Lebensweg wichtig, um später einmal so weit in die Mitte zu kommen, dass man demjenigen, der einen auf die linke Wange schlägt, auch noch die rechte hinhalten kann.

Zu bestimmten Zeiten des Lebens wie der Pubertät gehört es ebenfalls dazu, seine Grenzen kennen zu lernen, um die eigenen Möglichkeiten abzustecken. Wer das aber jahrzehntelang betreibt, lässt vermuten, dass er in der Pubertät stecken geblieben ist. Psychologisch wäre die Frage zu stellen: Was treibt diese Menschen, ständig Lebensgefahren zu suchen, und was wollen sie damit beweisen? Die Antwort ist erschreckend einfach: Sie wollen demonstrieren, dass sie groß und stark sind und weder Tod noch Teufel fürchten. So ziehen sie beständig aus, das Fürchten zu lernen und lehren es häufiger noch ihre Angehörigen und nicht selten Unbeteiligte, die ihnen begegnen oder im Ernstfall zu helfen versuchen.

Er bestätigt sich ständig, was für ein toller Hecht er ist, oder sie beweist sich heute zunehmend, wie gut sie »ihren Mann« stehen kann. Auf der Suche nach den eigenen Grenzen brauchen beide jemanden, der sie ihnen aufzeigt. Das aber geschieht in modernen Zeiten weder in der Familie noch in der Gesellschaft besonders nachdrücklich. Insofern kann die Suche lange dauern und wird häufig chronifizieren.

Wer durch seine Freizeitgestaltung zeigt, dass ihm die Lebensgefahr wichtiger ist als etwa die Liebe zum Partner, zur Familie oder zum Beruf, verrät damit nicht selten, dass er im zugehörigen Archetyp des »ewigen Jünglings« stecken geblieben ist.[63] Dass dieser in unserer modernen Gesellschaft insgesamt so beliebt ist, verrät, wie verbreitet das Thema ist: Der »kleine Prinz« verkörpert ihn ebenso wie dessen literarischer Vater Antoine de Saint-Exupéry. James Dean hat ihn bis zu seinem spektakulären Ende verkörpert, und in der Verfilmung von Tania Blixens *Jenseits von Afrika* verleiht ihm Robert Redford in der Rolle des Denys Finch Hatton Gestalt. Häufig enden solche Lebensgeschichten in einem außergewöhnlichen Abgang und hinterlassen eine Legende. In seinem Kultroman *Die Möwe Jonathan* verrät Richard Bach den Ausweg, den seine Möwe und er selbst gefunden haben.[64] Es ist die Liebe zu den anderen Möwen beziehungsweise zu den anderen Menschen, und oft kann es auch engagierte Arbeit sein, die zurück auf die Erde und den Boden der Tatsachen bringt.

Abkehr vom Größenwahn

Dem Trend zur Vermassung begegnen wir heute in allen Bereichen des modernen Lebens. Überall herrscht das Diktat des »Immer mehr«. Gleichzeitig wird der Idee des »Immer billiger« nachgejagt, und das zielt letztlich wieder auf *immer mehr* Geld. Von dieser Regel gibt es kaum Ausnahmen, in Wirtschaft und Industrie sind sie besonders selten, wie der erste Teil des Buches deutlich gemacht hat. Expansion bleibt das Schlüsselwort, selbst wo die Erfahrungen wenig überzeugend und oft sogar deprimierend sind. Dabei wissen wir, dass langsames organisches Wachstum, das sich schließlich mit dem Erreichten begnügt, für die beteiligten Menschen eine wundervolle Lösung sein kann.

Die beste äußere Lösung läge wohl in einer Antwort auf die Zentralisierungs- und Vermassungstendenzen und in einer Umkehr in Richtung Regionalisierung. Beispielsweise sind die Naherholungsgebiete im Einzugsbereich der Großstädte zwar am Rand ihrer Kapazität, und das krebsartige Ausufern der Großstädte zerfrisst und verbraucht immer mehr Land. Aber trotzdem sind die Schäden bei nahe liegenden Lösungen immer noch geringer als zum Beispiel beim Ferntourismus und massenhaftem Fernpendlertum zur täglichen Arbeit. Bei Fernlösungen verbrauchen wir zu viel Energie – sowohl eigene Lebensenergie als auch zu viel Energiereserven der Erde.

Natürliche Größenordnungen

Doch auch im Wirtschaftsleben, wo man sie am wenigsten vermutet, gibt es hin und wieder Ansätze für organisches Wachstum, wie ein Beispiel aus den USA zeigt. Die Firma Gore

Associates, für ihre Goretex-Stoffe weltbekannt, funktioniert nicht nur von den Größenordnungen her völlig anders als der Rest der Business-Welt. Sobald eine ihrer Firmen über die Zahl von 150 Mitarbeitern hinauswächst, wird ein neuer, völlig autark funktionierender Ableger, sozusagen eine neue Firma, daraus gemacht. Gore Associates ist ein überaus prosperierender Konzern. Er verzeichnet seit 35 Jahren konstant Gewinne und zählt zu den zehn bestgeführten Unternehmen der USA, aber die einzelnen Firmen dürfen bei der Beschäftigtenzahl nie über die magische 150 hinausgehen. Aufgrund des außerordentlichen Erfolgs dieses Konzepts wächst die Firma beständig wie ein Organismus. Entgegen aller ökonomischen Logik werden keine Doppel- oder gar Dreifachschichten anberaumt, keine bestehenden Kapazitäten ausgebaut, sondern ganz neue Firmenorganismen gegründet. Nach der Logik der Fusionsfans müsste das unbezahlbar teuer sein, aber Gore schreibt unbeirrt schwarze Zahlen, während das Gros der Fusionen kläglich endet.[65]

Die Mitarbeiter von Gore haben keine Titel, die für Außenstehende Rückschlüsse auf ihren Rang in der Firmenhierarchie zulassen. Auf den Visitenkarten steht unter dem Namen lapidar »Associate«. Statt Chefs haben die Assoziierten »Sponsoren« und »Mentoren«, die mehr die Interessen aller Betroffenen zu vertreten scheinen, als zu befehlen. Die Gehälter der *Associates* werden kollektiv, das heißt in der Gruppe bestimmt. Größer könnte der Gegensatz zu herkömmlichen Unternehmen nicht sein, in denen die leitenden Angestellten manchmal nicht einmal über ihre Gehälter sprechen dürfen.

Bei Gore gibt es auch keine Unterschiede bei der Größe der einzelnen Büros. Alle arbeiten in einfachen, nüchternen Räumen. Prestige lässt sich auf diese Weise nicht an äußerlichen Dingen festmachen. Die Kündigungsrate im Unternehmen liegt um mehr als zwei Drittel unter dem US-Durchschnitt.

Trotzdem ist Gore insgesamt ein Riesenunternehmen, das neben den wasserfesten Stoffen eine Fülle anderer Produkte auf dem Weltmarkt vertreibt. Sein gesellschaftliches Erscheinungsbild ist aber nicht das eines etablierten Riesen, eines *Global Player*, sondern eher das eines dynamischen Aufsteigers, eines neuen Start-up-Unternehmens.

Der vor einigen Jahren verstorbene Gründer Wilbert Gore erklärte in einem Interview, dass sie in der Firma die Erfahrung gemacht hätten, dass ab einer Größe von 150 Beschäftigten die Abläufe unflexibel würden. So kam die allen Fusionswellen entgegenlaufende Firmenphilosophie der 150 zustande. Auf diese Weise ist unter Beibehaltung des Ethos eines Kleinunternehmens aus einem einfachen *Business* ein Milliarden-Dollar-Umsatz-Gigant geworden.

Das Geheimnis dieses Erfolgs lässt sich auf verschiedenen Ebenen klären. Statt auf formelle Managementstrukturen baut ein solcher Kleinbetrieb auf persönliche Kontakte und informelle Beziehungen. Außerdem kommt ein Gruppengefühl zustande, das solidarisiert und zur Eigenverantwortung führt statt zu Projektion im Sinn der Verschiebung von Verantwortung auf die nächsthöhere Ebene. Es wird aber auch Gruppendruck entstehen, der sicher ebenso motivieren kann wie ein herkömmlicher autoritärer Führungsstil durch Chefs, nur eben auf angenehmere Weise. Hinzu kommt, dass alle Mitarbeiter der Herstellung die der Designabteilung und des Vertriebs persönlich kennen, was bei größeren Einheiten in dieser Form undenkbar ist.

Durch Gore könnte man sich an die alte Philosophie von Familienunternehmen erinnert fühlen. Tatsächlich kommt bei einem engeren räumlichen Zusammenhang – Gore geht bei den Firmengebäuden nicht über 20 000 Quadratmeter hinaus – auch mehr Zusammenhalt zustande. Zudem können sich die Mitglieder solch einer Firmenfamilie auf ihr gemeinsames Feld verlassen. Dazu gehören Dinge wie eine verbindende Geschichte, aber vor allem auch ein gemeinsames Gedächtnis.

Menschen, die in langjährigen Partnerschaften leben, kennen dieses Phänomen im kleinen Stil. Zu zweit braucht man sich nicht so viel zu merken wie allein, aber gleichzeitig hat man über den Partner (fast) immer Zugriff auf die gespeicherten Informationen. In einer größeren Gruppe entwickelt sich hier natürlich ein unvergleichlich breiteres »Archiv«. Und mit bis zu 150 Mitgliedern funktioniert dieses Phänomen noch sehr gut. In Gruppen dieser Größe werden alle wichtigen Informationen mühelos und schnell verbreitet, ohne dass dafür Spezialisten notwendig sind. Hier dürfte auch die Erklärung dafür liegen, dass bei Gore entgegen allen Erwartungen kein Chaos ausbricht, obwohl die üblichen hierarchischen Strukturen praktisch ganz fehlen.

Wer nun in einer riesigen Fabrikhalle solche 150er-Untergruppen künstlich organisieren wollte, müsste scheitern, denn jede dieser Gruppen braucht die äußere Form eines eigenen Hauses, um das entsprechende Feld darin wachsen zu lassen. Einzelne Gore-Firmen liegen eine kurze Wegstrecke auseinander. Das ist wichtig, denn nur so können sie als weitgehend autonome Firmen in dem Bewusstseinsfeld, das sie sich selbst bilden, funktionieren.

Diese Erfahrung aus der Wirtschaft lässt sich durch andere Beispiele verschiedenster Bereiche stützen und auch auf neue Bereiche übertragen. Militärs haben zum Beispiel festgestellt, dass Verbände von über 150 Soldaten im Ernstfall träge reagieren und schlechter funktionieren als kleinere. Die römischen *Cent*urionen kommandierten jeweils Hundertschaften, mit dem bekannten Erfolg. Ein anderes Beispiel sind die Dörfer der evangelischen Sekten der Hutterer, Amischen und Mennoniten, die streng darauf achten, dass diese nie über 150 Bewohner hinauswachsen. Sobald sie größer zu werden drohen, kommt es zu einer Aufteilung und der Gründung einer neuen Gemeinschaft. Diese Regel ist ihnen so wichtig, dass sie lieber schwierigste Lebensbedingungen in Kauf nehmen, als gegen sie zu verstoßen.

Eine Weltfirma, Militärkommandeure und ein paar Sektierer mögen gegen den breiten Strom des Größenwahns noch wenig überzeugen, aber es gibt zum Glück auch schon wissenschaftliche Hinweise auf die Vorteile kleiner Gruppen von nicht mehr als 150 Mitgliedern. Der englische Anthropologe Robin Dunbar[66] fand durch Forschungen an Primaten heraus, dass die Ausdehnung ihres Großhirns, des Neokortex, mit der Größe ihrer sozialen Gruppe korreliert. Er glaubt sogar, dass sich das Gehirn in der Evolution überhaupt erst aufgrund der Anforderungen der wachsenden Gruppe entwickelt hat. So wäre das Zustandekommen von relativ großen menschlichen Gruppen damit zu erklären, dass diese auch die Fähigkeit haben, sie von ihrem Gehirn her zu bewältigen. Der Forscher ging so weit, eine Formel aufzustellen, nach der man aus der Gehirngröße auf die maximale Gruppe schließen kann, in der die jeweiligen Primaten noch gut leben können. Diese Formel setzt die Neokortexmasse ins Verhältnis zur Gesamthirnmasse, und für die meisten Primaten erwies sie sich als aussagekräftig. Beim Menschen ergibt sich daraus der Wert 147,8, also knapp unter 150. Dunbar ging aber noch weiter und durchforstete die verfügbare Literatur über archaische Gesellschaften und kam zu dem Ergebnis, dass die Dörfer jener frühen Jägergesellschaften, über die wir überhaupt etwas wissen, bei einer Größenordnung knapp unter 150 Bewohnern lagen. Das scheint tatsächlich die maximale Größe zu sein, in der man sich noch sinnvoll aufeinander beziehen kann.

Demnach ist Firmengründer Wilbert Gore durch praktische Erfahrung auf eine alte, längst vergessene, aber immer noch tief in uns liegende Wahrheit gestoßen und konnte daraus ein modernes Erfolgsrezept machen. Sicher bestimmen sich die gigantischen Ausmaße moderner mehrfach fusionierter Konzerne nicht an der Größe unseres Neokortex, möglicherweise auch nicht am Erfolg, sondern an der Größe des Ego des jeweiligen obersten Bosses, und sicher wird sein Gehalt die Größe seiner Firma widerspiegeln.

Neben dem natürlichen menschlichen Empfinden spricht also vieles dafür, dass *Dezentralisierung* das jeder weiteren Konzentration bei weitem überlegene Konzept darstellt. Der herrschende Größenwahn dürfte auf explodierende Egos und ein nicht zu Ende gedachtes Effizienzdenken zurückzuführen sein. Wachstum wird auf der materiellen Ebene immer dazu neigen, sich schließlich selbst ad absurdum zu führen. Auf der geistig-seelischen Ebene sind ihm dagegen keine Grenzen gesetzt – außer der letzten, die gerade durch Grenzenlosigkeit definiert ist: dem Aufgehen in der Einheit, von dem alle Religionen und spirituellen Traditionen wissen und berichten.

Räume und Felder für gesundes Leben und Wachsen

Gerade erleben wir in den USA und in Westeuropa einen eindrucksvollen Boom fernöstlicher Feng-Shui-Ideen. Das dürfte ein deutliches Anzeichen dafür sein, dass uns das Umfeld in seiner Bedeutung für Gesundheit und Wohlfühlen demnächst noch mehr ins Bewusstsein rücken wird. Der Umweg über den Osten hat sich bei derlei sensiblen Dingen inzwischen bewährt. Dass wir dabei auch Lehrgeld zahlen müssen, ist klar, denn was für Menschen in China stimmt, muss deshalb noch lange nicht für Europäer zutreffen. Manche Feng-Shui-Anhänger können sich in ländlichen Gegenden Deutschlands gar nicht mehr wohl fühlen, denn hierzulande ist der Friedhof meist direkt bei der Kirche gelegen, also mitten im Dorf. Das aber halten chinesische Feng-Shui-Experten für grundfalsch. Doch wäre es für uns sicher sinnvoller, sich auf die eigenen Wurzeln zurückbesinnen und die Kirche und mit ihr den Friedhof im Dorf zu lassen. Grundsätzlich ist aber die Wiederentdeckung der Qualität der Räume ein wichtiger Schritt auch für moderne westliche Menschen.[67]

Die Idee von der Gestaltung lebensunterstützender Räume und Umgebungen geht ein gutes Stück über das hinaus, was die gängige Medizin zu akzeptieren bereit ist. Aber auch diese Verweigerung hat eine gewisse Tradition: Die etablierte Medizin hat seit langem die Führungsrolle bei der Entdeckung neuer Ideen im Gesundheitsbereich verloren. Bei der Beschäftigung mit Lebensräumen wird das besonders deutlich, denn es gibt hier einen fließenden Übergang vom Selbstverständlichen und traditionell Erprobten bis zu heute noch okkulten Vorstellungen.

Das Thema reicht von ungesunden Betten über immerhin

schon messbaren Elektrosmog bis zu so wenig handfesten Problemen wie Wasseradern und Störzonen. Letztere Phänomene sind noch nicht greifbar genug, als dass die Schulmedizin sich ihrer schon annehmen würde, wohingegen sich über die Bedeutung von Ruhe im Schlafzimmer alle Fraktionen einig sind. Dass Rückenschmerzen durch eine ungeeignete Matratze ausgelöst oder verschlimmert werden, gibt auch der Orthopäde zu und rät nicht selten zu einer harten Unterlage. Wenn wir es uns im Bett (und nicht nur dort) zu weich machen, macht uns das insgesamt weich und schwach. Wo wir aus Bequemlichkeit auf jede Abhärtung verzichten, fördern wir Anfälligkeit für Krankheitsbilder. Das ist eine Erfahrung, die heute auch schon über die Naturheilkunde hinausreicht.

Nun ist das Schlafzimmer der Kernbereich des Wohnens und wahrscheinlich der entscheidende Ort für unsere Gesundheit. Dort verbringen wir mit Abstand die meiste Zeit. Umso erstaunlicher ist, wie wenig Geld und Energie etwa im Vergleich zum Wohnzimmer wir in diesen Bereich fließen lassen. Die Sitzgarnitur im Wohnzimmer ist gesundheitlich kaum relevant, denn auf ihr verbringen wir vergleichsweise nur sehr wenig Zeit.

Jeder Mensch aber braucht Regeneration, und die findet vor allem im Bett statt. Es gibt den begründbaren Verdacht, dass wir uns heute zu wenig von dieser entscheidenden Regeneration im Bett gönnen. Allein die Tatsache, dass die meisten Menschen im Besitz eines Weckers sind und diesen auch regelmäßig benutzen, drückt die Misere aus. Wenn wir unserer nächtlichen Regeneration ausreichend Zeit geben würden, benötigten wir nämlich gar keinen Wecker. Dieser beendet Erholungsprozesse, bevor sie natürlicherweise abgeschlossen sind.

Dabei brauchen wir heute eher mehr Regeneration, weil die Anforderungen an unsere Leistungsfähigkeit immer höher werden, während gleichzeitig unsere Erholungsmöglichkeiten abnehmen. Das bedrohliche Anwachsen der Lärmbelastung zum Beispiel vermindert vielfach angemessene Erholung. Zwar gewöhnen wir uns subjektiv an Lärm, aber unser vegetatives Nervensystem kann sich nicht damit abfinden, sondern nimmt weiterhin Schaden, was von uns oft lange unbemerkt bleibt.

Die zunehmende Flut von Hörstürzen und Tinnitus-Problemen ist bezeichnend. Fast immer gehören die Opfer zu denjenigen Menschen, die einfach zu viel um die Ohren haben und nicht mehr ausreichend Ruhe finden. Statt ihrer inneren Stimme rechtzeitig zu gehorchen, werden sie schließlich von den alarmierenden Tinnitus-Geräuschen gezwungen, nach innen zu horchen.

Wir sollten also die gute Gestaltung und Ausstattung des Schlafzimmers ganz oben auf die Prioritätenliste setzen. Für viele gesundheitsbewusste Menschen gehört dazu auch, Wasseradern und anderen Störzonen auszuweichen, Elektrosmog abzustellen und die Himmelsrichtung beim Aufstellen des Betts zu beachten. Von all dem weiß die Schulmedizin nichts, und sie hält folglich auch nichts davon. In Bausch und Bogen für Unsinn zu erklären, was man nicht kennt, war aber noch nie eine Lösung. Es besagt eigentlich nur, dass man über Dinge redet, von denen man nichts versteht.

Dagegen sind sich alle einig, dass Lärm im Schlafzimmer nichts zu suchen hat, weil er nachweislich die Regeneration und Entspannung behindert. Ob man einen Fernseher im Wohnzimmer braucht, ist eine Sache, die an anderer Stelle zu diskutieren wäre. Im Schlafzimmer ist ein Fernseher jedenfalls ein Symptom, das in seinen Auswirkungen natürlich weit über die Nervenbelastung hinausgeht und dem Gedanken der Regeneration im Allgemeinen gänzlich zuwiderläuft.

Welches Bett wem gut tut und gefällt, kann nur individuell entschieden werden. Da gilt es wohl einfach auszuprobieren, ob man auf einem Futon glücklicher wird als auf der heimischen Matratze. Hier ist der eigenen Kreativität fast beliebig Tür und Tor geöffnet. Von der Orgonmatte, der extrem anpassungsfähigen, weltraumerprobten Spezialschaumschicht, bis zur Magnet-Matratze von Nikken, die Störungsfelder neutralisieren und Regenerationsprozesse unterstützen kann.[68]

Schwieriger wird es beim Elektrosmog, der von einigen zum Alleinschuldigen an vielen Beschwerden hochstilisiert und von anderen der Bedeutungslosigkeit geziehen wird. Nachdem die Schulmedizin auch die Röntgenstrahlen die längste Zeit als völlig harmlos hingestellt hat, ist gegenüber deren Beschwichtigungsversuchen sicher erhebliche Skepsis angebracht. Da es meist ein relativ geringer Aufwand ist, einen Netzfreischalter einzubauen, braucht man hier kein unnötiges Risiko einzugehen. Sicher ist der Mensch ursprünglich nicht dafür gedacht gewesen, über einem Gewirr von Strom führenden Kabeln zu schlafen. Zumindest sollte man also alle elektrischen Geräte im Schlafbereich ganz ausschalten und nicht auf Standby-Funktion laufen lassen.

Leichter wird die Entscheidung wieder bei so verblüffenden Erfindungen wie dem Radiowecker. Mit einfachen technischen Geräten lässt sich seine erhebliche elektrische Strahlung messen. Wer einen Radiowecker jede Nacht direkt neben seinem Kopf duldet, hat mit seiner Gesundheit nicht viel im

Sinn. Der Gedanke, ein Radioprogramm ins Unterbewusstsein einspielen zu lassen, durch das man schließlich aufwacht, lässt sich in meinen Augen nur damit vergleichen, bei laufendem Fernseher einzuschlafen. In beiden Fällen programmieren wir uns auf überflüssige Weise.

Noch schwieriger zu vermitteln ist weniger sensiblen Menschen das Problem der Störzonen und hier vor allem der Wasseradern. Nach unseren Erfahrungen spielen Letztere eine erhebliche Rolle bei der Entwicklung von chronischen Krankheitsbildern bis hin zu Krebs. Allerdings ist damit keine ursächliche Wirkung im eigentlichen Sinn gemeint, denn man kann zu oft erleben, dass sich Patienten, die angeregt wurden, ihr Bett umzustellen, die zweite Wasseraderkreuzung der Wohnung als neuen Schlafplatz aussuchen. Offensichtlich ist hier eine tiefere Ebene angesprochen, und die Betroffenen suchen sich intuitiv den Platz, der sie mit ihren Lernaufgaben konfrontiert.

Scheinbar muss man sich den idealen gesundheitsförderlichen Ort erst durch intensives Lernen und daraus folgende Einsicht verdienen. Andererseits gibt es natürlich die Möglichkeit, jemanden zu Hilfe zu holen, der in dieser Hinsicht (fein-)fühliger ist. Ob das Schicksal durch solche Aktionen wie Bettumstellungen auf Dauer zu bestechen ist, muss allerdings bezweifelt werden, dringender wäre eine Lebensumstellung. Tatsächlich ist ein Krankheitsgeschehen wie das des Krebses so vielschichtig, dass es nach unseren Erfahrungen allein über die Bettumstellung nicht in den Griff zu bekommen ist.[69] Allerdings ist auch schon ein gewisser Bewusstseinsschritt nötig, um solchen Erwägungen wie der Ausrichtung des Schlafplatzes im eigenen Denken überhaupt Raum zu geben. Wer mit seinem Bett auch sein Leben umstellt und feinfühliger für äußere Einflüsse und innere Impulse wird, ist jedenfalls auf einem guten Weg.

Der nächste, mindestens genauso schwierige Punkt betrifft die Schlafrichtung. Auch hier gibt es verschiedenste Ansichten, wobei sich eine Mehrheit dafür ausspricht, das Bett mit dem Kopfende nach Norden zu stellen. Die Nord-Süd-Ausrichtung entspräche dem Magnetfeld der Erde und käme obendrein Paracelsus' Vorstellungen über die Zusammenhänge von Mikro- und Makrokosmos entgegen. Wenn wir den Nordpol, an dem die Magnetwellen austreten, als den oberen oder Kopfbereich der Erde betrachten und den Südpol, wo das Erdmagnetfeld gleichsam wieder eingesogen wird, als ihren kaudalen oder Schwanzpol, so würde der mit dem Kopf nach Norden Schlafende von diesem Erdmagnetfeld in harmonischer und seinem eigenen Feld entsprechender Weise durchpulst. Dieser Gedanke steht auch in einer gewissen Übereinstimmung mit den Ideen des Feng Shui. Dort wird zum Beispiel davon abgeraten, unter Balken zu schlafen, die quer zum Körper verlaufen. Solche Vorschläge wären sicher eine Erprobung wert. Eine bewusste Einordnung in die Kraft- und Schwingungsfelder, die uns umgeben, ist in jedem Fall hilfreich.

Zugang zu den Elementen

Je mehr wir uns in unserer Wohnsituation Zugang zu den Elementen in ihrer reinen Form erschließen, desto förderlicher ist dies für unsere Gesundheit. Dass Kerzenlicht im Gegensatz zu Neonlicht unsere Stimmung hebt, spürt jeder. Ob das Poster eines Wasserfalls an der Wand die Lebensqualität verbessert, wie es im Feng Shui gelehrt wird, ist umstritten. Sich mit Muße Naturbildern zu widmen dürfte jedoch jedem Menschen bekommen.

Kaum jemand kann sich zudem der beruhigenden Wirkung eines plätschernden Zimmerbrunnens entziehen. So ist es verständlich, wenn solche Wasserspiele immer häufiger in Wohnungen und auch Geschäftsräumen zu finden sind und harmonische Töne in eine immer weiter auseinander fallende Welt bringen. Inzwischen konnte sogar nachgemessen werden, dass längeres Betrachten eines Aquariums positive Auswirkungen auf die Psyche hat. Sich nun eigens zu diesem Zweck produzierte Aquarium-Videos als tägliche Therapie zu verordnen mag dagegen eigenartig wirken.

Auch die Windspiele und Flöten, die von Feng-Shui-Fans an Zimmerwänden drapiert werden, um die Schwingung im Raum zu verbessern, muten oft etwas billig und manchmal auch geschmacklos an. Die Idee dahinter aber ist sicher stimmig. In einem Raum, in dem Musik gemacht, meditiert oder gebetet wird, ist im Allgemeinen eine harmonischere Schwingung zu finden als in einem, dessen Atmosphäre von hitzigen Redeschlachten geprägt wird. So mögen die Windspiele, sofern sie ihre natürliche Musik erklingen lassen, durchaus das Raumklima im übertragenen Sinn verbessern. Besser wäre sicher noch, die Flöten würden gespielt, und ihre Töne würden den Raum füllen. Entscheidend für unser Wohlfühlen und damit die Gesundheit ist wohl das Gefühl von Harmonie, das insgesamt entsteht.

Natürlich ist vor dem Raumklima in übertragener Hinsicht an das ganz konkrete Klima zu denken. Hierbei geht es um Luftbefeuchtung oder Sättigung mit negativen Ionen. Hier führt einfaches Ausprobieren am leichtesten zu eigenen Erkenntnissen. Durch ein entsprechendes Ionengerät lässt sich zwar nicht gerade eine Hochgebirgsatmosphäre schaffen, aber es kann doch eine ganz andere Frische einziehen. In Autos oder Therapieräumen ist der Unterschied sehr schnell und deutlich spürbar. Auch hier schließt sich an technisch noch einfach zu überprüfende Bereiche ein weites Spektrum von feinstofflich wirkenden Geräten an, über Orgonakkumulatoren bis zu Kristallanordnungen, die die Atmosphäre positiv verändern sollen.

Als Mitglieder einer vornehmlich an der Materie orientierten Gesellschaft sind wir natürlich viel eher geneigt, im Außen konkrete Maßnahmen zu ergreifen. Dabei sind hier dem Einsatz der Elemente oft enge Grenzen gesetzt, auch wenn wir natürlich mit Zimmerpflanzen und Wasserspielen, Bildern und überhaupt Kunstgegenständen einiges in harmonische Bewegung bringen können. Die vier natürlichen Elemente lassen sich allerdings längst nicht so einfach manipulieren. So ist es wohl vor allem die Bewusstheit, mit der die Maßnahmen zum Einsatz gebracht werden, die eine wesentliche Rolle hinsichtlich der harmonisierenden Wirkung spielt. Das gilt sicher im feinstofflichen noch mehr als auch schon im materiellen Bereich.

Auf den Ebenen der inneren Bilder wäre der Zugang oft viel leichter zu schaffen, und die gesundheitlichen Möglichkeiten sind hier weit vielversprechender als bei äußerlichen Veränderungen. Wir tragen die vier Elemente natürlich auch in uns und können sie über die inneren Seelenbilder jederzeit erleben. Es zeigte sich sogar, dass ein besseres Verhältnis zu den Elementen, das innerlich durch Bilderreisen gewachsen ist, sich im Außen auswirkt und dazu führt, dass Menschen ganz intuitiv die für sie passenden Schritte unternehmen, um in ihrer äußeren Umwelt für mehr Harmonie und Zugänge zur Welt der Elemente zu schaffen.

Wer sein inneres Feuer kennt, wird seine Energie auch besser im Außen einsetzen. Wer die Tiefen seiner Gefühlswelt im Wasserelement erlebt hat, kann auch seine Gefühle besser seinen Mitmenschen vermitteln. Wer die luftigen Möglichkeiten seiner Gedankenwelten erfahren hat, wird bewusster atmend eine andere Atmosphäre um sich verbreiten, und wer das Erdenschwere in sich kennt, die Ruhe und Geborgenheit des Erdelements, wird auch Ruhe ausstrahlen und bewusster mit Mutter Erde umgehen. Wessen Seele schließlich bewusst ihr Körperhaus bewohnt, der wird auch in seiner äußeren Wohnung mit vielmehr Achtsamkeit *hausen* und sich leichter wohl fühlen. Das äußere Wohnen wird dann zum Spiegel des Innen.

Überhaupt wären eine *Reise nach innen* eine ideale Möglichkeit, sich zuerst einmal auf der inneren Ebene anzuschauen, welche Wohnung und welches Umfeld einem am besten entspräche. Jedes neue Auto fahren wir Probe, und dabei wäre es so viel wichtiger, die neue Wohnung zu erproben oder gar das Haus oder am besten überhaupt schon einmal den Bauplatz, auf dem es entstehen soll. Wo Makler ein Probewohnen verhindern, werden sie doch nichts gegen einen kurzen Ausflug mit geschlossenen Augen haben, um auf einer inneren Reise herauszufinden, ob dieser Platz überhaupt förderlich ist. Bei allen Erkenntnissen, die die moderne Baubiologie sich bereits erschlossen hat, bei allem, was wir bereits über Felder und Schwingungszustände wissen, geht es doch schlussendlich immer darum, wie wir uns mit all unseren individuellen Besonderheiten an diesem Ort fühlen. Das aber können wir am besten in unseren inneren Seelenlandschaften herausfinden.

Wer es schafft, in seinem Inneren Harmonie herzustellen, wird sich auch leichter tun, diese auf seine direkte Umwelt übergreifen zu lassen. Umgekehrt wird natürlich auch diese Umwelt ihre Wirkung auf seine Innenwelt haben. Insofern ergänzen sich Meditation und Feng Shui oder Vastu, dessen indische Variante. Wer aber Innen und Außen bei sich privat in Ordnung bringen kann, wird die Tendenz entwickeln, auch auf seine weitere Umwelt zu wirken. Hier wird dann wieder spontan klar, warum eine kleinere Lebens- oder Arbeitseinheit wie etwa die Gruppe der 150 viel bekömmlicher ist. In solch einem überschaubaren Feld wird die eigene Ausstrahlung viel leichter ankommen und in ihren Wirkungen auch auf den Sender zurückstrahlen. In einer so überschaubaren Gruppe könnten auch schon wenige Sender einem neuen Impuls zum Durchbruch verhelfen. Die überschaubare Gruppe ist beweglicher und aufgeschlossener für Neuerungen als eine Massenansammlung von Menschen mit ihrer inhärenten Trägheit. Solch eine Gruppe aber könnte ihrerseits wieder zum Kristallisationspunkt für weiteres Wachstum dienen.

Zeichen der Hoffnung

Es lassen sich fast beliebig viele Themen aneinander reihen, um die Misere unserer Welt aus jeweils einer anderen Perspektive zu beleuchten. Wir könnten zu den bereits erwähnten Problemen viele weitere Missstände auflisten und beispielsweise Kindsmissbrauch zum Anlass nehmen, den Missbrauch auf so vielen Ebenen vom Mikrokosmos bis zum Makrokosmos zu verfolgen. Das Problem der Kindlichkeit und ihres Mangels wäre ebenfalls wert, analysiert zu werden. Wir könnten erkennen, dass wir das Spielerische immer mehr verlieren, und den Bogen zu den missbrauchten kindlichen Arbeitssklaven dieser Welt schlagen. Sie sind ein Abbild auch unseres inneren Kindes, das oft bestenfalls noch als in irgendeine tiefe Spalte unseres Bewusstseins verstoßener Sklave dahinvegetiert. Wir sollten uns vielleicht zudem der daraus folgenden allgemeinen, übertriebenen Härte und auf dem Gegenpol der kindischen Unreife widmen, die beide gleich viel Sand in das Getriebe unserer Welt bringen. Unser schrecklich unbewusster Umgang mit den Übergängen des Lebens, die fast ausnahmslos zu Krisen[70] werden, wäre ebenfalls eine Betrachtung wert.

Doch wenden wir uns lieber den Zeichen der Hoffnung zu, die es zum Glück auch und sogar zahlreich gibt. So wie jedes Symptom, jedes Krankheitsbild und jede Krise im Mikrokosmos einen Weg aufzeigt, gilt das auch für den Makrokosmos. Seine großen Krisen beinhalten auch große Chancen.

Lust auf Zukunft

Engagierte Kämpfer für eine in jeder Hinsicht sauberere Umwelt haben viele ermutigende Puzzlesteine für ein Mosaik der Hoffnung zusammengetragen, das geradezu Lust auf Zukunft machen kann. Franz Alt, der unermüdliche Hoffnungsträger für eine bessere Welt, kann sich ein ökologisches Wirtschaftswunder vorstellen, das uns in eine neue Zukunft mit Wohlstand und Arbeit für alle führt.[71] Immerhin halten in Deutschland achtzig Prozent der Menschen die ökologische Krise für das wichtigste Zukunftsthema, während sich aktuell achtzig Prozent am meisten über die Massenarbeitslosigkeit sorgen. Bewusstsein wäre also vorhanden, und Politiker könnten darauf (auf)bauen.

Modelle zur Lösung der anstehenden Probleme gibt es: Weniger Arbeit für mehr Menschen, ist ein seit langem diskutiertes Konzept, das unlängst bei VW für flexiblere und kürzere Arbeitszeiten sorgte. Seit Anfang 1995 arbeiten VW-Mitarbeiter nur noch 28,8 Stunden. So konnte das Wegrationalisieren der Arbeitsplätze in Grenzen gehalten werden. Von 100 000 verschwanden nur 10 000 statt wie ursprünglich geplant 30 000 Arbeitsplätze. Außerdem hat VW ein – was die Übereinstimmung mit dem archetypischen menschlichen Lebensweg angeht – bahnbrechendes Modell eingeführt. Ältere Angestellte arbeiten noch kürzer. Ab dem 56. Lebensjahr arbeiten sie nur noch 24 Stunden und ab dem 60. nur 20 Stunden pro Woche. So ist es wirklich leichter, in der Lebensmitte die Kurve zu kriegen. Der VW-Arbeitsdirektor Peter Hartz geht davon aus, dass es der starke Solidaritätseffekt innerhalb der VW-Belegschaft war, der diese wegweisenden Veränderungen ermöglichte.

Laut Wirtschafts- und Sozialwissenschaftlichem Institut des Deutschen Gewerkschaftsbundes könnten durch die Reduzierung der Wochenarbeitszeit um nur drei Stunden eine Million neue Arbeitsplätze geschaffen werden. Allerdings haben diese Modelle Grenzen, die durch die hohen Sozialabgaben und die mangelnde Solidarität in der Bevölkerung gegeben sind. Immerhin sind die Konzerne nicht grundsätzlich gegen solche Wege, wie das Beispiel VW zeigt. In einer Zeit, in der das Leid durch zu viel Arbeitstress sowie durch den Stress der Arbeitslosigkeit wächst, zeichnen sich hier gute Lösungen ab.

Der Trend der Zukunft müsste weg von den »Arbeitstieren« zu flexiblen Menschen gehen, die souverän über ihre Zeit bestimmen. Bei VW haben sich neben der Viertagewoche noch über hundert andere Varianten, die Arbeitszeit individuell zu gestalten, bewährt.

In Dänemark haben viele Arbeitnehmer das Recht auf ein Sabbatjahr – eine in mancher Hinsicht geniale Idee. Vor allem bekommen Menschen dadurch Zeit für so viel wichtigere Dinge wie das erste Jahr mit ihrem Kind oder für eine echte Auszeit zum Zweck seelischer Neuorientierung, für den Anfang einer Beziehung, für die Umkehr in der Lebensmitte usw.

Der damit verbundene Ausgleich zwischen Yin und Yang könnte neben mehr Anpassungsfähigkeit auch eine Verschiebung der Werte bringen. So wie es heute noch hin und wieder abfällig heißt, eine Frau mache »nur Hausarbeit«, könnte sich allmählich auch »nur arbeiten« als ein Makel erweisen. Arbeitstiere nehmen anderen nur Arbeit weg und erweisen sich in Zeiten knapper Arbeit immer mehr als Gesellschaftsschädlinge.

Franz Alt sieht durch die angedeutete Flexibilisierung der

Arbeitszeiten, durch die Ökologisierung der Wirtschaft sowie durch die Einführung von Kreislaufwirtschaft und Regionalisierungs- beziehungsweise Dezentralisierungsmaßnahmen beste Chancen für ein neuerliches Wirtschaftswunder und Vollbeschäftigung – ohne unsozialen Raubbau an den Ressourcen der Erde und ohne die herkömmlichen Belastungen für die Umwelt. Dafür gibt es eine Reihe von guten Argumenten: Die Europäische Union schätzt, dass durch die Energiewende Richtung Solarstrom in Deutschland 1,1 Millionen neue Arbeitsplätze entstünden. Das World Watch Institute geht davon aus, dass diese Umstellung etwa fünfmal mehr Arbeitsplätze schaffen wird, als durch den Wegfall der alten Energieträger verloren gehen. Eine weitere Million Arbeitsplätze könnte entstehen, wenn der öffentliche Verkehr mit einer Betonung des Nahverkehrs adäquat ausgebaut würde. Bis heute geschieht das Gegenteil, denn immer mehr Güter werden auf der Straße statt auf der Schiene transportiert, und der Nahverkehr wird zugunsten des lukrativeren Fernverkehrs ständig beschnitten. Durch eine konsequente ökologische Steuerreform, wie sie nun immerhin in Deutschland begonnen hat, sollen laut Deutschem Institut für Wirtschaftsforschung in Berlin 650 000 neue Arbeitsplätze möglich werden. Dänemark, Schweden und Japan sind diesen Weg schon mit Erfolg vorausgegangen.

Die Ökologisierung der Wirtschaft könnte zuerst eine radikale Energiewende mit sich bringen. Laut Schätzung der EU-Kommission könnten über 30 Prozent des Energiebedarfs durch nachwachsende Rohstoffe wie Raps und Schilfgras gewonnen werden. Dass das nicht utopisch ist, zeigen Länder wie Finnland, das heute schon 20 Prozent seiner Energie auf diesem Weg gewinnt, dicht gefolgt von Schweden mit 17 Prozent und Österreich mit 15 Prozent.

Darüber hinaus könnte viel mehr Energie über Solar- und Windkraftanlagen, über Erdwärme und zusätzliche Wasserkraftanlagen produziert werden. In Deutschland bringen es bisher zum Beispiel die Energiekonzerne mit fadenscheinigsten Begründungen fertig, Windkraftanlagen vor der Küste zu boykottieren. Obwohl diese dort viel effektiver arbeiten könnten, klammern sich die Energiemonopolisten an eine Gesetzeslücke, um sich gegen diesen Fortschritt zu sperren. Auch hier ist Dänemark uns schon weit voraus und holt schon heute über die Hälfte seiner Energie aus umweltfreundlichen erneuerbaren Quellen und hat europaweit mit die konkurrenzfähigsten Strompreise.

Wenn die Energiepolitik ihre Sonnenwende schafft, werden auch die armen Länder der Dritten Welt endlich jene Chance bekommen, die wir ihnen schon so lange und so hartnäckig verweigern. Dann werden sie in jeder Beziehung auf der Sonnenseite unserer Weltkugel liegen und viel billigere Energie vom Himmel geschenkt bekommen.

Ernst Ulrich von Weizsäcker und das Ehepaar Lovins belegen eindrucksvoll, wie wir unseren Energieverbrauch um den *Faktor Vier* und den Rohstoffverbrauch sogar um den Faktor Zehn reduzieren könnten.[72] Wenn wir die Energiepreise auf ein bezüglich der Schäden kostendeckendes Niveau bringen, wird sich die Energiewende auch selbst finanzieren. Bei einem Preis von 6 DM pro Liter Benzin wäre auch alle alternative Energie konkurrenzfähig. Unser Problem sind nicht die zu hohen Preise der neuen umweltschonenden Energieformen, sondern die zu geringen der alten. Diese sind letztlich subventioniert und stören damit eigentlich sogar die Marktwirtschaft. Wie groß das Bewusstseinsdefizit der Öffentlichkeit bezüglich der Energiepreise nach dem Verursacherprinzip noch ist, zeigte kürzlich die Tatsache, dass mit der Forderung nach einem Benzinpreis von 5 DM pro Liter die Wahlchancen der Grünen drastisch sanken.

Durch energiepolitisch vernünftige und verpflichtende Bauvorschriften könnte über Passiv- und Null-Energie-Häuser eine riesige Energiemenge eingespart werden. Wir erleben in unserem Heil-Kunde-Zentrum in Johanniskirchen, dass es – ohne zu darben und zu frieren – möglich ist, mehr Energie zu produzieren als zu verbrauchen. Im Gegenteil ist es ein Genuss zu wissen, dass jeder Sonnentag ein gutes Geschäft ist. Aber selbst Energiesparlampen, die ständig verbessert werden, könnten in jeder Wohnung achtzig Prozent des für Beleuchtung notwendigen Stromes einsparen.

Die kleinen Maßnahmen der Einzelnen sind nicht zu unterschätzen. Bevor sich die rot-grüne Regierung dazu entschloss, den Solarstrom durch eine Preisgarantie zu fördern, hatten schon viele Gemeinden in Deutschland auf eigene Initiative quer durch alle politischen Fraktionen Zeichen gesetzt. In Freising und Aachen wurde ein Anfang gemacht, und schon bald waren zwanzig weitere Kommunen gefolgt, die für die Kilowattstunde Solarstrom zwischen ein und zwei Mark vergüteten, wodurch sich das Unternehmen Photovoltaik zu rechnen begann, freilich gegen den Widerstand mancher Konzerne.[73]

Darüber hinaus gibt es noch andere wundervolle Einsparungsmöglichkeiten, die auf der ganzen Linie auf *Win-win*-Situationen hinauslaufen. Allein in Deutschland ließen sich durch vernünftige Ernährung Kosten im Gesundheitswesen von über 100 000 000 000 DM pro Jahr einsparen. So hoch jedenfalls veranschlagt die ARD-Nachrichtensendung *Tagesschau* die Kosten aus der herrschenden Fehlernährung.

Wir könnten auch beim (Flug-)Verkehr viel einsparen. Allein durch die neuen Medien werden bei gutem Willen in Zukunft zum Beispiel dank Konferenzschaltungen und Sichttelefonen viele Wege schlicht überflüssig. Wenn wir dagegen ständig weiter versuchen, einem so aufwändigen und ineffizienten Fortbewegungsmittel wie dem Auto neue Straßen zu bauen, sind wir chancenlos. Man setzt durchschnittlich mehr als eine Tonne Gewicht ein, um in der Regel nur einen Menschen von etwa 65 Kilo zu befördern. Über 97 Prozent seiner sowieso nur kurzen Lebenszeit steht das Auto still, und wenn es benutzt wird, steht es zunehmend im Stau. Es kostet enorm viel(e Menschen das Leben). Jedes Jahr werden in Deutschland 30 000 Menschen durch Autos verstümmelt. Im Laufe seiner Lebenszeit verpestet ein Auto ungefähr 1,2 Milliarden Liter Luft, macht dreißig Bäume krank und bringt drei gänzlich um.[74] Dabei sind in einer Stadt wie Bremen nur ein Viertel aller Verkehrstoten Unfallopfer, drei Viertel gehen auf das Konto von Abgasen und Folgen von Verkehrslärm.[75] Bremen ist jedoch keine besonders belastete Stadt.

Die Autowirtschaft wird wohl erst noch den Weg über die neuen Hyperautos gehen und mit ihnen einen letzten Boom erleben, dann aber anderen Konzepten, die wirkliche Mobilität garantieren können, weichen. Neil Kinnock, der EU-Verkehrskommissar, nennt die Verkehrssituation in Europa insgesamt »unproduktiv und umweltschädlich«. Wir sollten zum Beispiel erkennen, dass noch nie jeder fünfte deutsche Arbeitsplatz am Auto hing. Auch das ist ein über Jahre hinweg geschickt lancierter Mythos. Nachdem inzwischen immer weniger Arbeiter immer mehr Autos bauen, ist der Anteil noch drastisch gesunken. Laut Albert Schmidt, Verkehrsexperte des deutschen Bundestages, ist es höchstens noch jede fünfzehnte Arbeitsstelle, die direkt oder indirekt mit dem Auto zusammenhängt; nach Franz Alt ist es bloß jede einundzwanzigste.

Das Autorenpaar Monheim[76] prophezeit für die von ihm angedachte Verkehrswende neben den positiven Umwelteffekten auch etwa eine Million neue Arbeitsplätze. So wie Bahnhöfe zu den Schmuddelecken der Nation verkommen sind, könnten sie natürlich auch wieder zu Knotenpunkten des Lebens werden, in dem Maß wie dann ein modernes Streckennetz wieder die Lebensadern eines Landes darstellt. Auch hier gibt es viele positive Anzeichen. Münster und Freiburg sind durch gezielte Politik, die das Fahrrad fördert und vorzieht, zu einem Ruf als Fahrradstädte gekommen. Der Gerling-Konzern animiert seine Mitarbeiter zum Fahrradfahren und verteilt obendrein kostenlose Karten für den öffentlichen Verkehr an die Angestellten und zeigt so einmal mehr, dass auch Konzerne durchaus anders könnten, wenn die Chefs nur wollten.

Warum tun wir uns bei so klaren und überzeugenden Optionen trotzdem so schwer? Der Grund dürfte wiederum in den spezifischen Qualitäten von Yin und Yang zu finden sein. Der männliche Pol, der unser wirtschaftliches und politisches Klima bestimmt, hat sich so daran gewöhnt, Energie zu produzieren. Er will schaffen und leisten. Der Macherpol kann sich noch gar nicht vorstellen, dass es viel einfacher ist, sich von der Sonne, dem Wind, dem Wasser und der Erde beschenken zu lassen. Die Sonne schickt uns täglich 15 000mal mehr Energie, als auf der Erde verbraucht wird, der Wind 35mal so viel. Die Biomasse liefert die zehnfache Menge und die Wasserkraft noch die Hälfte des Benötigten.

Dabei wäre für uns die vom Yin-Pol geprägte weibliche Haltung viel vorteilhafter. Wir müssten nur unsere Arme öffnen und uns beschenken lassen. Das Empfangen und Annehmen fällt dem Yang-Pol jedoch schwer. Der Yin-Pol steht für den »sanften Weg«. So nennen die Autoren Kronberger und Nagler[77] auch ihre ökologische Strategie eines dezentralen, auf weibliche Werte setzenden Wirtschaftens.

An der Dominanz des Yang-Pols krankt vieles in ähnlicher Weise, zum Beispiel das Gesundheitswesen. Nicht Gesundheit produzieren, sondern Heilung geschehen lassen muss das Ziel der Medizin der Zukunft sein. Die Selbstheilungskräfte zum Einsatz kommen zu lassen und sich weniger behindernd einzumischen, das fällt den mehrheitlich männlichen Ärzten jedoch überaus schwer. *»Medicus curat natura sanat«* (»Der Arzt pflegt, die Natur heilt«) stand einst über manchem Universitätskrankenhaus, in dem heute eine vom Macherpol geprägte, immer unbezahlbarer werdende Hightech-Medizin tobt. Zu echter Vorbeugung unfähig und ein gewisses Eigeninteresse kaum verhehlend, tendiert die Schulmedizin dazu, alle medizinischen Probleme bis auf die tiefste Ebene eskalieren zu lassen, wo dann nur noch ihre eigenen aufwändigen Maßnahmen greifen. Aber auch hier zeigt sich, dass die einzelnen Kranken längst umdenken und andere Wege gehen. Wo die Schulmediziner von Existenzängsten wegen ausbleibender Patienten berichten, ergeben sich Wartelisten bei jenen Therapeuten, die sanftere Wege weisen, die Natur ins Spiel bringen und der Seele eine Chance zur Heilung einräumen.

Schon vor vielen Jahrzehnten hat Albert Schweitzer mehr Ehrfurcht vor dem Leben angemahnt.[78] Diese Forderung hat nichts von ihrer Aktualität verloren, im Gegenteil, sie ist heute nötiger denn je – und nicht nur in der Medizin.

Hoffnungsvolle Zeichen gibt es viele. Wir haben heute schon all die Technologien, die wir brauchen, um eine Wende in der Energie- und Verkehrspolitik zu verwirklichen, um mehr und bessere Arbeitsplätze zu schaffen und auch einen geistig-seelischen Wandel zu vollziehen. Wir müssten diese Techniken nur flächendeckend einsetzen und von Orten oder Gemeinschaften lernen, wo sie sich bereits bewähren. In Schweden arbeiteten 1996 bereits neunzig Prozent aller Kommunen aktiv an der Verwirklichung der in Rio gesteckten Klimaziele, in Dänemark und England immerhin vierzig Prozent. In Deutschland sind es leider erst vier Prozent. Die Kommunen sind unabhängiger von den Großkonzernen als die Landesregierungen, die einzelnen Bürger sind diesbezüglich noch freier und nutzen diese Chance auch schon vielfach in vorbildlicher Weise.

Alte Wertvorstellungen in neue Werte wandeln

In vielen Bereichen des Lebens ist eine tiefgreifende Neuorientierung bei den Wertvorstellungen gefordert, die Umstrukturierungen nach sich zieht. Wir müssen lernen, die Arbeit im sozialen Bereich als etwas zu erkennen, das auch mit Geld hoch zu honorieren ist. Jede Gesellschaft lebt davon, dass Kinder aufgezogen und erzogen werden, dass Familien zusammenhalten und ein gemütliches Heim Regeneration ermöglicht. Soziales Kapital – von den zahllosen Vereinen über die kulturellen Ereignisse bis zu den zwischenmenschlichen Verbindungen – ist auch sein Geld wert. Entsprechende Aktivitäten und Arbeiten tragen nicht zum Bruttoinlandsprodukt (BIP) bei und werden deshalb heute auch kaum gezählt, geschweige denn honoriert. Dass gute, engagierte Kindergärtnerinnen, Lehrerinnen und Lehrer unsere Kinder betreuen, müsste uns mehr wert sein, ebenso wie die Sorge um alte Menschen, da wir doch alle alt werden wollen und das heute auch immer besser schaffen. Der gesamte Sozialbereich ist heillos unterbewertet, unterbezahlt und in der Konsequenz im BIP gering vertreten. Daraus folgt wieder, dass er gering geschätzt wird. Und das kann so nicht bleiben, wenn wir überleben wollen.

Wenn dagegen ein von seiner Wichtigkeit getriebener und gehetzter *rasender* Manager sich mitsamt seines sündteuren Autos um einen Baum wickelt, ist das ein enormer Beitrag zum BIP, schließlich muss jetzt ein teurer Medizinapparat in Gang kommen, ein Auto ersetzt, vielleicht ein Baum gefällt und Ersatz gepflanzt werden. Dass das als positiver Beitrag zählt, während die Haus- und Erziehungsarbeit seiner Frau unter den Tisch fällt, ist ein (schlechter) Witz. Wer nach dieser perversen Logik in seelischen Nöten Psychopharmaka schluckt und davon abhängig wird, trägt erheblich zum BIP bei; keineswegs tut dies, wer mit Hilfe von Entspannung und Meditation sein Problem grundsätzlich löst. Für unser BIP ist es wunderbar, dass ein Deutscher im Jahr zwischen 900 und 1000 Pillen konsumiert. Wer ständig zum Arzt läuft, trägt ebenfalls dazu bei. Wer sich dagegen in Eigenverantwortung gesund hält, wäre aus dieser Sicht ein glatter Ausfall. Das BIP ist demnach als Indikator für die Leistung einer Gesellschaft in vieler Hinsicht ungeeignet.

In die gleiche Richtung zielt, dass alle *von Natur aus* vorhandenen Rohstoffe kaum in das BIP eingehen. Sie werden deshalb wohl so gering eingeschätzt. Erst wenn ihr Nachschub bedroht ist, wenn Kriege um sie ausbrechen – ob in Kuwait oder Tschetschenien –, wird deutlich, wie wichtig Rohstoffe eigentlich sind. Sie müssten als kostbar und oft unersetzbar erkannt und entsprechend fair bezahlt werden, was zum Beispiel zu angemessenen Energiepreisen führen würde, aber auch Bauern wieder bessere Überlebenschancen garantieren könnte. Dass allein in Bayern pro Jahr 10 000 Bauern aufgeben, ist nicht nur eine Folge verfehlter EU-Politik, sondern auch eine Kulturschande. Wer bei der Bauernarbeit nur die produzierte Materie in Form von Nahrung sieht, hat wenig von unserer Welt begriffen.

Der tiefere und wichtigere Wertewandel aber müsste unser Bewusstsein betreffen. Wir hätten auch hier alles, was wir brauchen.

Die Jahrtausendwende könnte zugleich die Zeitenwende sein, in der das Pendel von der extremen Egobezogenheit wieder zurückschwingt. Die rasch wachsende spirituelle Bewusstheit, die sich ihre eigenen Bewegungen bis zur Esoterikwelle schuf, mag ein Indiz sein, dass zumindest das Thema Egoauflösung wieder an Popularität gewinnt. Niemals waren mehr Menschen Buddhisten, und kaum eine Religion wächst heute noch so stark und ohne Mission wie die Lehre des Erhabenen, die wesentlich auf die Überwindung des Ichs zielt.

Für den Westen hat C. G. Jung den Pfad der Individuation beschrieben, der über die Integration des Schattens in das Ich zum Selbst führt und so das Ego überwindet. James Lovelock, der heute achtzigjährige Vater der Gaia-Hypothese, stützt denn auch seine wesentliche Hoffnung darauf, dass wir jetzt den Sprung vom Ich- zum Wir-Bewusstsein schaffen.

Dass ein großer Sprung bevorsteht, belegt Michael Rückert[79] mit Zahlen. Es sind offenbar 10 hoch 10 oder 10 Milliarden Zellen notwendig, um eine Zelle entstehen zu lassen, 10 hoch 10 Neuronen sind nötig, um ein menschliches Gehirn wachsen zu lassen. Wenn die Menschheit 10 Milliarden Menschen erreicht, so die Hypothese, könnte in Analogie zu James Lovelocks Gaia-Hypothese jene magische Grenze erreicht sein, ab der die Menschheit die Großhirnrinde von Gaia bilden könnte. Die vernetzten Computer könnten uns zu Neuronen des Erdgehirns machen, das dann die wesentlichen und evolutionsfördernden Ideen und Lösungen hervorbringt. Die Überwindung des Ichs könnte so gelingen. Schon einmal hat die Technik geholfen, als es darum ging, das Gaia-Bewusstsein von der Erde als Lebewesen zu schaffen. Ohne die aus dem Weltraum aufgenommenen eindrucksvollen Fotos von der Erde wäre es wohl kaum entstanden. Allerdings müssten diese 10^{10} Menschen vorher wohl noch andere Wege des Zusammenlebens finden.

Echte Wachstumschancen

Neben den beiden Arten des Wachstums, die am Anfang dieses Buches erwähnt wurden, gibt es noch eine dritte Art von Wachstum, von der ständig geredet und ausgegangen wird. Dennoch existiert sie in Wirklichkeit gar nicht. Ob uns der

Club of Rome die Welt erklärt, ein Mediziner die Entwicklung der Fruchtbarkeit beschreibt oder ein Investment-Berater zu Geldanlagen rät, immer wird nach diesem dritten Modell die Vergangenheit linear hochgerechnet. Die Ergebnisse stimmen jedoch praktisch nie. Laut Club of Rome müssten die Energiereserven längst verbraucht sein; laut Investment-Fachleuten und Börsen-Gurus dürfte es nur (außerordentliche) Gewinne im Geldgeschäft geben. Die reale Entwicklung scheint jedoch anderen Gesetzen zu folgen.

Da es in dieser Schöpfung keine geraden, sondern nur gekrümmte Linien gibt, sollten wir auch nicht die Behauptung aufstellen, irgendetwas in dieser Schöpfung würde sich linear entwickeln. Dieser Irrtum ist allerdings nur eine Lappalie, verglichen mit den Konsequenzen, die uns erwachsen werden, wenn wir noch länger das Katastrophenwachstum (exponentiales Wachstum) im Wirtschafts- und Geldbereich und bei der Bevölkerungsentwicklung dulden.

Die Gegensätzlichkeit von organischem und von exponentialem Wachstum könnte nicht größer sein. In beiden liegen Gefahren, aber auch Chancen, die es zu erkennen und umzusetzen gilt, wenn wir uns und unserer Welt helfen wollen.

Sowohl im Mikro- als auch im Makrokosmos ließe sich ablesen, dass beide Arten des Wachstums ihre Berechtigung haben, aber auch ihre jeweilige Zeit. Wo Menschen in neuen Regionen nicht rasch an Zahl zunehmen, sind sie in Gefahr, wieder verdrängt zu werden. Ähnliches gilt für Bakterien, die auch lediglich die Chance haben, sich sofort so schnell zu vermehren, dass die Abwehr mit diesem Lawinenwachstum überfordert ist. Wenn sie dann allerdings ungebremst weiter zunehmen, werden sie den Organismus umbringen, genau wie wir die Erde, wenn wir die Bevölkerungsexplosion nicht in den Griff bekommen. Wachstumskorrekturen könnten wir selbst vornehmen, oder sie werden sich zwangsweise ergeben.

Ein Stopp des Bevölkerungswachstums, so dass sich die Erdbevölkerung langfristig reduziert, sollte aus globaler Perspektive unser dringendstes Anliegen sein. Schließlich haben sich die Menschen zur Bedrohung allen anderen Lebens entwickelt. Ein Wesen, das in der kurzen Zeitspanne seit seiner Machtübernahme durch seine aggressiven Maßnahmen an jedem einzelnen Tag seiner Herrschaft 72 Pflanzen- und Tierarten von diesem Planeten vertreibt, 20 000 Hektar Land verwüsten lässt, 86 Millionen Tonnen Erdreich der Erosion preisgibt und stattdessen 100 Millionen Tonnen Treibhausgase in die Atmosphäre bläst, gräbt sonst seine eigene Grube. Wenn Aids und Unfruchtbarkeit Antworten auf die Wachstumskatastrophe im Bevölkerungsbereich sind, was wird dann die Antwort auf unser hemmungsloses Wirtschaftswachstum sein?

Es wäre in dieser für die Erde und die Menschheit gleichermaßen bedrohlichen Situation aber eine furchtbare Gefahr, wenn wir nur auf eine Wachstumsart setzen wollten und die andere verteufelten, wie es häufig aus Kreisen der Lebensreformer zu hören ist. Wer eine Seite niedermacht und verdrängt, um die andere in den Himmel zu heben, wird mit Sicherheit Opfer des verdrängten Schattens. Wenn uns exponentiales Wachstum in Industrie und Geldwirtschaft zugrunde zu richten droht, wie die Systemkritiker befürchten, müssten wir auch daran gesunden können. Dieser homöopathische Gedanke bewährt sich immer, weil er den Schatten einbezieht, statt ihn zu verdrängen.

Heute ist es bereits zu spät, diesen Planeten noch zu retten, indem man nur noch auf das so genannte gute und natürliche organische Wachstum setzt. Dazu ist die Umweltbelastung bereits viel zu weit fortgeschritten. Wir brauchen heute sogar dringender als je zuvor das explosionsartige exponentiale Wachstum, aber wir brauchen es im Bewusstseinsbereich, um das Ruder noch herumzureißen. Das heißt, nicht das Wachstum an sich, sondern seine Ebene ist zu verändern.

Wir müssten eine wahre Epidemie von Gesundheitsbewusstsein in Gang bringen, die sich lawinenartig ausbreitet und in einer Art Explosion weiteste Teile der Weltbevölkerung und die verschiedensten Schichten erreicht. Solche Phänomene hat es durchaus schon gegeben. Die lawinenartige Ausbreitung der Handys wäre ein Beispiel aus dem Wirtschaftsbereich. Die Eroberung der Welt durch das Internet zeigt einen Bereich zwischen Informationstechnik und Wirtschaft, der innerhalb von wenigen Jahren völlig umgekrempelt wurde. Einige Jahre stehen uns vielleicht auch noch für die Bewusstseinsumwälzung zur Verfügung, wobei diese natürlich auch viel schwieriger zu bewältigen ist als obige Beispiele aus der Wirtschaft.

Exponentiales Wachstum kann eine wunderbare Möglichkeit sein, sehr schnell sehr viel(e) zu erreichen. Gefahr droht von ihm nur dann, wenn es am falschen Ort und zur falschen Zeit zum Einsatz kommt. In der Natur tritt es lediglich zum Ausgleich gefährlicher Disharmonien auf; diese haben wir aber mit dem erreichten Missverhältnis von Yin und Yang längst. Also sind wir reif für die *Katastrophe* und ihre spezielle Form des Wachstums.

Auch negative Katastrophen sind Umkehrpunkte, denn sie führen jeweils zu einem Neubeginn. In diesem Sinn ist die heutige Devise »Nach uns die Sintflut« durchaus nicht neu, denn schon einmal hat eine Sintflut eine Fehlentwicklung abgebrochen und einen Neustart ermöglicht.

Die Frage, die sich an dieser Stelle aufdrängt, lautet natürlich, wie sich eine solche ebenso notwendige wie überfällige Lawine der Bewusstseinsentwicklung auslösen lässt. Was ist der springende Punkt – der *tipping point*, ab dem Entwicklungen ihre Eigendynamik bekommen? Und wie können wir ihn erreichen? Die Atomphysiker sprechen in diesem Zusammenhang von der kritischen Masse, die notwendig ist, um eine Kettenreaktion unglaublichen Ausmaßes auszulösen. Dass es möglich ist, zeigen die Fußballfans, die inzwischen eine weltweite Gemeinde darstellen, deren Anhängerzahl in die Milliarden geht und die zu bestimmten Zeiten die Welt regiert – und das schon seit Jahrzehnten mit noch immer wachsendem Erfolg. Irgendwann hat aber auch das Muster Fußball klein angefangen.

Das Feld der Zukunft

Wann springt eine Entwicklung um und wird zur Massenbewegung? Dieses Geheimnis zu lüften ist der Traum vieler aufstrebender Unternehmer und Politiker. Wie macht man einen Bestseller?, rätseln die Verlagsleute. Die gleiche Frage stellen sich auch die meisten Werbefachleute. Bisher gab es bestenfalls Einzelaspektanalysen und Fallbeispiele.

Malcolm Gladwell hat in seinem Buch *Der Tipping Point*[80] den Versuch unternommen, dem Geheimnis auf die Spur zu kommen. Natürlich können auch alle zum exponentialen

Wachstum bereits gesammelten Erkenntnisse behilflich sein, denn eine Massenbewegung kann nur über diese Art von Wachstum entstehen. Wenn man auf die Alternative des organischen Wachstums setzt, müssten Jahrzehnte, wenn nicht Jahrhunderte vergehen, bis sich etwas Neues auf breiter Basis durchsetzt.

Auf der Suche nach dem springenden Punkt, ab dem eine flächendeckende Entwicklung in Gang oder eine Lawine ins Rollen kommt oder eine Epidemie ausgelöst wird, ergeben sich nach Gladwell vor allem drei zentrale Punkte: erstens das Gesetz der Wenigen, zweitens der Verankerungsfaktor und drittens die Macht der Umstände.

Bezüglich des Gesetzes der Wenigen hat die Sozialforschung bereits viel Belegmaterial zusammengetragen, zum Beispiel dass 80 Prozent der Unfälle auf das Konto von 20 Prozent der Menschen gehen, dass 20 Prozent der Kriminellen 80 Prozent der Verbrechen verursachen, dass fast überall 20 Prozent der Menschen 80 Prozent der Arbeit verrichten, 20 Prozent der Biertrinker 80 Prozent des gebrauten Bieres trinken usw. Diese 20:80-Regel ist uns in sehr vielen Bereichen vertraut. Nicht zu vergessen die Spaltung der Gesellschaft nach demselben Prinzip. Wir finden es auch in der Medizin: 80 Prozent der erwachsenen Deutschen kennen Kopfschmerzen aus eigener Erfahrung, 80 Prozent hatten auch schon ihre Erfahrungen mit Schlafstörungen.

Bei Epidemien ist die Diskrepanz allerdings noch viel größer; ganz wenige erreichen ganz viele. Die Verbreitung wichtiger Nachrichten funktioniert nach demselben Schema, und trotz aller moderner Werbestrategien ist immer noch die gute alte Mund-zu-Mund-Propaganda das wichtigste Verbreitungsmittel und die entscheidende Form menschlicher Kommunikation. Natürlich bedienen wir uns ihrer heute auch mit Hilfe von Computer und Internet sowie anderer moderner Kommunikationsmittel. Ein Phänomen wie das des sensationellen Erfolgs der Harry-Potter-Bände ist eindeutig eines der Mund-zu-Mund-Propaganda; anfangs gab es für das Kinderbuch keine weltbewegenden Werbefeldzüge. Auch die Absatzzahlen von Paulo Coelhos *Der Alchemist* dümpelten ein Jahr lang auf niedrigstem Niveau, bevor das Buch zum Weltbestseller wurde.

Um die Wege der Ausbreitung besser zu verstehen, ist es wichtig, das Wesen und Funktionieren von Gruppen zu analysieren. Bereits völlig unorganisierte Ansammlungen von Menschen verändern das Verhalten der Einzelindividuen drastisch. Allein die Anwesenheit vieler anderer kann zum Beispiel das Verantwortungsgefühl des Einzelnen deutlich senken. So kann ein Schwerverletzter viel zu lange unbeachtet im Straßengraben liegen bleiben, da jeder Vorbeifahrende denkt: »Es wird sich schon noch jemand anderes darum kümmern.« In öffentlichen Verkehrsmitteln schauen bei Übergriffen von Rechtsradikalen viele weg, statt bedrängten Behinderten oder Ausländern zu Hilfe kommen. Solange noch andere da sind, hofft jeder, dass einer von ihnen die Initiative ergreift. Wenn einer sich dann zusammenreißt, das Eis bricht und Widerstand leistet, kann er sogar Unterstützung finden, und ganz zum Schluss, wenn viele helfen, wollen plötzlich sogar alle dabei gewesen sein.

Es ist also offenbar schwierig, aus der Anonymität einer Masse oder Gruppe herauszufinden. So ist es manchmal sogar schwer, den Bann des Schweigens nach einem Vortrag zu brechen. Niemand stellt die erste Frage, ist diese dann aber vorgebracht, nimmt die daran anschließende Diskussion oft gar kein Ende mehr.

Erschwerend kommt hinzu, dass Menschen dazu neigen, von anderen Menschen das Schlechteste anzunehmen. André Heller hat das wunderschön auf den Punkt gebracht: Wenn ein Wolf nachts im Wald einen anderen Wolf trifft, denkt er: »Ein Wolf.« Wenn aber ein Mensch im nächtlichen Wald einem anderen Menschen begegnet, denkt er: »Mein Gott, ein Mörder!« Der Hintergrund dürfte die schon beschriebene Projektionslust sein. Wir neigen dazu, unsere eigenen Schattenseiten und dunklen Fantasien anderen zuzuschieben.

Dabei sind wir keineswegs zufällig in den jeweiligen Gruppen, sondern die Gruppen – sowohl die fest gefügten als auch die loseren, gleichsam zufällig entstandenen – fallen uns nach bestimmten Gesetzmäßigkeiten zu. Wir suchen uns unsere Freunde in Wirklichkeit gar nicht aus, sondern kommen überhaupt nur Leuten nahe, die dieselben Themen besetzen und dieselben kleinen Welten bevölkern wie wir. Nur wenn wir in Resonanz mit jemandem treten, kann sich eine Gemeinschaft ergeben. Das Gesetz der Resonanz ist eines der grundlegendsten unserer Wirklichkeit.[81] Die banalste Variante kennt jeder aus dem Alltag: Wo schon einige stehen, machen auch andere Halt, denn da muss ja etwas Interessantes sein. So kommt es beispielsweise zu Synchronunfällen auf der gegenüberliegenden Autobahnseite. Vordergründig mag es Neugier sein, die einen gaffen lässt, aber hintergründig muss man eine Affinität zu Unfällen haben, um zu gaffen, und dann bekommt man oft auch gleich seinen eigenen nachgeliefert. Bemerkenswert ist, dass nach diesem Modell sogar Synchronkaries im Mund auftritt. Wenn sie eine Kariesstelle saniert haben, schauen Zahnärzte fast automatisch nach der entsprechenden Stelle auf der gegenüberliegenden Seite und werden oft fündig.

Resonanz ist ein noch viel zu wenig verstandenes Thema, wobei uns Physiker heute sagen, dass die letzten, die Wirklichkeit am besten beschreibenden Gesetze solche der Symmetrie sind. Das Kariesbeispiel mag die Brücke zur Resonanz schlagen, denn sicher stehen die betreffenden Zähne schon durch ihre Zuordnung zum selben Meridian miteinander in größerer Resonanz.[82]

Über das Funktionieren von Informationswegen in Gruppen wissen wir heute etwas besser Bescheid. Gladwell spricht diesbezüglich vom Konzept der sechs Grade. Man hat herausgefunden, dass eine winzige Zahl von Menschen mit allen anderen über nur sechs Schritte verbunden ist. Der Rest der Welt ist über diese sehr kleine Gruppe untereinander verbunden. Versuche ergeben, dass jeder jeden über sechs Schritte erreichen kann, weil seine Nachricht irgendwann auf einen so genannten Vermittler trifft. Das ist ein Menschentyp, der viele kennt und jenen letzten Schritt garantiert. Wenn in einer Kette die Information auf solch einen genialen Vermittler trifft, setzt die Mundpropaganda ein, und der erste Schritt zur massenhaften Ausbreitung ist getan.

Aber bei weitem nicht alle Botschaften sind auch für die Ausbreitung geeignet. Nach Gladwell kommen sie in der Regel von so genannten Kennern. Das sind Menschen mit einem breiten und tiefen Wissen. Ein wesentliches Charakteristikum von Kennern ist, dass sie die Probleme anderer lösen wollen und dabei die eigenen lösen – oder umgekehrt sich aufmachen, ihre eigenen Probleme zu lösen, und dabei die der anderen gleich mitlösen. Ein Kenner ist demnach Lehrer und Lernender zugleich oder wie es Richard Bach, der Vater der *Möwe Jonathan*, sagt: »Du lehrst am besten, was du gerade lernen musst.« Man kann davon ausgehen, dass über die Hälfte der Menschen einen Kenner in ihrem Bekanntenkreis hat. Bei einer »Epidemie« wären Kenner die Informationsquellen, die jene Botschaften einbringen, die die Vermittler dann verbreiten.

Aber auch das reicht noch bei weitem nicht, denn die Botschaft muss sich bei den Adressaten auch einprägen. Wenn der notwendige Verankerungsfaktor nicht gegeben ist, kann die Nachricht nicht eindringen und folglich auch nichts bewirken. Es muss spezifische Wege geben, eine Botschaft für die Adressaten unvergesslich zu machen. Wer eine Massenbewegung – etwa auf der Bewusstseinsebene – auslösen will, muss die Botschaft so gestalten, dass sie die Menschen bewegt, so sehr, dass diese sich darum reißen und sich dann auch selbst *aufmachen* und in Bewegung setzen.

Hier kommen die geborenen Verkäufer ins Spiel, die die Botschaft so an den Mann und die Frau bringen, dass sie sie annehmen können. Solche Verankerungsspezialisten entscheiden heute ganz wesentlich darüber, ob sich eine »Epidemie« ausbreiten kann. Der ideale Verkäufer ist jemand, der auf natürliche Weise in Resonanz geht.

Der US-Forscher William Conden hat mit der so genannten interaktiven Synchronie die Basis der Resonanz zwischen Menschen entdeckt. Er filmte zwei Personen während einer Unterhaltung, analysierte jede winzige Bildphase und fand heraus, dass sich die beiden in Bezug auf die Mikrobewegungen ihrer Mimik in einer nicht kausal erklärbaren völligen Resonanz befanden.

Gute Verkäufer haben dieses In-Resonanz-Gehen im Blut. Sie tanzen gleichsam mit ihren »Kunden« und geraten dabei in so weitgehende Übereinstimmung und -schwingung, dass es zu einer Art emotionaler Ansteckung kommt. Jeder kennt dieses Phänomen. Normalerweise lacht man, weil man innerlich belustigt ist; das Lachen perlt also nach außen. Aber eine andere Person kann einen auch mit ihrem Lachen anstecken; dann dringt es von außen nach innen, spiegelt sich aber ebenso im Gesicht. Charismatische Menschen stecken andere mit ihrer Stimmung an. Man könnte sie in diesem Sinn als Sender bezeichnen. In der Werbebranche ist das hinlänglich bekannt, und jede Werbefirma versucht, solche Menschen mit viel Charisma vor ihren Karren zu spannen. Alles andere ist nämlich ziemlich mühsam – eine Anzeige muss beispielsweise mindestens sechsmal gesehen werden, um wirklich einzudringen, was dann immer noch nicht zu einer sicheren Akzeptanz der Botschaft führt. Aus der Kinderpsychologie ist das gut bekannt: Kinder brauchen und lieben Wiederholungen. Erwachsene brauchen sie auch, lieben sie aber in der Regel nicht mehr, denn sie langweilen ihren auf Abwechslung gepolten Intellekt. Man stelle sich vor, ein Fernsehwerbespot würde am Abend sechsmal wiederholt. Dann würde er sich zwar gut einprägen, aber auch schon Wut auslösen, weil sich der Intellekt beleidigt fühlt.

Ganz entscheidende Faktoren sind weiterhin die Zeit- und Raumqualität. Gladwell spricht in diesem Zusammenhang von der Macht der Umstände, ohne allerdings in deren Hintergrund einzudringen. Aus der spirituellen Philosophie drängt sich hier sogleich der Gedanke an Entwicklungsfelder und Rituale auf. Schon Epidemien in der Medizin hängen ganz entscheidend von den Umständen und Bedingungen ab, also von ihrem Entstehungsort und der Zeit.

Kleine Dinge können oft entscheidenden Einfluss nehmen. Eine Epidemie hat nur dann Chancen, wenn sie schnell Raum greift. Wenn etwa Grippepatienten rasch gesunden, kommt keine Grippewelle auf Touren. Doch kaum ändert sich beispielsweise das Wetter, sodass die Menschen die Straßenbahn benutzen, statt mit dem Fahrrad zu fahren, kommen sie mit vielen anderen in Kontakt, und die Lawine kann losgetreten werden. Jeder würde wohl das nasskalte Wetter für die entstehende Grippewelle verantwortlich machen, dabei erhöht es nur indirekt die Ansteckungschancen.

Noch Verblüffenderes bringt die in der New Yorker U-Bahn erprobte »Zerbrochene-Fenster-Theorie« ans Licht.[83] Sie bestätigt quasi im Großversuch die Wirkung von Ritualen. Ein U-Bahn-Direktor, ein Polizeichef und ein *Law-and-order*-Bürgermeister machten der unglaublich hohen Kriminalitätsrate von New York mit Hilfe eines geradezu kindlich wirkenden Rituals ein Ende und begannen damit bei der U-Bahn. Weder erhöhten sie die Zahl der Streifenpolizisten, noch bewaffneten sie sie besser und was derlei Maßnahmen mehr sein mögen. Sie fingen ganz banal an aufzuräumen und starteten mit geradezu religiösem Eifer einen Kreuzzug gegen die Graffiti. Natürlich wurde von ihren Gegnern argumentiert, dass es in einer U-Bahn, wo Morde an der Tagesordnung waren, dringlichere Probleme gäbe als die Schmierereien Jugendlicher. Aber für die drei signalisierten die Graffiti den Zusammenbruch des ganzen Systems. Sie kämpften Zug um Zug und

Wand um Wand frei und behielten mit diesem anfangs belächelten Sauberkeitsritual die Oberhand. Sie gewannen die Schlacht gegen die Schmierereien und, ohne zusätzlich eine Hand zu rühren, auch gleich den Krieg gegen die Kriminalität. Die Züge blieben sauber, und die Delikte nahmen drastisch ab. Man hatte dem Verbrechen den Raum entzogen und – ohne sich das bewusst zu machen – die Macht der Rituale bewiesen.

Kriminalität als Folge von Schlamperei und Unordnung, so hieß kurz zusammengefasst die Idee der Sanierer. Es bringt aber wohl niemand einen anderen um, nur weil die Umgebung unordentlich ist. Hier ist die Kausalität deutlich überstrapaziert. Die Sanierer haben vielmehr ein Feld geschaffen, in dem Kriminalität keinen Raum mehr hatte. Wenn man die Fensterscheiben wieder repariert und alle Schmierereien entfernt, wird eine ganz andere Botschaft übermittelt; es entsteht eine neue Resonanz. Wieder stoßen wir auf dieses Zauberwort.

Menschen schwingen sich auf andere Menschen, aber auch auf Räume und sogar Zeiten ein. Da macht es dann tatsächlich einen großen Unterschied, ob eine Scheibe zerbrochen ist oder nicht; die Scheibe wird zum Symbol. »Wehret den Anfängen« heißt eine allseits bekannte Weisheit aus diesem Kontext.

Wie erwartet ließ sich das Konzept in New York von der U-Bahn leicht auf die ganze Stadt übertragen. Die vorher völlig überforderte Polizei bekam Anweisung, den Anfängen zu wehren und schon bei kleinen Vergehen wie Schwarzfahren oder aggressivem Betteln hart durchzugreifen. Der Erfolg gab den Experimentierern Recht: Die Kriminalität wurde auf breiter Front zurückgedrängt. Die New Yorker gaben ihr keinen Raum mehr in ihrer Stadt und in ihrem Wesen. Sind die New

Yorker dadurch aber auch insgesamt gesehen die besseren Menschen geworden? Jedenfalls hatte keine Psychotherapie der Kriminellen stattgefunden, sondern eine Therapie mit Feldern.

Das räumliche Feld bestimmt offensichtlich einen Rahmen, in dem bestimmte Dinge möglich sind und andere eben nicht. Ein diesbezüglich schockierend aufschlussreicher Versuch wurde an der Stanford University durchgeführt und in Deutschland verfilmt. Zufällig ausgewählte Studenten wurden im Rahmen eines Experiments in zwei Gruppen eingeteilt: Eine Gruppe hatte Gefangene und die andere Wärter zu mimen. Allein die Atmosphäre von Gefangenschaft und das Feld des Gefängnisses ließ das Ganze schon bald entgleisen. Selbst »Wärter-Studenten«, die sich vorher als Pazifisten zu erkennen gegeben hatten, wurden innerhalb von Tagen gewalttätig. Mit Fortschreiten des Versuchs wurden die Wärter so grausam und sadistisch, dass man das Experiment abbrechen musste. Es zeigte sich, wie leicht äußere Umstände Menschen verändern können und wie empfindlich wir auf Felder reagieren.

Auch andere Versuche machen deutlich, dass unsere Persönlichkeit oder das, was wir Charakter nennen, bei weitem nicht so stabil ist, wie wir gemeinhin denken. So zeigten die beiden US-Forscher Hartshorne und May an Tests mit Schülern, dass Ehrlichkeit kein fester Charakterzug, sondern vor allem von der Situation abhängig ist. Tiefste Überzeugungen und Einstellungen sind für unser konkretes Verhalten weit weniger ausschlaggebend als der Kontext, in dem wir uns gerade befinden. Bei Kindern ist inzwischen mehrfach belegt, was Judith Harris zuerst und zu aller Erstaunen fand, dass nämlich der Einfluss von Eltern auf ihr Kind im Vergleich zu dem der *Peergroup*, der Clique Gleichaltriger, verschwindend gering ist. Dieses Umfeld hat einen bisher völlig unterschätzten Einfluss. Und wir sollten alles daran setzen, hier ein entwicklungsförderliches Feld durch entsprechende äußere Rahmenbedingungen möglich zu machen. Alles spricht nämlich dafür, dieses Umfeld genauso wichtig zu nehmen wie die mitgebrachten Anlagen.

Wie wir gesehen haben, können wir ein Umfeld so verändern, dass es weder Verbrechen anzieht noch sie überhaupt zulässt. Auf einer sauberen Strasse oder U-Bahn fällt es offenbar viel leichter, (ein) sauber(er Mensch) zu bleiben. Die Feng-Shui-Idee des Ostens, der es darum geht, ein harmonisches Umfeld zu schaffen, erscheint so noch einmal in einem ganz anderen Licht.

Aber nicht nur bestimmte Orte können viel von dem, was einen Menschen ausmacht, über den Haufen werfen, auch die jeweilige Zeitqualität kann es in sich haben. Das berühmte Samariter-Experiment enthüllte, dass normalerweise mitfühlende Theologiestudenten einen Verletzten mehrheitlich unbehandelt liegen ließen, wenn man sie nur in Zeitnot brachte.[84]

Wir wissen, dass Krankheitsbilder ansteckend sein können; wir haben am Beispiel von New York gesehen, dass es auch bei Verbrechen der Fall ist. Warum sollte es also nicht auch für Gesundheit und Umweltbewusstsein gelten? Immerhin wissen wir auch schon, wie sehr Selbstmorde anstecken. In einem Schweizer Kanton war man vor einiger Zeit übereingekommen, ein Jahr lang alle Informationen über Suizide zu unterdrücken, sie richtiggehend zu verschweigen, und erlebte während dieses Jahres einen kontinuierlichen Rückgang von

Selbstmorden. Zum Schluss betrug die Zahl sogar nur noch zehn Prozent der ursprünglichen Quote. Nach Marilyn Monroes Suizid stieg umgekehrt die Selbstmordrate in den USA zeitweilig um zwölf Prozent an. Am besten untersucht ist eine polynesische Selbstmordepidemie. Obwohl in diesem Inselreich Suizid ursprünglich unbekannt gewesen sein dürfte und zwischen 1955 und 1965 nicht ein einziger Freitod vorkam, brachte sich 1966 ein charismatischer junger Mann aus Liebeskummer um. Er konnte sich zwischen zwei Frauen nicht entscheiden und wählte stattdessen den Tod. In den folgenden zwölf Jahren gab es 25 Selbstmorde, die ausschließlich von jungen Männern verübt wurden, die oft bis ins Detail das Vorbild kopierten. Nachweise für ähnliche Beispiele von Suizid nach Vorbild fand auch David Philips, ein Forscher der University of San Diego.

Gladwell geht davon aus, dass die Menschen solche so genannten Erlaubnisgeber brauchen. Je charismatischer diese sind, desto wirkungsvoller ist ihr Beispiel, und desto mehr Nachfolger können sie animieren. Auf der Ebene der Felder würde man davon ausgehen, dass der Erste das Feld schafft und dass es umso mächtiger wird, je größer das Prestige seines Schöpfers war. Charismatische Menschen sind die besseren Verkäufer, auch bei so makabren Angeboten wie Suizid.

Wenn wir diese Wirkung kennen und wissen, wie detailgenau die Fans ihren Feld- oder Erlaubnisgebern und deren Mustern folgen, wie vorsichtig müssten wir mit den Feldern sein, die wir unbewusst schaffen! Wenn ein Film zum *Kult* wird, bekommt er Macht durch die Felder, die er schafft. Wenn also der Hauptdarsteller in *Titanic* raucht, wird das unabsehbare Folgen haben, sofern er zum Idol wird und ein Feld schafft.

Dann werden viele zu Rauchern gewordene Jugendliche *daran glauben müssen*, weil sie sich dem Feld gar nicht entziehen können. Die Antiraucher-Kampagnen gut meinender Politiker und Ärzte sind leider lächerlich unwirksam gegen die Macht solcher Bilder.

In seiner ganz amerikanischen Art widmet Gladwell dem Inhalt von Botschaften kaum Augenmerk, nach dem Motto: »Verkaufen kann man alles, egal ob es jemand braucht.« Überspitzt ausgedrückt, spiegelt sich sogar die Fähigkeit des Verkäufers darin, dass er Menschen Dinge verkauft, die diese gar nicht benötigen und nicht einmal bezahlen können, für die sie aber bereit sind, Schulden zu machen. Trotzdem hat natürlich die Erfahrung auch in den USA gezeigt, dass Botschaften sich besser durchsetzen, wenn sie praktisch und persönlich sind, wenn ihre Inhalte und Ideen sich einprägen und wenn sie uns zum Handeln anregen.

Für die Auslösung eines Massenphänomens ist unzweifelhaft auch der Inhalt der Botschaft wichtig. Allerdings scheint es so, dass Moral dabei nicht im Spiel ist. Die Nazis waren – wir wissen nicht, ob bewusst oder unabsichtlich – Könner im Aufbau von Feldern und haben so in typisch kurzer Zeit eine Massenmobilisierung erreicht. Dem Fußballphänomen kann man zum Glück nichts Düsteres nachsagen, im Gegenteil – aber immerhin gäbe es aus ethischer Sicht vielleicht noch wichtigere Dinge auf dieser Welt.

Es bleibt die ernüchternde Erkenntnis: Wir schaffen dauernd grauenhafte Bilder für die Krankheiten der Welt und die eigene Misere – man braucht nur an eine ganz normale Nachrichtensendung zu denken. Aber vielleicht ist solcher Bilderterror notwendig, damit wir über alles Bescheid wissen. Wenn wir argumentieren, wir hätten ein Recht darauf, von allen Suiziden zu erfahren, heißt das auch, dass wir die damit verbundenen drastisch erhöhten Selbstmordraten in Kauf nehmen.

Zusammenfassend lässt sich feststellen:

- Ob wir wollen oder nicht, wir schaffen ständig Felder und damit Wirklichkeiten.
- Bilder, Symbole, Geschichten und Muster haben Macht. In Ritualen werden sie deshalb ganz bewusst verwendet.
- Wir könnten wieder anfangen, bewusst Rituale zu schaffen, die *Gesundheit und Harmonie* befördern.

Ausblick

Warum sparen Menschen nicht *massenhaft* Energie und verhalten sich so engagiert gesundheits- und umweltbewusst, wie sie begeistert Fußball schauen?

Die Antwort dürfte klar sein. Es macht ihnen bisher einfach nicht so viel Spaß. Es müsste ihnen anders verkauft werden, wir bräuchten charismatische Auslöser für eine entsprechende Epidemie in Sachen Gesundheit. Kompetente Vermittler wären notwendig und anschließend charismatische Resonanzkünstler, die das Ganze verkaufen und so verankern, dass es auch Folgen hat.

Sicher könnte ansteckende Gesundheit Spaß machen, entsprechende Ansätze gäbe es genug. Bestimmt könnte ein Franz Beckenbauer auch Umweltbewusstsein besser verkaufen als die jeweiligen Minister, bei Fußballweltmeisterschaften und Handys hat er es bereits bewiesen. Auch Boris Becker hätte wohl bei breiten Schichten bessere Chancen, für Gesundheit zu werben. Wer aber könnte Leute wie sie *sponsern*? Die beste Chance für die Welt läge darin, dass sie es freiwillig aus Verantwortungsgefühl tun. Immerhin wäre ja denkbar, dass neben Eigentum auch Prominenz verpflichtet.

Und schon wären wir wieder in der typischen Falle und bei dem Ruf nach dem Staat, den Politikern und der Hilfe von oben. Auf den Staat und die Gemeinschaft der Staaten würden wir wohl lange warten, denn sie sind schon mehrheitlich ihren *Sponsoren* aus der Konzernebene verpflichtet. Diese wiederum schaffen, soweit sie im Medienbereich engagiert sind, bereits Felder, aber eben die egoistischen alten, die die Welt so (zu ihrer Verfügung) lassen, wie sie war – eine weitere Runde im altbekannten Teufelskreis, der sich dreht und dreht!

Nur wir selbst können beginnen, jetzt und bei uns selbst. Auch wir und unser Feld werden ansteckend wirken, und irgendwann – hoffentlich in nicht allzu ferner Zukunft – wird daraus ein großes Feld wachsen, dem sich auch Politiker nicht mehr entziehen (können). Irgendwo in der langen Kette von einem gesundheitsförderlichen Geistesblitz zu einem Massenphänomen hat jeder seinen Platz. Ich muss nur beginnen, denn auf mich kommt es an!

Es kann aber nicht schaden, mir klar zu machen, dass andere Menschen wie ich selbst dazu neigen, abstrakte Probleme nicht zu verstehen, wohingegen wir mit praktischen verblüffend gut umgehen können. Nicht um intellektuelle Überzeugung geht es, sondern darum, durch Handeln anzustecken und mitzureißen oder, wie man früher sagte, mit gutem Beispiel voranzugehen.

Wir können obendrein voraussetzen, dass Menschen noch viel unterschiedlicher sind, als wir annehmen, dabei aber doch bestimmten Regeln gehorchen. Sie sind jedenfalls viel weniger autonom, als sie selbst glauben, und vergleichsweise weniger von innen als durch den äußeren räumlichen und zeitlichen Kontext gesteuert.

Die Kommunikation zwischen den Menschen folgt eher ungewöhnlichen und der oberflächlichen Logik zuwiderlaufenden Regeln. Man sollte sie kennen und anwenden, weniger, um die Menschen zu ändern, als sein eigenes Verhalten im Hinblick auf das zu schaffende Feld auszurichten:

- Allein über die Größe einer Gruppe lässt sich deren Empfänglichkeit drastisch erhöhen wie das Beispiel der optimalen Begrenzung auf 150 Mitglieder einer Arbeitseinheit zeigt.
- Jede Botschaft kann unvergesslich gemacht und verankert werden. Wenn wir Details an der Darbietung der Botschaft ändern, können wir sie oft viel besser verankern.
- Es kommt gerade auch auf Kleinigkeiten an: Rituale sind enorm wirksam, aber auch leicht störbar. Deshalb verdienen sie besondere Aufmerksamkeit.
- Menschen können sich und ihr Verhalten radikal ändern, sie müssen nur richtig angesprochen werden und am *springenden* Punkt erwischt werden.
- Mit den richtigen Menschen zur richtigen Zeit und am richtigen Ort lassen sich gesellschaftliche Epidemien der Wandlung und Neuorientierung auslösen.
- Wenn man den springenden Punkt wirklich trifft, kann man alles umdrehen und die Welt bewegen.
- Jeder kann sofort bei sich selbst beginnen, in sich Yin und Yang ins Gleichgewicht zu bringen und seine Mitte zu finden. Da der Mikrokosmos dem Makrokosmos gleicht, ist

das auch das Beste für die Welt. Sie wird ganz automatisch daran teilhaben, und jeder kann sie über all die oben genannten Schritte auch aktiv daran beteiligen. Wenn wir daraus ein Ritual machen, werden wir damit gute Chancen haben.

Bei all dem könnten wir Hoffnung bewahren, sie wird uns auf dem Weg helfen. Wir können exponentiales Wachstum noch gar nicht richtig einschätzen und verkennen ständig seine Möglichkeiten. Bekannt ist die Anekdote von dem überglücklichen Herrscher, der dem Erfinder des Schachspiels versprach, ihm einen Wunsch zu erfüllen. Dieser wünschte sich ganz bescheiden, der Herrscher möge ihm auf das erste Feld des Schachspiels ein Reiskorn legen und dann auf jedes folgende die doppelte Menge. Der Kaiser, der sofort freudig zugestimmt hatte, musste bald erkennen, dass alles Getreide dieser Erde nicht reichen würde, diesen Wunsch zu erfüllen. Ein anderes Beispiel weiß zu berichten, dass ein hauchdünnes Blatt Papier, das man fünfzigmal falten könnte, einen Papierstoß ausmachen würde, der bis zur Sonne reicht.

So sicher wir mit dieser Art des Wachstums immer wieder böse Überraschungen erleben werden, wenn wir weiterhin so unbewusst seine Opfer werden, so sicher könnten wir damit auch Berge versetzen und die Welt bewegen. Stellen wir uns nur einmal folgendes einfache Szenario vor: Wenn jeder, der diesen Satz jetzt liest, an diesem und jedem folgenden Tag einem anderen mit einer besonderen, ungewöhnlichen, ja dem Zeitgeist widersprechenden Freundlichkeit beschenken würde und den solcherart Beglückten damit animieren könnte, in Zukunft dasselbe zu tun, schon würde sich innerhalb eines

Monats die Stimmung unseres ganzen Landes ändern, innerhalb eines weiteren Monats die in Europa und innerhalb eines weiteren die auf der Welt. Was also könnte uns hindern?

Jeder für sich würde dabei von Anfang an ein neues, beglückendes Lebensgefühl gewinnen und könnte dieses auf leichte Weise weiterschenken. Schenken aber macht fast jedem Menschen spontan Freude, und die wenigen, die auch das schon verlernt haben, könnten dabei die Fähigkeit, sich zu freuen, schnell zurückgewinnen.

Ich hoffe in unser aller Interesse, dass die in diesem Buch skizzierten Ideen auf *Kennerinnen und Kenner, Vermittlerinnen und Vermittler* sowie *Verkäuferinnen und Verkäufer* stoßen, dass die Zeit endlich reif ist für die spirituelle und ökologische Wende und dass Gerhard Riemann, dem ich für die Anregung zu diesem Buch und die Betreuung beim Schreiben ganz herzlich danke, mit mir den Richtigen gefunden hat, als er mich mit dieser Aufgabe betraute.

Wenn Sie diesen Ideen bis hierher gefolgt sind, ließe sich gleich eine einfache Überlegung aufnehmen und umsetzen. Sie können das Buch in ihren Bücherschrank stellen oder es an jemanden weitergeben, für den Sie es geeignet und wichtig finden. Genau diese Kleinigkeit könnte den großen Unterschied machen und die Lawine, die schon wartet, in Gang bringen – in vielen Einzelnen und dann auch für uns alle. Ansteckende Krankheiten haben wir lange genug weitergetragen, die Zeit wäre reif für ansteckende Gesundheit in Mikrokosmos und Makrokosmos. Dieses Buch kann allerdings nur die Diagnose liefern, die Therapie müsste jeder selbst in die Hand nehmen.

Schon vor Jahren schrieb Erich Fromm: »Die neue Gesellschaft und der neue Mensch werden nur Wirklichkeit werden, wenn die alten Motivationen – Profit und Macht – durch neue ersetzt werden.« Wo wir uns und unserer Erde zuliebe andere Prioritäten setzen, würde das mindestens so viel Spaß und Freude bringen wie weiterer Konsum zu Lasten des Lebens.

Aus meiner privaten Perspektive macht es ohne Zweifel Freude, preiswerten Biodiesel von den umliegenden Feldern zu tanken, während alle Welt über steigende Benzinkosten lamentiert, oder zu wissen, dass das eigene Haus mehr Energie produziert, als es verbraucht. Noch schöner, weil so sinnlich erfahrbar, ist es, in der eigenen Badewanne sitzend zu wissen, dass die Energie, die das Wasser wärmt, direkt von der Sonne kommt und niemanden belastet. Die noch ungleich größere Freude besteht für mich darin, an einem schattigen Platz zu arbeiten, während die Sonne auf meine drei Photovoltaikanlagen scheint und Strom liefert. Dass der Staat das nun auch noch großzügig unterstützt, ist ein spätes, aber dafür umso schöneres Geschenk. Schon früher habe ich einen großen Teil der Einnahmen aus meinen Büchern in Sonnenenergietechnik gesteckt. Die Einnahmen aus diesem Buch werde ich ausschließlich dafür verwenden. Das ist immer noch egoistisch, aber in einem Sinn, der allen nützt und die Erde einschließt, und es ist als Beispiel hoffentlich ansteckend.

Anhang

Anmerkungen

1 Auch wenn die Lebenserwartung in den modernen Industriestaaten für die jetzt Erwachsenen nicht mehr steigt, nimmt sie weltweit doch rasant zu und vergrößert damit den Bevölkerungsdruck. 1955 betrug die durchschnittliche Lebenserwartung weltweit 48 Jahre, jetzt sind es 66 Jahre, und laut WHO werden es bis 2025 rund 73 Jahre sein.

2 Dieses zeitlose Thema hat Hugo von Hofmannsthal im *Jedermann* verewigt. Bezeichnenderweise wird dieses bei den Salzburger Festspielen bisher regelmäßig aufgeführte Stück gerade abgesetzt, weil es angeblich nicht mehr zeitgemäß ist. Das Thema war jedoch nie aktueller.

3 Archetypische Medizin ist die auf Sinn und Be-Deutung zielende Medizin, wie sie sich in meinen Büchern *Krankheit als Symbol, Krankheit als Sprache der Seele, Frauen-Heil-Kunde* usw. (siehe Literaturverzeichnis) ausdrückt. Das Heil-Kunde-Zentrum Johanniskirchen (siehe S. 414) organisiert eine Ausbildungsreihe zur Archetypischen Medizin.

4 Entschließung der 66. Gesundheitsministerkonferenz am 25./26. November 1993 in Hamburg.

5 Der Islam ist meines Wissens die einzige Religion, die Zinsen generell verbietet, und Pakistan hat als einziges Land kürzlich die Konsequenzen gezogen und begonnen, im Innern das Zinssystem abzuschaffen. All die anderen islamischen Staaten, inklusive der fundamentalistischen, wagen es jedoch nicht, an diesem ihnen eigentlich verbotenen System zu rütteln. Daran lässt sich ermessen, wie massiv die Interessen sind, die es stützen.

6 Siehe dazu das Kapitel über Wahrnehmung in: Dahlke, *Der Mensch und die Welt sind eins.*

7 Hans-Peter Martin/Harald Schumann, *Die Globalisierungsfalle*, Reinbek 1996.

8 Ausführlich in: Dahlke, *Der Mensch und die Welt sind eins.*

9 Das wundervolle Buch *Der Heimatplanet* (herausgegeben von Kevin W. Kelley im Verlag Zweitausendeins, Frankfurt 2001) macht deutlich, dass es vor allem das Zurückschauen auf die (Mutter) Erde war, was das Leben der Astronauten veränderte – viel mehr als das Betreten des Mondes.

10 Siehe hierzu: Ruediger Dahlke/Baldur Preiml/Franz Mühlbauer, *Säulen der Gesundheit*, München 2000.

11 Jeremy Sherr und Dynamis School, *Die homöopathische Prüfung von Plutonium*, Verlag Karl-Josef Müller, Maxstraße 11, D-66482 Zweibrücken.

12 BUND-Positionspapier *Menschliche Gesundheit in einer lebensbedrohten Umwelt*, Mai 1994.

13 *Die Woche*, 23. 7. 1999.

14 Zum Problem der immer weniger erwachsenen Gesellschaft siehe: Dahlke, *Lebenskrisen als Entwicklungschancen*.

15 Pino Arlacchi, *Ware Mensch*, München 2000.

16 Arlacchi, S. 170.

17 Arlacchi, S. 121.

18 *Standard*, 18. 5. 2001.

19 Bernard A. Lietaer, *Das Geld der Zukunft*, München 1999.

20 *Die Zeit*, 10. 5. 2001.

21 *Fortune*, 19. 9. 1994.

22 Charles Reich, *Opposing the System*, New York 1995.

23 Eine ausführlichere Darstellung der Einheit als Ziel des Menschen findet sich in: Dahlke, *Reisen nach Innen*.

24 Martin/Schumann, S. 11.

25 Martin/Schumann, S. 279.

26 Charles Derber, *Corporation Nation*, New York, S. 4.

27 Zitiert nach Martin/Schumann, S. 129.

28 Martin/Schumann, S. 79.

29 *Die Zeit*, 10. 5. 2001.

30 Martin/Schumann, S. 20.

31 *Der Spiegel*, Heft 39, 1995.

32 Martin/Schumann, S. 218–220.

33 Mike Davis, *The City of Quartz. Ausgrabungen der Zukunft in Los Angeles und neuere Aufsätze*. Hamburg 1994.

34 Paul Hawken/Amory und Hunter Lovins, *Öko-Kapitalismus - die industrielle Revolution des 21. Jahrhunderts*, München 2000.

35 Derber, S. 28.

36 Claus Leggewie, *Amerikas Welt. Die USA in unseren Köpfen*, Hamburg 2000.

37 In dem Buch Dahlke, *Lebenskrisen als Entwicklungschancen*, werden auch die männlichen Symptome der Lebensmitte ausführlich beschrieben und gedeutet.

38 Rotraud Perner, *Management macht impotent*, Wien 1995.

39 Franz Köb, *Innehalten – von der Verlangsamung der Zeit*, Bad Teinach 1996.

40 Ulrich Wickert, Der Ehrliche ist der Dumme. Über den Verlust der Werte, München 1996.

41 Philippe Ariès, *Geschichte des Todes*, München, 9. Aufl. 1999, und *Studien zur Geschichte des Todes im Abendland*, München 1981.

42 Siehe dazu das Kapitel über den Tod in: Dahlke, *Lebenskrisen als Entwicklungschancen*, S. 339ff.

43 Siehe dazu das Kapitel über Normalität in: Margit und R. Dahlke, Volker Zahn, *Frauen-Heil-Kunde*.

44 Auf einem Symposium am 20. 3. 1998 an der Universität von Kalifornien in Los Angeles.

45 *Medical Tribune*, 23. 1. 1998.

46 Matthew Fox, *Revolution und Arbeit. Damit alle sinnvoll leben und arbeiten können*, München 1996.

47 Zur Sinn stiftenden Kraft von Ritualen sowie zu Entwicklungsfeldern, die uns wieder Zugang zum Ritual vermitteln könnten, siehe: Dahlke, *Lebenskrisen als Entwicklungschancen*.

48 Abraham Maslow, *Psychologie des Seins. Ein Entwurf*, Frankfurt 1985.

49 Zu den Einheitserfahrungen im Mutterleib und den diesbezüglichen Möglichkeiten siehe M. und R. Dahlke, V. Zahn, *Der Weg ins Leben*, München 2001.

50 Zusammen mit dem Schweizer Fotografen Bruno Blum habe ich diese Seelenlandschaften, die den Stationen des menschlichen Entwicklungsweges entsprechen, in Bild und Text eingefangen: Bruno Blum/Ruediger Dahlke, *Auf dem Weg sein*, Freiburg 2000.

51 Siehe dazu: John Lilly, *Im Zentrum des Zyklons. Neue Wege der Bewusstseinserweiterung*, Aarau 2000.

52 Siehe dazu: Ruediger Dahlke, *Die Kunst des Schwebens – alte und neue Wege zum Loslassen*, München 2002.

53 Siehe dazu das gleichnamige Buch von Ruediger Dahlke, das auch Neulingen auf diesem Weg die Erfahrung der inneren Bilderwelten in leicht eingänglicher Weise und unter Zuhilfenahme praktischer Anleitungen von Kassetten ermöglicht.

54 Siehe hierzu das Buch von Ruediger Dahlke und Andreas Neumann, *Die wunderbare Heilkraft des Atems*, München 2001.

55 Das Seminar *Entgiften – Entschlacken – Loslassen*, das vom Heil-Kunde-Zentrum seit einigen Jahren in Montegrotto veranstaltet wird, wäre solch ein Beispiel, das unter anderem Loslassen im warmen Thermalwasser lehrt und dabei ganz nebenbei auch das Empfindungsvermögen der Haut verändert.

56 Siehe dazu das sehr erhellende Buch von Hans-Ulrich Grimm, *Die Suppe lügt. Die schöne neue Welt des Essens*, München 1999.

57 Dieser Ausdruck stammt aus einem Artikel von Heribert Prantl, den er 1999 in der *Süddeutschen Zeitung* veröffentlichte.

58 Siehe hierzu das Kapitel »Brustkrebs« in: M. und R. Dahlke, V. Zahn, *Frauen-Heil-Kunde*.

59 BUND-Positionspapier 1994.

60 Ivan Illich, *Die Nemesis der Medizin. Die Kritik der Medikalisierung des Lebens*, 4. Aufl., München 1995.

61 Informationen zur Reinkarnationstherapie beim Heil-Kunde-Zentrum Johanniskirchen (S. 414).

62 Siehe dazu das Seminar »Das Senkrechte Weltbild«; Info: Heil-Kunde-Institut Graz (S. 414).

63 Marie-Luise von Franz beschreibt dieses Syndrom in ihrem Buch *Der ewige Jüngling, Der Puer Aeternus und der kreative Genius im Erwachsenen*, München 1992.

64 Richard Bach, *Die Möwe Jonathan*, Berlin 1972.

65 Laut der Wochenzeitung Die Zeit vom 10. 5. 2001 bleiben die Fusionen insgesamt den Beweis schuldig, den Aktionären zu nutzen, auch wenn diese von ihnen geradezu fasziniert sind.

66 Robin Dunbar, *Primate Social Systems*, Ithaka 1988.

67 Gut auf westliche Verhältnisse zugeschnittene Bücher zum Thema sind: Philippa Waring, *Vom richtigen Wohnen. In Harmonie leben mit Feng Shui*, München 1995, und Rita Pohle, *Lebensräume gestalten mit Feng Shui*, München 2000, sowie als Alternative noch ein Buch über Vastu, das indische Feng Shui: Marcus Schmieke, *Vastu. Gesund und harmonisch wohnen*, Niedernhausen 2000.

68 Informationen zur Magnet-Matratze von Nikken: Waltrun Weiß, Theodor-Körner-Straße 40, A-8010 Graz, Tel. +43 (0)316 671212.

69 Das Thema Krebs wird ausführlich besprochen in: Dahlke, *Krankheit als Sprache der Seele* und *Frauen-Heil-Kunde*.

70 Siehe dazu: Dahlke, *Lebenskrisen als Entwicklungschancen.*

71 Franz Alt, *Das ökologische Wirtschaftswunder*, Berlin, 1997.

72 Ernst Ulrich von Weizsäcker/Amory B. und L. Hunter Lovins, *Faktor Vier*, München 1997.

73 Aus persönlichen Erfahrungen mit E·on kann ich ein Lied davon singen, was man sich alles einfallen lassen kann, um Solarstromprojekte zu erschweren.

74 Zahlen zitiert nach Franz Alt, *Das ökologische Wirtschaftswunder.*

75 BUND-Positionspapier Mai 1994.

76 Heiner Monheim/Rita Monheim-Dandorfer, *Straßen für alle*, Hamburg 1990.

77 Hans Kronberger/Hans Nagler, *Der sanfte Weg*, Wien 1994.

78 Albert Schweitzer, *Selbstzeugnisse*, Stuttgart/Hamburg 1959.

79 Michael Rückert, Fachhochschule Köln, Vortrag *Information und Sprachverlust* vom 11. 12. 1997.

80 Malcolm Gladwell, *Der Tipping Point*, Berlin 2000.

81 Dazu mehr im Ausbildungsseminar »Archetypische Medizin I«; Info: Heil-Kunde-Institut Graz (S. 414).

82 Zur Zuordnung von Zähnen und Meridianen siehe: Dahlke, *Krankheit als Symbol*, S. 89f.

83 Die im Folgenden erwähnten Beispiele stammen aus dem Buch von Gladwell, *Der Tipping Point.*

84 Untersuchung von John Barley und Daniel Batson an der Universität Princeton.

Literatur

Alt, Franz: *Das ökologische Wirtschaftswunder. Arbeit und Wohlstand für alle.* Berlin 1997.

Alt, Franz: *Die Sonne schickt uns keine Rechnung. Energiesparen ist möglich.* München 1994.

Arlacchi, Pino: *Ware Mensch. Der Skandal des modernen Sklavenhandels.* München 2000.

Brockhaus-Redaktion (Hrsg.): *Visionen 2000. Einhundert persönliche Zukunftsentwürfe.* Leipzig/Mannheim 1999.

Csikszentmihalyi, Mihaly: *Das flow-Erlebnis. Jenseits von Angst und Langeweile: im Tun aufgehen.* Stuttgart, 8. Aufl. 1999.

Derber, Charles: *Corporation Nation. How corporations are taking over our lives and what we can do about it.* New York 1998.

Drewermann, Eugen: *Der tödliche Fortschritt.* Regensburg 1990.

Fox, Matthew: *Die Revolution der Arbeit. Damit alle sinnvoll leben und arbeiten können.* München 1996.

Gladwell, Malcolm: *Der Tipping Point. Wie kleine Dinge Großes bewirken können.* Berlin 2000.

Goeudevert, Daniel: *Der Horizont hat Flügel. Die Zukunft der Bildung.* München 2001.

Gore, Al: *Wege zum Gleichgewicht. Ein Marshallplan für die Erde.* Frankfurt 1994.

Grof, Stanislav: *Auf der Schwelle zum Leben. Die Geburt: Tor zur Transpersonalität und Spiritualität.* München 1992.

Grof, Stanislav: *Geburt, Tod und Transzendenz. Neue Dimensionen in der Psychologie.* Reinbek 1995.

Gruhl, Herbert: *Himmelfahrt ins Nichts. Der geplünderte Planet vor dem Ende.* München 1992.

Hawken, Paul/Lovins, Amory B. und L. Hunter: *Öko-Kapitalismus. Die industrielle Revolution des 21. Jahrhunderts.* München 2000.

Hilgers, Micha: *Ozonloch und Saumagen. Motivationsfragen der Umweltpolitik.* Stuttgart 1997.

Jung, C. G.: *Grundwerk.* 9 Bände. Olten, Freiburg 1984.

Kelley, Kevin W. (Hrsg.): *Der Heimatplanet.* Frankfurt (Zweitausendeins), Neuaufl. 2001.

Kennedy, Margrit: *Geld ohne Zinsen und Inflation. Ein Tauschmittel, das jedem dient.* München 1991.

Klein, Naomi: *No Logo!* München 2000.

Kronberger, Hans/Nagler, Hans: *Der sanfte Weg. Handbuch der erneuerbaren Energie.* Wien 1994.

Lietaer, Bernard A.: *Das Geld der Zukunft.* München 1999.

Martin, Hans-Peter/Schumann, Harald: *Die Globalisierungsfalle. Der Angriff auf Demokratie und Wohlstand.* Reinbek 1996.

Monheim, Heiner/Monheim-Dandorfer, Rita: *Straßen für alle. Analysen und Konzepte zum Straßenverkehr der Zukunft.* Hamburg 1990.

Rifkin, Jeremy: *Das Ende der Arbeit und ihre Zukunft.* Frankfurt 1997.

Scheer, Hermann: *Sonnen-Strategie. Politik ohne Alternative.* München 1995.

Schwab, Günther: *Der Tanz mit dem Teufel. Ein abenteuerliches Interview.* Hameln 1991.

Schweisfurth, Karl Ludwig: *Auf der Suche nach einer neuen Miteinander-Kultur für das Überleben auf unserem erschöpften Planeten Erde.* München 1995.

Sheldrake, Rupert: *Das schöpferische Universum. Die Theorie des morphogenetischen Feldes.* Berlin 1993.

Wackernagel, Mathis/Rees, William E.: *Unser ökologischer Fußabdruck. Wie der Mensch Einfluss auf die Umwelt nimmt.* Basel 1997.

Weinzierl, Hubert: *Ökologische Offensive. Umweltpolitik in den 90er Jahren.* München 1991.

Weinzierl, Hubert: *Passiert ist gar nichts. Eine deutsche Umweltbilanz.* München 1985.

Weizsäcker, Ernst Ulrich von/Lovins, Amory B. und L. Hunter: *Faktor vier. Doppelter Wohlstand – halbierter Verbrauch, der neue Bericht an den Club of Rome.* München 1997.

Bücher von Ruediger Dahlke

Dahlke Ruediger: *Die Kunst des Schwebens – alte und neue Wege zum Loslassen.* München 2002.

Dahlke, Margit/Dahlke, Ruediger/Zahn, Volker: *Der Weg ins Leben. Schwangerschaft und Geburt aus ganzheitlicher Sicht.* München 2001.

Dahlke, Margit/Dahlke, Ruediger/Zahn, Volker: *Frauen-Heil-Kunde. Be-Deutung und Chancen weiblicher Krankheitsbilder.* München 1999.

Dahlke, Ruediger: *Krankheit als Symbol. Handbuch der Psychosomatik. Symptome, Be-Deutung, Bearbeitung, Einlösung.* München 2000.

Dahlke, Ruediger: *Krankheit als Sprache der Seele. Be-Deutung und Chance der Krankheitsbilder.* München 2000.

Dahlke, Ruediger: *Lebenskrisen als Entwicklungschancen. Zeiten des Umbruchs und ihre Krankheitsbilder.* München 1999.

Dahlke, Ruediger/Preiml, Baldur/Mühlbauer, Franz: *Säulen der Gesundheit. Körperintelligenz durch Bewegung, Ernährung und Entspannung.* München 2000.

Dahlke, Ruediger: *Bewußt Fasten. Ein Wegweiser zu neuen Erfahrungen.* München 1996.

Dahlke, Ruediger: *Der Mensch und die Welt sind eins. Analogien zwischen Mikrokosmos und Makrokosmos.* München 1991.

Dahlke, Ruediger: *Arbeitsbuch zur Mandala-Therapie.* München 1999.

Dahlke, Ruediger: *Gewichtsprobleme. Be-Deutung und Chance von Übergewicht und Untergewicht.* München 2000.

Dahlke, Ruediger: *Herz(ens)probleme. Be-Deutung und Chance von Herz- und Kreislaufsymptomen.* München 1992.

Dahlke, Ruediger: *Mandalas der Welt. Ein Meditations- und Malbuch.* München 1994.

Dahlke, Ruediger: *Reisen nach Innen. Geführte Meditationen auf dem Weg zu sich selbst.* München 1994. (mit zwei Begleitkassetten)

Dahlke - Papus - Paracelsus: *Hermetische Medizin.* AAGW-Verlag H. Frietsch, Sinzheim 1998.

Dahlke, Margit/Dahlke, Ruediger: *Der Meditationsführer.* Darmstadt 1999.

Dahlke, Ruediger/Dahlke, Margit: *Das spirituelle Lesebuch.* München 2000.

Dahlke, Ruediger/Dahlke, Margit: *Die Psychologie des blauen Dunstes. Be-Deutung und Chancen des Rauchens.* München 2000.

Dahlke, Ruediger/Ehrenberger, Doris: *Wege der Reinigung. Entgiften, Entschlacken, Loslassen.* München 2000.

Dahlke, Ruediger/Hößl, Robert: *Verdauungsprobleme. Be-Deutung und Chance von Magen- und Darmsymptomen.* München 1999.

Dahlke, Ruediger/Neumann Andreas: *Die wunderbare Heilkraft des Atems.* München 2000.

Klein, Nicolaus/Dahlke, Ruediger: *Das senkrechte Weltbild. Symbolisches Denken in astrologischen Urprinzipien.* München 1998.

Vorträge auf Audiokassetten von Ruediger Dahlke

(Bezugsquelle: Carpe Diem, Brucker Allee 14, A-5700 Zell am See
Telefon und Fax +43 (0)6542 55286)

- Der Mensch und die Welt sind eins
- Fragen und Antworten
- Gesunder Egoismus – gesunde Aggression
- Gesundheit in eigener Verantwortung
- Heilung durch Fasten
- Krankheit als Sprache der Seele
- Krankheit als Symbol
- Krankheit als Weg
- Krankheitsbilder der Zeit
- Krankmachende und heilende Rituale
- Lebenskrisen als Entwicklungschancen
- Medizin am Scheideweg
- Medizin der Zukunft
- Möglichkeiten ganzheitlicher Heilung
- Reinkarnationstherapie – Psychotherapie
- Reisen nach Innen – Heilung durch Meditation
- Spirituelle Herausforderung
- Sucht und Suche
- Wege der Reinigung

Kassetten und CDs in der Reihe »Heil-Meditationen«

(Goldmann Verlag, München)

- Allergie
- Angstfrei leben
- Der Innere Arzt I
- Der Innere Arzt II
- Entgiften – Entschlacken – Loslassen
- Gewichtsprobleme
- Hoher Blutdruck
- Kopfschmerzen
- Krebs

- Lebenskrisen als Entwicklungschancen
- Leber
- Niedriger Blutdruck
- Rauchen
- Rückenprobleme
- Schlafprobleme
- Suchtprobleme
- Tiefenentspannung
- Verdauungsprobleme
- Frauenprobleme
- Tinnitus

Kassetten und CDs zum Thema Rituale

(Goldmann Verlag, München; Musik: Shantiprem)

- Elemente-Rituale
- Heilungs-Rituale

Kontaktadressen

Informationen zu Seminaren, Ausbildungen, Psychotherapien

DEUTSCHLAND
Heil-Kunde-Zentrum Johanniskirchen
Margit und Ruediger Dahlke
Schornbach 22, D-84381 Johanniskirchen
Telefon: +49 (0)85 64-819
Fax: +49 (0)85 64-1429
E-Mail: hkz-dahlke@t-online.de
Internet: www.dahlke.at

ÖSTERREICH
Heil-Kunde-Institut
Kernstockgasse 21, A-8020 Graz
Telefon: +43 (0)316 7198885
Internet: www.dahlke.at

Für Anregungen und Korrekturen danke ich meiner Frau Margit, Prof. Dr. Volker Zahn und Erich Lager sowie unseren Mitarbeiter(inne)n Christa Maleri, Freda Jeske und Josef Hien. Für die Neuordnung der Gliederung und das bewährte Lektorat geht mein herzlicher Dank an Christine Stecher.

DAS ZUKUNFTS-PROGRAMM

Naomi Klein
No Logo!
ISBN 3-570-50018-7

Heidemarie Schwermer
Das Sterntalerexperiment
ISBN 3-570-50016-0

Paul Hawken/Amory & Hunter Lovins
Öko-Kapitalismus
ISBN 3-570-50010-1

Bernard A. Lietaer
Das Geld der Zukunft
ISBN 3-570-50008-X

Riemann
One Earth Spirit